宽容才更从容

朱爱国　著

中国出版集团

世界图书出版公司

广州·上海·西安·北京

图书在版编目(CIP)数据

宽容，才更从容/朱爱国著.—广州：世界图书出版广东有限公司，2012.4

ISBN 978-7-5100-4621-6

Ⅰ.①宽… Ⅱ.①朱… Ⅲ.①人生哲学—通俗读物 Ⅳ.①

中国版本图书馆 CIP 数据核字(2012)第088186号

书　　名　宽容，才更从容

责任编辑：黄　琼
出版发行：世界图书出版广东有限公司
地　　址：广州市新港西路大江冲 25 号
http://www.gdst.com.cn
印　　刷：广州市佳盛印刷有限公司
规　　格：787mm×1092mm　1/16
印　　张：20
字　　数：310 千
版　　次：2013 年 1 月第 2 版第 1 次印刷
ISBN　978-7-5100-4621-6
定　　价：48.00 元

序言：

懂得宽容　才更从容

　　人到中年，我常常思索：怎样的生活才算充实而有质量，日子怎样过得踏实而又敞亮呢？探寻中华文化精髓，检视自己匆匆步履，审鉴他人成功经验，我发觉只有两个字，一个是宽容的"容"，一个是从容的"容"。古人云"有容乃大"，广告词说"有容乃悦"，只有懂得宽容，才能更从容。

　　宽容人生，生活从容。升官发财，哪个不想呢？这用不着遮遮掩掩，也用不着狭隘地理解。从某种意义上讲，这也是积极人生的一种表现。有更高的职位，就有更多的机会去体现人生的价值，更好地为这个社会做点有益的事；财富越多，创造的税收就越多，为社会做的贡献也就越大。但升官发财并不是人人都能实现的。岗位、职位和财富总是有限的，既然跳起来都不能摘到桃子，不如安守天命。人生旅途，不可能尽善尽美，总会有些缺憾，留有余地才能更好地进步。即使你采取超常手段，得到了命中本不属于你的东西，迟早还会失去，甚至是得不偿失。水满则溢，月盈则亏，这是亘古不变的真理。所以，我们经常看到一些高官由座上宾沦为阶下囚；经常看到那些驾着上百万豪华轿车的夫妻，脸上面无表情；经常看到那些衣食无忧、家财万贯的家庭，为了金钱让亲情冰冷。反而是那些踩着三轮车的夫妻，那些寄居城市角落的打工者，有说有笑，把日子过得从从容容。懂得对待人生的宽容，方可领略生活的从容。

　　宽容处境，做事从容。人人都想有一个良好的工作环境和生活处境，都有改变处境或保住现状的愿望，都想在那块天地里自己说了算，干自己喜欢干的事，爱能爱自己的人。但人生在世，不如意者，常十之八九，一些处境由不得你选择，一些工作由不得你挑三拣四，既然暂时不能改变它，你就要努力学会适应它。韬光养晦，积蓄力量，说不定哪一天就有曙光出现。其实，每个人的追求不一样，每个人的能力不一样，事事都不能强求。有时，你好不容易换了一个新环境，建起新的坐标体系，经过一段时间，你可能会觉得还不如从前；有时你好不容易实现了一个阶段性的愿望，得陇望蜀，你还会有更高的追求，还会有缺憾。很多事情有一个水到渠成的过程，脚踏实地地走好人生每一步，敞敞亮亮地过好每一天，这才是最重要的。明代养生学家吕坤就说过"事从容则有余味，人从容则有余年"。所以说做人做事还是留有余韵的好。宽容过后是从容，从容过后是笑容。

宽容他人，自己从容。容人之量，是个人修养的内涵形态；容人之度，是个人修养的外在彰显。能宽容别人，就会减少很多没必要的不愉快，就能和谐地处理好相应的人际关系，做该做的事。现代医学家、美国哈佛大学威迪安特教授近年公布了一项报告，他对 208 位男性大学生从 18 岁起做了整整 60 年的跟踪研究，发现寿命最长的是那些从容不迫、宽容别人、心胸坦荡的人。有这种能力的人，比加强体育锻炼、饮食习惯良好的人更加健康长寿。宽容，既要容人之长，亦能容人之短；既要感恩于对自己有过帮助的人，也要宽容于伤害过自己的人。现实生活中，的确有人一阔就变脸，变得没道理；的确有人过河就拆桥，绝不藕断丝连；的确有人见死不救，为富（为官）不仁。但"金无足赤，人无完人"，或许你在指责别人时，你自己同样也有这样的毛病。宽容是一种仁爱的光芒，不但释怀了别人，也善待了自己。能留给别人思考的时间，就是撑起自己的蓝天。正如古希腊一位哲人所说："学会宽容，世界会变得更为广阔；忘却计较，人生才能永远快乐。"不会宽容别人的人，不配受到别人的宽容。

宽容不公，心态从容。宽容历来是中华民族的一种传统美德。潜移默化中，我们心里都撒下了宽容的种子。但是生活在这个大千世界，面对纷争，面对误解，面对不公，面对伤害，我们该如何行使宽容？毫无疑问，宽容的确是一种崇高的生活态度，心存宽容需要一个人的良好修养。因为你的宽容有时候或许会使你受到不同程度的伤害，然而如果你因此放弃了宽容，你的生活就会变得狭隘、自私。我很欣赏一句话："把别人的伤害刻在沙地上，潮起潮落间便了无痕迹；而把别人的关爱刻在石头上，任凭风吹雨打永不消褪。"心理学家们普遍认同这样一个规律：心的改变，态度就跟着改变；态度的改变，习惯就跟着改变；习惯的改变，性格就跟着改变；性格的改变，人生就跟着改变。世界上没有一个人，每一天的日子都晴空万里，而在一个乐观豁达的人眼里，即使是狂风骤雨也能泰然处之，而这人必有宽容之心、宽宏之度。忘记昨日的是与非，忘记一些不和谐的指责和误解，笑对人生，快乐就会如影随行！

　　宽容世态,眼界从容。芳菲园林看蜂忙,觑破几般尘情世态;寂寞衡茅观燕寝,引起多少冷趣幽思。人是有感情的动物,对变化的社会和社会的变化都会做出反应和评判。有的人总是戴着有色眼镜看世界,认为当今社会人心不古,世态炎凉,这也看不习惯,那也看不顺眼;总抱着九斤老太的逻辑,认为今不如夕,外国的月亮比中国圆。由此表现在处理人际关系上,狭隘偏激,看不到别人的优点和长处,见不得别人的成长和进步;表现在工作上就是得过且过,牢骚满腹,看不到事业的成效和社会的发展,散布消极,搬弄是非。诚然改革开放,飞进几只蚊子是正常的,但我们的社会发生了翻天覆地的变化,老百姓得到了看得见的实惠,这是社会的主流和矛盾的主要方面。"仓廪实而知礼节",物质生活富足了,社会才能更和谐。把尘封的心胸打开吧,让狭隘偏激淡去;把包容的心态敞开吧,让豁达回归社会。宽容看世态,谈笑自从容。

　　这些年,我劳累奔波,艰难打拼,有过鲜花和掌声,有过坎坷和迷惘,有过屈辱和泪水,有时人格和尊严受到挑战。但我把握一个处世的基本原则,那就是不要太委屈自己、勉强自己、为难自己,随遇而安,与世无争。凡事从容处理,荣辱坦然面对,遇到困难多往好处想,受到不公不作无用辩解;对有恩于自己的人涌泉相报,对伤害过自己的人宽怀面对。所以这些年,于浮躁中寻点平静,于纠结中自我给力,伤不起也要 Hold 得住,有时迷惘但不迷失。坚守人格长城,严把做人底线,严肃对待每次托付,慎重践行每次承诺,一切以工作和大局为重,虽然没有实现夙愿,但一切都向好的方向发展。有时,憋得难受,不想跟任何人说话,不想发表任何见解,就拿起笔,通过文字来宣泄。写完了,也就释然、坦然了。这些文字,汇编成册,就成了这部书——《宽容,才更从容》。

作者 2012 年 5 月于湖北武昌

目　录

A. 人生百味

B. 时事管窥

A. 人生百味

　　人生，这是人们谈论最多的话题，也是最难解读的课题。人生没有固定的程式，每个人都在走自己的路，用生命书写自己的历史。

　　人生是如此的百味杂陈，繁纷多变。但不管处境如何，人们还是在孜孜不倦地寻觅着、忙碌着、创造着，也在体味着和感悟着。

　　此篇，以宽容心态，记述人生经历和生活感悟，小故事中解析大道理，平常生活中参悟做人真谛，字里行间洋溢着生活的真趣与哲理。

1. 勿以恶小而为之　勿以善小而不为

　　"勿以恶小而为之，勿以善小而不为。惟贤惟德，能服于人。"这是三国时期，蜀主刘备白帝城托孤时留给后主刘禅的警世恒言。在外打拼，我在这方面的体会非常深刻：细节决定成败，工作上任何细小的事都要认真对待。有两件事，我印象非常深，触动非常大。

　　第一件事，是刚到湖北教育报刊社不久，一位同志因为接电话态度不温和，差点写检讨。事情说起来很简单，是一件小事。由于接近年关，各地广告、年鉴之类传真特别多，既耗时，又浪费纸张，大家接这类传真时，都很不情愿，甚至可以说是恼火。没想到有一次竟是省教育厅一位女处长给报刊社传一份社长急需的文件，那位同志认为又是广告、推销之类，没头没脑地把对方质问了一番。这位女处长平时待人本来很温和、宽厚，很少发脾气训人。没想到在教育厅的二级单位受到如此抢白，当然心里不舒服，就向社长大人参了一本。社长当即责令编辑部主任查究此事。由于该同志承认错误态度较好，本来要写"检讨"，结果改为写"说明"。社长还在其"说明"上批示："当前教育报刊社外部环境非常脆弱，任何不当言行都会影响社风、社形象。我们应以满腔的热情和严谨的态度来对待一切事。这件事一定要吸取教训。"

　　第二件事，也是来湖北教育报刊社不久，一天中午正吃饭的时候，社长拿来《小学生天地》(中高版)卷首语《如果是同样问题你怎样回答》，要我帮助修改一下。不就是一篇卷首语吗？才五六百字，简直是小儿科，起初我并不在意。可仔细一看，问题还不少呢。于是我放下碗筷，拿起笔，一字一句地推敲，毫不客气地将几处不容易发现的问题改了过来。这些问题抢眼看没有什么，可经不住锤炼。社长一看哈哈大笑起来，满意地说："我这一关算是过了！"原来他对这篇稿子已看了好几遍，反复琢磨，很不满意，不足的地方早已看出来，是故意考验我呢。有许多地方我与他是"英雄所见略同"，有些地方他尚未看出来。于是他很感兴趣地询问了我的经历，并同我共同探讨文章修改与语言运用问题。有了这良好的第一印象，以后社长讲话之类文秘工作由我兼任，社里大型活动我亦参加，重大新闻题材由我执笔，我的勤奋与才气得以显露，并由此获得了许多锻炼和出彩的机会。

这些看起来都是小事，实际上小事不小。回想我的人生历程，由一名山区高中教师，到乡镇党办文秘，到教委办公室，到省教育报刊社编辑记者，一步一脚印，一步一台阶，就是善于从小事做起，从一点一滴做起，从别人不愿做的事做起，逐渐打磨成熟，建筑人格长城。千里长堤毁于蚁穴，九层之台起于垒土；小洞不补，终身受苦。胡长清、成克杰之流，就是小节不保，在小处放松自己，从而从座上宾沦为阶下囚；雷锋、焦裕禄、孔繁森就是从一点一滴的为人民服务中，赢得景仰与爱戴。在今后的人生旅途中吾当切记：小处不可随便。

（2002 年 12 月）

2. 战胜孤独

在都市打拼，几易工作岗位，由一名"萝卜头"变成"打工仔"，原有优势不存在，一切从头来，心态失落，身心憔悴，十分吃力。然而最艰难的不是工作，而是如何战胜孤独，在孤独中承受煎熬，在煎熬中战胜孤独，在战胜孤独中有所作为。

外面的世界很精彩，也很无奈。我住在武昌东湖新村，工作在位于华师西门的湖北教育报刊社，相距 2.47 公里，步行一趟要 30 多分钟。每天早上 8 点多钟，乘单位专车上班；晚上在办公室加班、学习到 10 点多钟后，一个人往住的地方晃。看着满街的灯红酒绿、红男绿女，都是那么陌生，那么与自己无缘，形单影只；回到房里，偌大的空间，空荡荡的，就我一个人，十分孤寂难熬。到了双休日，同事们欢欢喜喜地与亲人团聚，我也只能孤芳自赏地写文章。遇到单位评模、晋级、分福利时，将我们另类看待，倍感无奈和孤独。仿佛是水中的浮萍，没有根；又仿佛是飘荡的柳絮，不知在哪个地方歇脚。

在孤独的时候，我特别想家，想念孩子们，有时候真正是想得心痛。记得 2002 年 11 月 10 日那一天下午，我准备赶到武汉，上星期一的班。临走的时候，女儿一个劲地抹眼泪，我心里很不是滋味，眼泪在眼眶里打转，好几次都要流下来，我连忙掉过头去，偷偷擦拭，生怕影响妻子情绪，感染全家人。后来，妻子与儿子送我到车站，儿子年幼无知，伏在自行车后座上睡着了。妻子连忙想法让他醒眼，跟我说"再见"时，儿子非常不高兴。还记得 2002 年 12 月 12 日，我在广东为报刊社进行刊物形象宣传，有三个星期没有回家，孩子们特别想念我，一敲开门，女儿、儿子都抱着我失声痛哭，妻子也在一旁眼泪婆娑，我也禁不住眼泪刷刷地流了下来。

"男儿有泪不轻弹，皆因未到伤心处。"自成年后，我只为死去的父亲流过泪，为我的孩子们流过泪。这刻骨铭心的一幕幕，常在我脑海里浮现。每次从家里来武汉，第一个星期还好，到了第二个星期，就特别地想家,在电话里听孩子们说话,我的声音都变了,称呼孩子们,从学名到乳名到"儿啊!"无限怜爱,不知说什么好。

在外,最担心孩子们有什么头痛脑热的,妻子一个人照顾不来,影响孩子们的身体健康。记得2002年年底一个晚上9点多钟,妻子打电话说女儿不舒服,她一个人忙不过来,就把女儿送到一家私人医院,给女儿一元钱,让她打完针,自己坐公交回家,妻子先回家照顾儿子。我当时心里非常难过,恨不得飞到女儿身边,长这么大,女儿除了上学,从来就没有单独行走过,何况这么晚了。我连忙打电话,坚决要求妻子到医院接女儿,另请人照顾儿子。

战胜孤独,一是拼命地学习,二是拼命地工作。记得刚到报刊社时,我对电脑非常陌生,编完一篇稿子,找不到人打印,非常难堪。没有办法,借来微机入门书籍,从认识键盘开始,从背五笔字型口诀开始,边学习边实践,每天晚上忙到十点左右,老是挨门卫批评,硬是"摸"出了一篇篇文章。熟能生巧,我现在熟练地掌握了电脑操作技术,能在电脑上编稿和写稿,写稿的速度基本能适应自我思维的需要,能排版、上网、发电子邮件,实现无纸化办公。

同时,我坚持看书读报,做读书笔记。刚来时,我对编辑业务不是很熟,校对时,自认为比较细心,可经审读员一审,错误还不少。特别是一些字,如果不是从事编辑工作,可能一生到死都是错的,如"像…一样"的"像"(不是"象")字,"账务"的"账"(不是"帐")字,"受到青睐"的"青"(不是"亲")字,"坐落"的"坐"(不是"座")字。还有一些标点符号,也容易弄错,如省略号的运用、引号内外标点等。有一期,因这些该死的字,我们刊物的差错率达到万分之三(按规定只能万分之一),编辑部4个人200元的校对费扣了个精光,我当时非常难受。于是我又拼命地学习编辑常识,将一些易错字、生僻字写在本子上,一个个地背下来;并注意积累,不在同一个地方犯类似的错误。以后,我们编辑的期刊差错率都控制在万分之一以内,期期都评为优秀。一次偶然的机会,我发现华中师范大学有一个体书亭,出租书籍,每天0.5元,比较便宜。我如饥似渴地借阅了大量的书籍,什么"热度书坊"、"新世纪争鸣小说"、"非常现实系列小说",看了十几本,200余万字。先前在教委(教育局),忙于政务,除了看报刊新闻及与工作业务密切的内容外,一年难得静下心来看一两本小说,这回算是解了渴。

　　不在沉默中爆发，就在沉默中灭亡。我是一个越是艰难越向前、愈挫愈勇的人。无论在什么地方、什么岗位，都力求使自己所从事、所分管的工作比别人略胜一筹。达到这一点主要靠拼命的干劲和创新精神。在报刊社，我既从事《湖北教育》（政务宣传）编辑、记者工作，还兼任办公室文秘，为社长写材料。遇到临时性、突发性的工作，也责无旁贷地积极参与。在编辑部，除了完成本职工作外，什么收收发发、洗洗抹抹、杂七杂八的事都主动做；遇到棘手的事，勇敢地承担，而且想心思做得让领导满意。一有空闲，就主动请缨，到基层县市采访、搞发行。现在，很多记者只采不写，顶多只说个意图或列个提纲，让通讯员去"操练"，然后坐享其成。我每次都是自己动手，让通讯员沾光。到报刊社不到半年时间，我已在省级刊物上发表文章26篇，其中5 000字以上的通讯19篇，在《中国教育报》等国家级刊物上发表文章4篇。《教育组撤了，乡镇教育怎么管》上载于《中国教育报》网站，被报刊社评为一等奖（第一名）。

　　我这人不喜欢从事娱乐活动，又没有烟酒之类嗜好，一心扑在工作上，几乎是一个工作狂，妻子总说我是一个"劳心病"。不管到哪个地方，哪个工作岗位，总是忙。有两个月，湖北省教育厅借用我从事行风评议工作，编简报，写讲话，整理资料，很少空闲过，有一天我连编带写简报8期，害得印制的同志叫苦；编行评资料选集，20余万字，从封面设计，到资料汇编，到校对，到联系印刷业务，全是我一个人。同时，报刊社那边写稿、编稿、校对的工作，我利用晚上和双休时间完成，没有任何耽误。

　　正如茅盾在《风景谈》中说的那样，一个充满崇高精神生活的人无论在什么环境下都不会百无聊赖，都会拿出一套两套来娱乐自己。我很孤独，也很充实。

（2003 年 5 月）

3. 换种角度看风景

  武汉不愧有"火炉"之称。从 7 月下旬开始，一直持续高温 35℃—40℃。白天工作时间，在办公室有空调，有电扇，社里每天发一根冰棍或一个西瓜之类的，倒不觉得"季节已变换，酷暑已来临"。一到晚上，就受不了。从湖北教育报刊社到武昌东湖新村我的住所，近 5 里的路程，骑车还好说，尽管热浪阵阵袭人，有时还有丝丝凉风；如果走路的话，越走越热，一身臭汗。到了睡觉的时候，则难以入眠。为啥？太热！简直是活受罪。由于条件限制，没有空调，一台风扇很卖命地一夜转个不停，可那送出来的都是热气，人整个身子都被热浪裹着，靠席子一边尽是汗渍。当然，也有庆幸的一面，自来水是天然热，洗澡不会着凉。

  在如此热的环境下，有一天，一大早，我心血来潮，骑车沿东湖向磨山方向游荡。这时还只是 5 点多钟，公汽刚刚发动，东湖岸边已有少许锻炼的老同志，草坪上武汉大学的留守学生男男女女一字儿横排睡在一起，有的还只是刚刚张开惺忪的眼。更有趣的是，那伸向湖水的平台上，也睡满了人，外表看，可能是农民工。我真有点佩服他们独到的眼光，能找到这么好的一个处所来休整疲惫的身心；我真有点佩服他们睡觉的本领，那么窄小的一块水泥石板，下面就是湖水，一翻身就可能掉进湖里，可他们竟然睡得那么安稳，那么香甜，那么满足。

  人啊，在这茫茫宇宙里显得是那么渺小，一点草坪、一张草席、一块水泥板，就足以栖身安命，何必那么贪得无厌呢，何必那么刻意追求不能达到的目标，追求本不属于自己的东西呢？既积极进取，努力改善生存环境和生活质量，又知足常乐，襟怀坦荡；既在得志时，不利令智昏，忘乎所以，又在失意时，不低沉消极，百无聊赖，能找到亮点娱乐自己，这才是人生的最高境界。这浩淼的湖水，青青的草坪，安详的睡眠，甜蜜的梦乡，就如《军港之夜》那么温馨，这也是一幅美妙的风景啊！

  约 6 点钟，太阳从磨山山顶，从树梢丛林中露出热情洋溢的脸。望东湖,"半湖瑟瑟半湖红",一边波平如镜,漫湖碧透;一边波光粼粼,像安上了一层毛玻璃。从磨山看风光村,琼楼玉宇,鳞次栉比,错落有致,就像一张风景画贴在珞珈山上,闻名中外的武汉大学如一个安详的婴儿熟睡在珞珈山的绿荫丛中。再仔细一点,隐约可以看到我所住的那栋楼的水塔,这也是美妙风景中的一个组成部分啊!平时怎么没有察觉到呢?关键是"只在此山中,云深不知处",没有换种角度来看。在磨山脚下,东湖之畔,一溜长堤上,尽是猪圈,粪气冲天。平时从八一路、从风光村看到的那么美妙的风景怎会拥有这样的内涵呢?关键也是没有换种角度看。

　　美中有丑,丑中有美,重要的是从什么角度来看,是以什么心情来看,是什么人来看,是什么时候来看。

(2003 年 8 月)

4. 借你一双慧眼

2003 年 11 月 2 日,我到十堰市郧县采访。主人盛情,邀请我到青龙山看恐龙蛋化石群。

青龙山距郧县县城约 10 公里处,属柳陂镇管辖。在群山环绕中,有一处山坡被围成一个"心"字形状,约 10 余亩地。这就是国家级自然保护区,保护恐龙蛋化石群。

在保护区建有恐龙模型展览馆。这个用恐龙化石拼凑起来的骨骼模型高大雄伟,昂首挺胸,可见当时的威猛。还建有恐龙蛋化石长廊,将恐龙蛋化石斜坡用有机玻璃保护起来,游人可进去实地欣赏。在长达 50 余米的斜坡上,花岗石头上有很多巨型鹅卵石般大小的石块,有的十几块排垒在一起,有的只剩一个蛋窝窝。长廊外的荒地上,有几处零星的恐龙蛋化石区被铁链圈起,有的只见一个蛋窝窝,用红线圈描,蛋不知去向。但不管怎样,可见远古洪荒时期,恐龙在这一带繁衍生息之昌盛。

观青龙山恐龙蛋化石群,朋友大都感慨物竞天择,适者生存。恐龙这个庞然大物曾是地球的霸主,高大勇猛,不可一世,可后来不知怎么就突然灭绝了。究其原因就是他们的生存能力,对环境的适应性不强。一旦安逸的环境发生变化,庞大的躯体反倒成了累赘,等待他们的只有被淘汰出局的命运,现在只剩下供人类研究的化石了。

然而我更多想到的是如何动用脑筋,放出眼光,去识宝、探宝,为人类服务。据工作人员介绍,起初恐龙蛋化石在青龙山,可谓是漫山遍野,不计其数,当地老百姓视之为普通鹅卵石,用来垒猪圈、做鸡埘。到 20 世纪 90 年代初,有一河南商人,到这里收购橘子发现了此石,就带动了更多的河南人来收购,5 毛钱一个,使精明的河南人大发横财。因为河南人早就发现了恐龙蛋化石,早就在民间收购。这一举动终于引起地方政府的重视,把它保护起来,成了旅游景区。据说无论哪一级领导来郧县必请去看恐龙蛋化石。恐龙蛋化石不仅是国宝,也是郧县人的骄傲。只可惜保护时间晚了点,恐龙产给郧县人的蛋太少了。

由此我想到了甲骨文的发现。据史载,甲骨文是河南安阳一老农在地里锄草锄出来的。不识字的老农把这些龟壳之类当药材卖给药铺以换点油盐钱。后被到药铺买药的一名史学家发现,国宝才得以见天日。原来这些龟甲兽骨上刻有文字,内容多是殷商占卜的记录,是中国汉字的起源,现在的汉字就是从甲骨文演变而来的。

还有一件我亲身经历的事,对我触动很大。2003 年 8 月份,报刊社的一位朋友央请我带他到武穴采摘药材,说是他老婆用一种草研制的药对治疗肺结核有特殊的疗效。这种药是祖传秘方,在当地很有影响,已医治好不少的疑难患者,有一位人大代表患结核病多年,多处治疗不见效,吃了他岳父研制的秘方药后就奇迹般好转。可这种草药极少见,具体叫什么名字,他老婆也不知晓。因他岳父突然去世,秘方失传。只是他老婆长期同父亲一起上山采药、熬药,能识别药材并掌握研制方法,在她父亲去世后,根据零星记忆自行试验,获得成功,就大量研制,造福乡梓,发家致福。

很碰巧的是在我的家乡武穴市余川镇荆竹水库周围的山脚下,我们找到了这种药材。其实这种根红茎绿、枝如垂柳的药材当地十分普遍,山坡、沟坎、路边向阳处多的是。当地叫夜关门,白天叶子迎阳张开,傍晚自然合拢;又称苍蝇草,其叶片状似苍蝇。当地人视之如野蒿子,当柴火。由于燃烧过程中其烟可以驱蚊子,所以常用来为牛畜驱蚊。

识之为宝,不识之为草。听说这种草是药材,对治疗肺结核有特殊功效,当地人愕然,说是要大量采集,由朋友收购。只可惜朋友家也只是民间作坊式研制,不具备大批量生产能力。这种药材什么时候能登大雅之堂,有待专家考证、商家重视,将之开发利用,以造福天下苍生。

愿天下人都有一双慧眼,会识宝,探宝,变废为宝,精心护宝。

(2003 年 11 月)

5. 永保奋进者的姿态

2003年12月12日，我到湖北大学去看望两学生。原来的黄毛丫头、学生伢转眼间已是亭亭玉立、英姿勃发的大姑娘了。都是大四的毕业生，一个教育技术系，一个历史系。看到她们，我感到特别的亲切，特别的欣慰，特别的羡慕。

正值豆蔻年华、做美梦的好季节。她们都有自己的宏图大志，都有自己的美好愿望，都在做两手准备。一手考研，继续深造；一手就业，在社会建功立业。她们当初都是我的得意门生，现在有这般的学业成绩，有这般的慷慨之气，我有一种后生可畏的感觉，有一股激情在澎湃，在涌动。

在送我上车时，她们请我提点要求，为她们进入社会打打"预防针"。当时，我只是淡然一笑："自己去闯，去拼搏，等撞得头破血流了，再来找老师，传授祖传秘方。"虽然是开玩笑，但事后一想，还是有一定道理。社会千变万化，错综复杂，没有现成的路可走，没有现成的模式和规律可遵循，各人的个性和经历迥异，各人的职业、所处的环境不同，各人对事物的理解、处理方式不一样，过早地提出某些要求，相反束缚了她们的思维，影响她们对人生的思考，影响她们今后的发展。不过，在发展过程中，适当提醒，指点迷津，让她们找准坐标，明确方向，少走弯路，这倒是必要的。

社会并不根据我们的愿望和设想来运转和变化。家家都有一本难念的经，人人都有自己要干的事，并没有多少人总是把关注的目光盯着你，主要是靠自己去打拼，去感悟，去成长，去成功。我也曾是豪气冲霄、野心勃勃的青年，有许多美好的梦，经过多少抗争，经过多少曲折，经过多少失败，我的理想早已在现实的铜墙铁壁上撞得粉碎，我的锐气早已被现实的无情磨得光圆。

记得，我曾在一篇日记中写到，当妹妹把自己做小生意赚的一点零花钱全部贡献给我做学费时，我就有一种强烈的愿望，将来有出息，一定要好好地回报妹妹。可是，我现在已经工作15年了，根本没有为妹妹做什么,不是没有情义,主要是没有多大的能力。妹妹只身到福建、深圳打工,每天工作十七八个小时,用妹夫的话说:"人都干傻了"。妹妹曾在电话里对我妻子说:"最想细哥!"可我就是没有能力帮妹妹改变目前的窘境。

还记得,有一次同父亲、哥哥拖板车到粮店卖粮。许多穷苦老百姓受验质员的歧视、刁难。我当时就说,将来有机会,一定要好好地惩治这般小人,为老百姓出口恶气。可是我做了一些什么呢,我又能做些什么呢?我的兄弟姐妹照样"淌着汗水种田,流着泪水卖粮",依然挣扎在贫困线上,从泥土里刨食,为生存而奔波。

不过在我身上有一点非常可贵的是,不管是顺境,还是逆境,不管经历多少风霜雪雨,不管承受多大的压力,永保奋进者的姿态,永保农民儿子吃苦耐劳的本色,爱岗敬业,勤奋学习,埋头苦干,把本职工作做好,力争所主持的工作和经手的事比同行略胜一筹,有一股拼命的干劲,有一种忘我工作的精神,有一种不怕吃亏的奉献情怀,有一种愈挫愈奋、越是艰难越向前的气概。

社会是一个大熔炉,可以成就人,也可以腐蚀人、毁灭人,关键是看你如何把握,如何走路。艰难困苦,玉汝于成。重要的是勤奋,开拓进取,敢于创新,不断开创新的局面;重要的是真才实学,有一两招看家本领,善于应变。"手中有粮心不慌",干出了成绩,总有被人赏识的时候。有为才有位,精神与成果,一样不可少。有精神没有成果,那是杨白劳;有成果没有精神,这成果来得不踏实,总有一天得不偿失。

我坚信,这社会毕竟需要脚踏实地的人,需要埋头苦干的人,需要有所创造的人。不管这人是否得到应有的回报,是否获得合适的位置,群众和历史总会有一个公正的评价。当他回首往事的时候,也不会因碌碌无为而懊悔。多一份坦然,多一份平和,多一点勤奋,多一点创造,才能做一个有所作为的人,一个受人尊重的人,一个脱离低级趣味的人,一个有益于社会和人民的人。

(2003 年 12 月)

6. 常怀仁爱之心

2004年3月21日傍晚,我从湖北通城采访回武汉,在亚贸广场附近被一名推销化妆品的小姑娘拦住。姑娘个头不高,圆圆的脸蛋,并不标致,但很会说话。她一见面就说,这位大哥好面善,定是有福之人。我禁不住朗然一笑。她忙说,大哥的笑容好灿烂啊!就像我的父亲,我离家已好长时间了,多想父亲啊!见到了你,就像见到了亲人,送你一套化妆品吧。见我有兴趣欣赏化妆品,她趁机说,化妆品不收钱,请给点宣传费吧,不多,就29.8元,大家"长久发",一个很吉利的数字。这明摆着是"钓鱼"的,两瓶水货的洗发精能值多少钱,我还是给了她30元钱。我当时想,这姑娘这个时间还在街头推销,怪不容易的,就算是扶贫吧!

2004年4月14日,一对从潜江来的老夫妇带着40岁左右的儿子来湖北省教育厅找某领导,说是前天就约好了。当时那领导不在办公室。出于同情,我热情地接待了他们,并主动去打那位领导的手机,希望帮他们联系上。可办公室一位同志说不应该打手机,这样领导会不高兴的,并告诫以后别这样。其实我在教育行政部门工作多年,这点潜规划还是懂的。可我是从田野走出来的,知道农村人的艰难。他们上一趟省城多不容易啊!别说车船路费要积攒多长时间,单是下这个决心就不知权衡了多少次。想当初刘姥姥进大观园,尖刁刻薄的王熙凤还赏了不少盘缠呢。

明知受骗还乐意掏钱,明知可能挨批评还要做好事,这就是我的个性。我总觉得,这个世界毕竟需要温情,需要爱心;每个公民,应多一份仁义,多一份宽厚。吃亏是福,能够吃亏,证明你拥有,否则无亏可吃。特别是同事之间,应严以律己,宽以待人,多一份坦诚,多一份关怀,多一点换位思考,少一点提防,少一点索取;更不应该挖空心思地算计人,千方百计地打击别人,站在别人的肩膀往上爬。"恶有恶报,善有善报,不是不报,是时间未到。"古往今来,"好人得不到好报"毕竟很片面,是少数,是非曲直,后人都有一个客观、公正的评价,好人终究有好报。多年来,我对别人的关怀与宽容，总以一定形式得到了回报，而且常常觉得冥冥中有贵人相助，每到紧要关头或人生转折处，总能化险为夷，总能柳暗花明，一步一个台阶。这不是迷信，是一直发奋学习、勤奋工作的结果，是一直宽厚待人、多做好事的结果。

中华民族是一个有着五千年文明历史的礼仪之邦，儒、道、释三家观点不一，但有一点是相同的，那就是讲求仁义、仁爱、宽容。有几个典故，很是发人深思。

春秋时期的楚庄王有一回夜宴群臣，忽然刮来一阵大风，把火炬吹灭了。有个臣子因为喝多了，趁黑摸了侍酒的美女一把。美女机警地一把拉断了那人的帽缨，到楚庄王面前告状，要庄王把火炬重新点亮，看是谁的帽缨不见了。庄王大声地说："怎么可以为了彰显妇人的贞洁，而屈辱了酒后乱性的大臣呢？酒后乱性不是人之常情吗？大家听着，今天晚上谁不喝得扯断帽缨，就表示他还没有尽兴，表示我这个主人招待不周。"过了两年，楚国和晋国打仗，楚庄王五次身陷重围，每次都被一个奋不顾身的小将把敌人杀退，楚国终于打胜了。楚庄王把那个小将找来，问他为什么要冒死救他？那个人说："我就是两年前在筵席上被国王侍姬拉断帽缨的罪人啊！"

春秋时期的秦穆公有一匹跑得很快的骏马，被一群饥饿的盗贼偷去杀了，在岐山山脚下煮马肉吃。管马的人跑去跟秦穆公报告。秦穆公带了一大群侍卫和一坛美酒赶到岐山下，对那群盗贼说："我听人说吃马肉要喝酒，否则会中毒而死。"就把一坛美酒赐给他们，然后率卫士们离去。后来，秦穆公与晋国打仗，在岐山附近被围，正在危急之际，忽然有一群人冒死冲来，把晋军冲散，救出了秦穆公。秦穆公一看，正是当年他所谅解的那群马贼。

晋人罗可有一回在家园中散步，远远看见有人正背着他在偷拔他家的蔬菜。罗可赶紧蹲下身来，伏在草丛间，直到那人拔完了离去，才站起身来。又有一回，有个邻居偷了罗可一只鸡，罗可知道以后，携一壶酒到那人家里，对他道歉说："我们住同一个乡里，我不能把鸡煮好了招待你来吃，真是惭愧万分啊！"说完，把带来的酒放在桌上，请那人叫妻子小孩坐上桌，吃肉喝酒，尽醉而归。

这三个历史故事均出自台湾著名作家殷登国所著《人之大欲》，虽然是传说，但给人以启发：要多宽容体贴，多与人为善。现在每每见到一些人为一点点小事,诸如占车位、争车道,甚至瞄了对方一眼,就恶言相向、大打出手,一点风度也不讲,一点脸面也不顾,我就感到汗颜。常怀仁爱之心,恪守公民之道,形成人人关爱别人的良好氛围,则中华民族的整体素质将大大提高,我们这个社会将更和谐。

（2004 年 3 月）

7. 重要的是体现人生的价值

近来,我常被一种悲观失落的情绪笼罩着,很是苦闷、压抑,不得志。表面上看,我从学校到教育局,再到教育厅,一路风光,让人羡慕,让人敬重。可浮华背后,有多少付出和艰辛,有多少心酸和无奈,有多少壮志未酬。

我现在,只知埋头拉车,不知抬头看路,为他人作嫁衣裳,看他人的脸色行事,讨他人的喜欢,给他人的好感觉,劳心劳力,疲于奔命,不能拥有自己的主张和独立的见解,没有主人翁的体验。很多与我同龄或比我小的同学、朋友、同事在主宰一方,干出一番事业。两相比较,不免有点气短喘吁,心浮气躁。

其实人的一生,并不在于拥有多少金钱,拥有多高职位,重要的是能实实在在地干点事业。这事业并不一定要惊天动地,并不一定要举世瞩目,而是实实在在地体现奋斗,体现人生的价值。在体现人生价值的过程中,体现社会的价值,造福人类和百姓。人生总有缺憾。很多人富有,但不快乐;很多人位高,但不自在。不能体现人生的价值,不能做自己想做的事、能做的事,患得患失,说违心话,干违心事,心里总有疙瘩。

当初我经过痛苦地抉择,最后坚持到外面闯一闯,祈望在更高的层次、更宽的范围、更广的领域去经风雨、见世面,争取有更好的发展、更大的作为。人生实际是一个舍弃的过程,一路丢掉辎重,才能一路轻便前行。物欲这东西,不少时候真如口喝饮海水,越喝越渴,也如挑雪填炉堂,总也填不满。因此,即使我们一路春风,也不可物欲过满,不予留白。

天地有万物,此身不再得。我们在羡天地之无穷,叹蚍蜉之须臾中,更应珍惜人生,立足事业,把握现在,着眼未来,韬光养晦,干好工作,在现有的平台上奉献精彩,不断赢得水击石流的充实愉悦,赢得风过天际的不同凡响。永保本色,尽职尽责,不卑不亢,不偏不倚,不愧天理,不作人情,逆中求进,有所作为。若能如斯,永慰我心。

(2004 年 4 月)

8. 严谨对待每一个工作环节

　　2004 年 6 月，中新网报道东北师范大学农村教育研究所调查结果，称我国农村初中隐性辍学现象严重，反映湖南、湖北等 7 省 14 县"有的地方农村初中学生辍学率（三年累计）高达 40％，远高于国家规定的 3％（年辍学率）的标准。"湖北省委书记做出批示，要求省教育厅进行核查。省教育厅根据《湖北统计年鉴》、《湖北教育统计年鉴》提供的数据，测算出各县市初中义务教育完成率、年辍学率。在向省委报告中，举了 Q 市的例子，称 Q 市初中三年辍学率累计超过 40％。

　　此报告后来作为全省课程改革工作会参阅件，在全省公开，与会中有一记者断章取义，以"Q 市初中三年流失了 40％学生"为题，在《武汉晨报》上曝光，引起了震动。领导们的意见基本是一致的：农村初中生流失严重，但从来没有听说有这么高；Q 市属平原地区，经济基础比较强，怎么会有这么高的流失率？为此，分管教育的副省长带队专程到 Q 市调研。本来 Q 市教育局因为 14 名中小学生状告教育局出台文件乱收费一事，闹得焦头烂额，省长又要来查学生入学情况，弄得非常紧张。

　　可一经核查，原来是一场虚惊。由于 Q 市教育局统计人员的失误，将 2002 年的教育年报数据当成 2003 年的年报数据上报给省教育厅。当发现时，错误的数据已成为法定数据，无法更改，以致以讹传讹。经反复核查，2000—2003 年，Q 市初中三年流失率累计 9％，三年流失率居全省倒数第二，入学情况比较好。在陪同核查的过程中，Q 市教育局局长始终阴沉着脸，责令与此事相关的人组成一个工作专班，加了一晚上班，才拿出一套新的数据。

　　由此，我想起 1996 年我当老师时的一件亦悲亦喜的事。那时，我带一个初三年级毕业班，望穿秋水，中考成绩终于揭晓了。当时，我班上学生语文 100 分以上有 3 人，而一个镇 3 所初中 1 000 余名考生 100 分以上只有 6 人。这当然令人欢欣鼓舞。可平时成绩非常冒尖的陈清同学语文只考了 68.5 分,居全校倒数第一,其他科目分数都比较高。后来一查分,是改卷老师把 40 分写得比较散,总分老师一马虎,把作文 40 分当成 4 分,整整相隔 36 分,由原来全校倒数第一名,一跃成为全市顺数第一名。

从流失率顺数第二到倒数第二,由分数倒数第一成为顺数第一,这戏剧性的变化,可以看出,任何事都马虎不得,任何工作环节都必须严格把关,尤其是干事业,责任心第一,细心第一。1944 年,日本发动珍珠港战争,把美国在太平洋珍珠港多年经营的军事基地炸了个稀巴烂,据说是负责监控的哨兵打了个盹,贻误了战机;1976 年,美国"挑战者号"飞船升空 7 秒钟后爆炸,7 名宇航员全部遇难,据说是一个小零部件出了问题。工作中任何一个细小的环节,如果把关不严,处理不力,衔接不到位,就可能埋下祸根,捅出娄子,引发事件,付出沉重的代价。

Q 市出现的问题,表面看起来是统计人员工作的失误,可分管领导为什么不核查,不严格把关?况且数据上报时,要"一把手"签字、单位盖章,作为一局之长在签字时,是否慎重,是否多长了一个心眼。在发现数据有误之后,为什么不督办,不追查?当《统计年鉴》刊出后,为什么不核查一下,不及时勘误?一眼都看出的错误,为什么大家都熟视无睹?以致惊动了高层领导,才慌了神,才想到怎样去瞒天过海。必须慎重地对待每一个工作环节,精益求精,谨小慎微,把失误和过失降到最低限度。"恶有恶报,善有善报,不是不报,是时间未到。"古训看似偏颇,实有几分哲学道理。

人生何尝不是如此呢?往往因为一件小事,一生的命运都为之改变。"把握生命的每一分钟,不是随随便便能成功",必须认真对待所经手的每一件事,认真对待每一次的抉择,尤其是关键时刻。

(2004 年 6 月)

9. 消失的鞋掌

鞋掌,充其量只不过是一件小小的装饰品,从时尚流行到逐步走向消失,反映着人们审美情趣的变化,也从一个侧面反映了社会的进步和人民生活水平的普遍提高。

记得第一次穿皮鞋是1987年,我正读大学二年级,先前穿的大都是"妈妈纳的千层底"。当时,挺羡慕别人穿皮鞋的,觉得穿皮鞋挺高贵、优雅、气派,特别有精神气儿。于是斗胆给一辈子"土里刨食"的父母写信,很羞涩地说出超乎家庭承受能力的愿望。没想到憨厚朴实的父母很快给我寄来了30元血汗钱。花24元钱买了一双中跟黑皮鞋,第一件事就是找修鞋的钉鞋掌。

那时,穿皮鞋时兴钉鞋掌,而且大都是铁的。鞋掌就像广播,在宣告着主人的身份与消费水平。男士穿皮鞋,鞋掌与水泥路面撞击的"咔嚓、咔嚓"声,特别悠扬,留下一串回响;女士穿皮鞋,"咯噔、咯噔",一路奏乐,特别清脆,如密集的鼓点,声声敲心坎。

1993年,就在结婚的前夕,妻子给我买了一双价格不菲的皮鞋,我习惯性嚷着要去钉鞋掌。妻子嘲笑我:"真是个'土包子',都什么年月了,还钉鞋掌,简直就是传播噪音"。我一惊,记忆中的美妙音乐怎么就成了噪音了?仔细一观察,大街小巷,男男女女,几乎人人都穿皮鞋,就连农村的小伙子农闲和出门探亲都是穿皮鞋,皮鞋的品种和样式缤纷多彩,唯独没有钉鞋掌。再也听不见那沉重、响亮的"咔嚓"声了,男同志显得那么稳重、踏实,女同志显得那么轻盈、飘逸。特别是宿舍楼,上上下下,脚步声小了许多,环境也显得幽静、安宁了许多。

看来,随着改革开放的深入,人民生活水平的提高,穿皮鞋的普及与大众化,以及人们环保意识的增强,鞋掌在不经意间消失了。

(2004 年 7 月)

10. 幸福的门槛有多高

2005年底,我在湖北省教育厅基础教育处工作,经常加班到十点钟才下班。在回住所的路上,在湖北饭店一侧的屋檐下,总是看见一位拾荒的老人躺在那儿抽烟。有一次,或许是同情心作怪吧,我走近老人,想同老人聊上几句。

老人头发花白,满脸沧桑,披着一件脏兮兮的老式棉袄,席地坐在冰冷的水泥地板上,下身垫着一床旧棉絮,身上盖着一床旧棉絮,旁边放着两个蛇皮袋。老人告诉我,他是山里人,田地少,农闲了,到城里来捡破烂,想攒点过年钱。可到了城里,人生地不熟,连个落脚点也找不到,只好打游击,公园的长椅、水泥洞里、树荫下,都睡过,总是被人赶来赶去的。这个地方虽然不能遮风,但能挡雨,已经很满足了。

我问老人生意怎么样?他说根本就没有多少生意,这个行业竞争也很厉害。只好当天捡点破烂,当天卖给收购站,赚点差价,一天下来,不足20元钱,只能对付吃饭和烟钱。老人说,他有个毛病不好,就是好口烟,天大的困难,只要有口烟抽就行。

我身上正好有一包40元钱的黄鹤楼烟,就丢给他。他接住,看了看,摸了摸,连声说"好烟"。但他并没有舍得抽,说是拿到小商店里换几包便宜的烟,可以多抽几天。他得得瑟瑟地从棉袄里掏出一根半截的香烟,使劲地抽了几口,在烟雾缠绕中,露出一脸的满足和幸福。

我的心像被电击了一下,一阵颤抖。我们常常埋怨命运不公,没有很好的位置,没有很多的钱,没有幸福感。其实幸福的门槛并不高,对于一个捡破烂的老人而言,每天有地方睡觉、有口饱饭吃、有口烟抽就是幸福;对于一位从小双腿因病而无法站立的女孩而言,某天,她可以重新站起来了,她内心第一感受就是,一个人活着能拥有一个健全的身体就是最大的幸福;对于一位目不识丁的农妇而言,每天早出晚归,在贫瘠的土地上辛勤耕耘,生活平淡而安定,穿暖吃饱,她感到自己是幸福的人。

　　由此看来，每个人所处的位置和起点不一样，所处的环境和时间不一样，对于幸福的理解和需求也不一样，对幸福门槛高低的设置也不一样。你的平台高点，机会多点，可以追求更高标准的幸福。但有一点是一样的，那就是对幸福的感受应该是一样的，只要你的愿望达到了，或者说你拥有别人没有的，就应该是幸福。我们常说"知足常乐"，换句话说，知足即是幸福。

　　电视剧《求求你表扬我》中范伟有一句经典的台词：幸福就是我饿了，看见别人手里拿着肉包子，那他就比我幸福；我冷了，看见别人穿了件厚棉衣，他就比我幸福；我想上茅房，只有一个坑，你蹲在那，那你就比我幸福。

　　在词典中，对"幸福"有一段冗长的解释：幸福是一种持续时间较长的对生活的满足和感到生活有巨大乐趣并自然而然地希望持续久远的愉快心情。选定关键词，幸福是一种心情，自己感觉不错就是幸福，或者说想要的事情得到了满足就是幸福。

　　人们想要得到的东西，无非是物质上的和精神上的。在物质上有事业和财富，在精神上有快乐和情感，再加上身体上有生命和健康，一起共六项。这六项中，什么才是最幸福的呢？假如只准选择一项，你会选择什么呢？首先除去一样：财富。因为财富可以买到很多东西，但买不到尊重，买不到快乐、感情，更买不来健康。再除去哪一个呢？事业吧。情感？当然重要，人不能没有感情的生活。健康？那个人又愿意失去健康呢！快乐？如果这一辈子不能再欢笑了，人生还有什么幸福而言？再艰难的选择后，除去"快乐"吧。亲情是有人疼，友情是有人懂，爱情是有人爱。这些都是这个世界上最珍贵的东西啊！但是如果没有了生命呢？这些最珍贵的东西还有价值吗？反复思索，最后只能选择生命，因为"只有活着，一切才有可能，才有希望"。由此得出一个结论：只要活着就是幸福，只要健康就是幸福。

　　当然，这只是一个文字游戏，言下之意是幸福的门槛并不高。幸福就在我们身边，在我们伸手可及的地方，只是我们往往不懂得去发现和珍惜而一次次地错过。很多时候，我们感觉不到幸福，是因为我们把幸福的门槛建得太高，有太多的愿望和追求，就像《渔夫和金鱼的传说》中的老太婆一样，要了木盆子又要木房子，有了新房子又要宫殿，有了宫殿要做皇后，做了皇后又要做海上的女霸王，最终一样都得不到。这就是生活对于人们的惩罚，你想什么都拥有，其结果必是一无所有。

当然，幸福也是有阶段性的，应该与时俱进。三十几年前，我母亲说："什么时候能不发愁粮食，顿顿能吃饱就好了。"二十几年前，大家都羡慕：某某住进了商品房，我要是能有几万块钱，一定也买一套啊。谌容的小说《人到中年》中，陆文婷和傅家杰所理解的幸福生活就是："一间小屋，足以安生；两身布衣，足以御寒；三餐粗饭，足以充饥。"这样，"他们觉得，日子美得很。"现在社会发展了，物质生活充足了，人们应该有更高标准的幸福。温家宝总理在政府工作报告里，就旗帜鲜明地提出要全面建设小康社会，提高老百姓的幸福指数，让他们过上有尊严的生活。这幸福指数，从精神到物质都有一定标准，最起码是每个社会公民，有一份稳定的职业、有一份稳定的收入，达到"学有所教、劳有所得、病有所医、老有所养、住有所居"。

但是要达到这个目标，还有很长一段路要走，要去追求和奋斗。有一首歌叫《幸福在哪里》，歌词是这样说的，"幸福在哪里？朋友哇告诉你，它不在月光下，也不在温室里，它在你的理想中，它在你的汗水里。"经过奋斗换来的幸福才叫真正的幸福，奋斗的过程本身就是幸福体验的过程。有朋友见我总是劳累奔波，就担心我的幸福。我说，我的幸福指数很高呀，身体健康、家庭美满，不就是最大的幸福吗？我辛苦点，让家里人得到幸福，我会感到更幸福。

看来，生活中，别把幸福的门槛筑得太高，以至于把自己挡在幸福的门外。拥有一种豁达的态度，积极的人生观，勇于面对挫折苦难，把目光放低一些，脚步摆平一点，努力更实一点，其实只需你轻轻一迈，便可以跨进那扇永远向每一个人敞开着的幸福之门！

（2005 年 12 月）

11. 享受淡泊

刚度完 2006 年的"五一"黄金周，身上还散发着与家人一起享受天伦之乐的温馨，我就来到了首都北京，在教育部财务司新成立的保障处工作。

并没有想象中风风火火的忙碌，也没有经常出差带来的疲惫，也没有被委托办事而又心有余、力不足的纷扰，更没有应酬和喝酒的包袱，远离亲朋，告别喧嚣，抛却浮躁，一切归于平静，在独处中过着一种紧张而又淡泊的生活。

"日出而作，日入而息"，是我现在生活的真实写照。早上背着笔记本电脑去上班，晚上背着笔记本电脑下班，工作任务重时就加班。一切都那么有条不紊，一切都那么井然有序，周而复始，循环往复，日子就在不经意间，从键盘上，从电视里溜走了。

我住在外交学院国际交流中心一间标准客房，有卫生间、闭路电视、宽带网、组合柜，还有一个明媚的阳台，这是一般宾馆所没有的。这对于我这个从小就饱受饥寒之苦的农家孩子而言，已够奢侈了。在这小小的天地里，不为名利所困，不为人情所累，不为生活发愁，干自己想干的事，不受任何干扰，实在是上帝恩赐的一种福祉。

外交学院是 1956 年时任国务院副总理兼外交部长陈毅创办的一所以培养外交干部为主的高等学府，面积不大，但环境很幽雅，绿化覆盖率很高。数量不多的几栋楼宇掩映在高大乔木撑起的绿荫中，散落在楼群之间的是翠绿的草坪，草坪上点缀着名贵的花树。校园干道的两旁是整齐的苗圃和挺拔的槐杨；围墙里外被霸道的爬山虎编织了双层绿色的屏障。置身其中，仿佛浏览一幅园林风景图画，特别的清爽恬静。

北京的夏季早晨，来得特别早，才 4 点多钟，天已大亮；5 点钟，太阳就露出了灿烂的笑脸，远近的群楼被镀上了一片金黄。想要赖睡个懒觉还真不行，那勤快的鸟儿定会唤醒你。这时，到外交学院靠大门的一排公园式的休闲长廊里,跑跑步,弯弯腰,呼吸着新鲜的空气,嗅着鲜花的芳香,实在是一件赏心悦目的乐事。这时,细心的你定会发现,靠东边的围墙旁,有一株粗壮的槐树,细密的虬枝旁逸斜出,几乎把下面的一间平房全部遮掩。平房的屋檐上有时会蹲着一只小花猫,好像在打瞌睡,又好像在全神贯注地监视着什么。此景让人忘记了这是地处繁华的京都,而是一座安谧、雅致的农家小院。

难寻这样的好机会,幸得这样的好居所,我的心情特别的宁静,特别的淡泊。工作之余,静下心来,收拾一片心绪,梳理一种思路,相反多了一份清醒,多了一份思考。这时,让心灵保持宁静,把注意力集成一束,专心致志地干以前想干而没有时间干的事,了却一桩桩夙愿。日子虽然很平淡,但只要用享受的心情去品味,品味平淡日子中不平淡的东西,同样会有千种景观、万般风情涌现在你生命的彼岸。

人生苦短,人的一生所经历的风风雨雨近似于沧海桑田,面对人生的变幻莫测,人类造就了一种最能体现理性特点的生活方式:淡泊。即远离名利的诱惑,视名利的花冠为囚禁身心枷锁,洁身自好,以坚持心中的是非,希冀达到一种最佳生存状态。

学富五车的钱钟书,以他的学识、才华和著述,完全可以生活在鲜花和掌声的氛围里,然而他却远离传媒,谢绝捧颂,闭门谢客,选择了宁静和淡泊;张爱玲年轻时已蜚声海内外,多少海外人士都想一睹芳容,视能与她交往为荣,但她同样选择了宁静和淡泊,以致在洛杉矶香消玉殒几天后,人们才发现她身着一袭旗袍,安详地躺在地板上像睡去了一般。

淡泊之源,源于思想,只有深刻的思想,才会造就淡泊的人生。只有那些正确认识和把握自己,不为金钱所贪,不为名利所累,不为遭遇的困难挫折而灰心丧气的人,才是一个大彻大悟之人,才能迈进伟大而又平淡者的崇高境界。淡淡的人生,看似平淡,其实是一种人格的升华,是一种超然,一种成熟。如果我们能够走进淡泊,能够以一种淡泊如水的人生态度去看待生活、加入生活,我们的生活就会永远充满诗意般的情趣,哪还会感到什么"活得真累"呢!

我非圣贤,难以在平淡中孕育伟大,难以在平淡中抛却一切杂念。但起码是看淡了名利,看淡了自己,在有限的时间内脚踏实地地干好本职工作,陶冶自己的心境,丢去心中的浮躁,以一种轻松的心情去寻觅生命的真谛。特别是一天劳累之余,冲一个热水澡,沏一杯清茶,翘起二郎腿,看我喜欢的红色经典电视剧,在"微山湖上静悄悄"的美妙乐曲中悄然入梦。电视广告间歇,通过电波传达亲人和朋友的问候,周身漾起无限温情,实在是人生的一件快事。

享受淡泊,是一种幸运。当今年代物欲横流,人心喧嚣躁动。人们以冲浪的速度上网,以敲键的方式对话,以鼠标点击的方式沟通,孤帆远影、野渡无人的淡泊方式不再有,淡泊真的很难。虽说境由心造,但谁能不为掌声而感动? 不为喝彩而流泪? 平心而论,平凡如我者,在红尘中打滚,在世俗中生活,谁能肯定自己意志会始终坚定如磐呢? 谁又能对万事万物都绝对宽容大度呢? 放下对浮世的追逐,也就放下了心上的负累,轻身走过去,再窄的路都好走。

享受淡泊,是一种人生态度。人生百态,迥然不同:或浓墨重彩,大起大落,轰轰烈烈;或耕读人生,清风细雨,夕阳远山。激昂是人生,散淡也是人生。淡泊可寄情山水,也可寓意花鸟虫鱼。同是飘摇细雨,同是明月繁星,有的人能看到,有的人看不到,这是一种心境的不同啊。俯仰之间,落花有情,流水无意。淡泊是一种人生体验,是一种对自然万物的认同,是一种天人合一的物我两忘。世俗的烦恼渐渐退却之后,身心便可以在大悲大喜之间自由穿梭,便可以在荣辱得失之际宽容而大度。与其说这是一种人生态度,莫如说是一种禅悟的境界。

享受淡泊,还是一种气度,一种修养。有了淡泊能不倨不傲,能不阿不妒,能不争不贪。有了淡泊敢不卑不亢,敢不拘小节。平平淡淡,胸中自有内敛的韵味,含蓄中自有干天云气。淡泊有自己的淡泊方式,只要你自然、洒脱、从容,就是淡泊。它没有模式,没有特定,不一定要梅妻鹤子,也不一定要烟雨桃源,也未必不可放歌长啸、壮怀激烈。

享受淡泊是一种心境。无利禄之心,无名利之忧,心情舒畅,平静自然。陶渊明的"采菊东篱下,悠然见南山"这种物我两忘的境界,曾经使多少人读后如醉如痴。晋代张翰见秋风起,遂思故乡吴中的菰菜羹、鲈鱼脍,毅然弃官归隐,此事流传至今,仍让人感叹不已。不以物喜,不以己悲。什么虚名蝇利,什么勾心斗角,什么趋炎附势,什么吹牛拍马,让这些在你淡泊的心境中无立锥之地! 做人还是本分、低调、谦逊点好!

世事纷纭,红尘滚滚,守住宁静,守住尊严,为自己的心灵留下一方净土,宁静而致远,淡泊以明志。

(2006 年 5 月)

12. 感受崇高

2006 年 5 月,我刚到教育部不久,就有幸到人民大会堂,参加由中共中央宣传部、中共中央统战部、教育部、九三学社中央联合举行的王选同志先进事迹报告会,近距离地亲切感受伟大科学家的卓越贡献和崇高人格。

这是我生平第一次走进人民大会堂,真切地感受她的雄伟与辉煌。人民大会堂周围场面非常开阔,正门对面就是天安门广场;基座起点非常高,几根高大的柱子特别巍峨。穿过两重门,接受两道安检,才进入里面。哇!好气派,好宽敞,好洁净,一共分了几个区。顶棚不像一般建筑的天花板,呈平直几何形,而是装饰成蔚蓝的天幕,就像夏天晴朗的夜空那样璀璨;而且非常有层次感,正中间有一颗巨大的红五星,光芒四射,周围有五十六颗小星,象征着各族人民团结在党中央周围。在这种场合,人的灵魂不由自主地得到了净化,几分敬畏油然而生。

报告会上,王选的夫人、北京大学计算机所研究员汤帜,九三学社中央副秘书长兼宣传部长赵勇,王选生前秘书、北京大学计算机所副研究员丛中笑,九三学社中央宣传部处长戴红等五位报告团成员,以自己的亲身感受,从不同角度、不同侧面讲述了王选的先进事迹和崇高精神。他们的报告感人至深,催人奋进,讲到动情处禁不住潸然泪下,哽咽啜泣,我也禁不住热泪盈眶。

作为享誉海内外的著名科学家,中国计算机汉字激光照排技术的创始人,中国现代印刷革命的奠基人,王选用智者的眼光和创造性的劳动,开创了印刷技术的新纪元。他主持研制的汉字激光排版系统开创了汉字印刷的一个崭新时代,引发了我国报业和印刷出版业一场又一场的深刻变革,把人们从"铅与火"带到了"光与电"时代,被称为"当代毕昇"、"激光照排之父"。这些与日月同辉的卓越成就令人高山仰止,倾慕不已。

然而给我留下深刻印象的是王选对待事业与荣誉、对待生活与生命的态度,是他的优秀品质和人格魅力。一个把个人的前途命运与国家的兴衰紧密结合,把个人的奋斗进取与事业的发展紧密结合,辛勤工作,淡泊名利,关爱他人,珍爱生命的人,才是完整的人、崇高的人。

细节成就伟大,伟大寓于平凡。作为学识渊博的计算机专家,王选教授治学一丝不苟,严谨认真。他卓越的技术判断力和前瞻意识正是源于他不断学习、有着无限创造欲的精神追求。20世纪70年代中期,王选是中国科技情报所来得最勤的借阅者,当时为了节约五分钱,他乘公共汽车甚至少坐一站路,复印没有经费来源,经常用手抄来完成。成名后,他身兼许多社会职务,但他在业余时间仍笔耕不辍,密切关注国内外技术发展前沿的最新动向,提出了许多真知灼见。多年的科研实验,使他养成了良好的行为习惯,每次下班前,要喝完杯子里的剩水,坚持用废纸写文稿。

要想有所成就,就得甘于书斋寂寞,经得住名利诱惑。从1958年参与研制中国第一代计算机——红旗机开始,王选就一心扑在科学事业上。从1975年到1992年的18年,他每周都工作65小时以上,从没有节假日和休息日。他认为,自己"牺牲了许多平常人的乐趣,也得到了许多常人得不到的乐趣"。20世纪80年代王选研制的汉字激光照排系统推向市场获得空前成功之后,他从不居功自傲,而是安于清贫,依旧居住在一套70多平方米的居室里;在外讲课时,将讲学所得补贴悉数发给研究人员作奖金;经常将奖品赠送给周边的人,将奖励资金转给有关单位。

难能可贵的是,王选为人师表、甘为人梯,是年轻人的良师益友。自1992年从一线退下来之后,王选一直以提携后进为己任,他曾多次表示自己的创造高峰已经过去,已是"伏枥老骥",今后衡量他个人贡献的大小,在于能否"甘为人梯",培养出一批年轻人超过自己。在王选培养下,方正技术研究院一大批优秀骨干脱颖而出,而在方正的每一次盛大新闻发布会上,他总忘不了向新闻界一一介绍创造这些优秀成果的年轻人。王选随身带着一个笔记本,上面密密麻麻记载了研究院每一个年轻人的兴趣、特长、导师评语和进步,甚至于他每天都在琢磨如何发挥每个研究人员的潜能,给予他们一个充分实现自我价值的舞台。在他身上,体现了我国老一辈科学家博大无私、谦虚好学的胸怀。

王选的人格魅力和高尚品质如春风化雨,润物无声。我们不可能要求每个人都能创造出伟大的业绩,做出突出的贡献,但立足平凡岗位,积极进取,努力奋斗,干好本职工作,争取有所创造和贡献,是公民应尽的职责;不急功近利,不随波逐流,不损人利己,脚踏实地,堂堂正正,争取对人有所帮助,对社会有所贡献,这是做人的基本道义。

(2006 年 5 月)

13. 品味和谐

2006 年暑期,老婆孩子来北京,我决定带他们到王府井去吃烧烤。可找遍了王府井,就是不见烧烤一条街。我问了几位老售货员,他们都说:早拆了,那生意挺污染环境的。原来是这回事!尽管烧烤一条街可满足不少人的就业和致富,还可促动旅游和增加税收,可一旦污染环境,影响人和自然的和谐,北京市还是断然将其拆除。在这方面,北京市算的是大账。

后来,陆续看到几则报道,说国土资源部从 2005 年开始,着手进行煤矿、铁矿资源整合工作,计划到 2007 年北京市固体矿山数量减少 70%,2006 年将减少矿山 100 座;说是首钢涉钢产业全部搬迁,搬迁后留下约 7 万平方公里的区域,将重点发展工业设计研发创意基地以及以博览和展览为主的文化创意产业基地。虽然付出的代价比较大,做的工作比较艰难,北京市综合权衡,还是义无反顾的做了,其主要目的就是保护生态环境,追求人与自然的和谐,还市民明朗的蓝天。

在这方面,北京人特别细心,注重在细枝末节处体现人文关怀,追求人与自然、人与社会的和谐。就拿道路交通来讲吧。北京市的街道特别开阔气派,大都是 6 车道、4 条绿化带,自行车道、人行道分设,立交桥纵横交错,四通八达。绿化带一到冬天大都系上绿色的围裙,像人一样保暖防寒。人行道上有一条黄色的微凸匝道,那是照顾盲人行走的盲道。公交车都有售票员,及时报站,不像某些城市,无人售票,为兑换零钱伤透了脑筋,有时被司机逼着去买报纸换零钱,特别难堪。每个公交站台,都有人在指挥,提供咨询服务,让人随时随地都享受到优质服务。

"天时不如地利,地利不如人和。"北京市追求人与自然的和谐,更追求人与人之间的和谐。在这座文明古城生活,随时都可感受它的文明,感受人与人之间的温馨。有两件事对我触动很大。一是一次乘坐公汽,刚到一个站台,一位年轻人见一老太婆上车,连忙起身把老太婆扶到自己座位上；不一会儿在下一个站台，一位中年妇女抱着小孩上来，老太婆连忙把座位让给了她。尊老爱幼在一辆行驶的公交车上得到充分体现。二是一个下着蒙蒙细雨的傍晚，我从单位加班回到外交学院国际交流中心住处。刚到门口，就见一个美国人正欲出门。见我要进来，他连忙拉开门等我进去。我迟疑了一会，他连忙招手，微笑着做了一个请的动作。我感激说了一句"谢谢！"没想到他用一句很标准流利的汉语说："不客气！"

在外交学院这所集聚很多外国专家、教授的高等学府，我们经常可享受这样的待遇，特别是在电梯里，外宾见到我们这些素昧平生的中国人，都会主动打招呼，我们也很有风度地坚持让他们先行。在这座宾馆里，教育部、财政部租用了第五层楼，作为我们这些抽调人员的临时住所。大家来自五湖四海，虽背景、出身和经历不同，语言、习俗各异，都有一本难念的经，但肝胆相照，苦乐与共，是一个相当融洽的大家庭。说一个细节，每次出差的时候，彼此都想着对方的嗜好或孩子，带一些小礼品，表达一份心意。这就是和谐，直接表现为各方面的利益关系得到妥善协调，使社会共同体处于融洽状态。

其实，在中国古代思想史上，和谐一直是个哲学命题。儒家、道家都有关于"和"的论述。较早的记载当属《国语·郑语》，史伯对郑桓公说："和实生物，同则不继"。孔子在《论语》中则有"君子和而不同"的著名论断。可以说，"和"是中国传统文化的主要特征及精髓所在，其中蕴含的深刻哲理至今仍有借鉴意义。从某种意义上讲，我们党提出的以全面、协调、可持续发展为基本内涵的科学发展观，就是对和谐哲学的传承与发展，而广义上的和谐社会几乎就是科学发展观关注的全部内容。

其实，构建和谐社会的道理并不深奥，就体现在人们的身边，体现在我们生活的每一天，体现在我们工作的每个环节。全国优秀共产党员、河北省衡水市枣强县王常乡南臣赞村村民林秀贞，一名普通共产党员，她尊老爱幼、热心公益的动人事迹被广为传颂。她有一句名言："人人都帮人，世上没穷人；人人管闲事，世上无难事。"人人都是文明的形象使者，人人都是和谐社会的践行者，只要人人讲文明，只要人人都替对方多考虑一点，多付出一点爱，则构建和谐社会就不仅是一种理想的目标，而是让每一个公民都能体验到、都能得到实惠的现实。

（2006 年 11 月）

14. 始于绝望的希望

近读《新华文摘》，鲁迅先生关于希望的三次论述对我触动很大。一是在《故乡》中谈到"希望本是无所谓有，无所谓无。这正如地上的路，走的人多了，也便成了路。"二是在《纪念刘和珍君》中谈到"苟活者在淡红的血色中，会依稀看见微茫的希望；真的猛士，将更奋然前往。"三是在厦门大学的一次演讲中谈到"希望是附丽于存在的，有存在，便有希望，有希望，就是光明。"

鲁迅先生在极其黑暗的政治背景下，在极其艰难的处境中，始终忧国忧民，始终充满斗志和希望，不愧为"民族的脊梁"。我一介书生、三尺微命，艰难打拼，始终找不准自己的位置和人生的价值。骑虎难下，进退维谷。路，好像都走到了尽头。我还有希望吗？我的希望在那里？我经常拷问自己，发出呐喊。

说起来，我也算得上是一个小有名气的传奇人物了。从教育局，到教育厅，到教育部，我几乎经历了中国教育的每个层次，经过了多重角色的转换。每到一个新单位、新岗位，我都兢兢业业、任劳任怨、创造性地开展工作，都得到了领导和同事的认可。然而我的身份和处境并没有多大改变，经济上极度困窘，家庭得不到照顾，人格得不到尊重，前途和命运得不到保障，付出和回报出现强烈的反差。"路在何方"，这个疑问像一把达摩克利斯剑悬在头顶，叫人不得开心颜，叫人欲罢不能，欲哭无泪。

世事就是这样，得到的不知珍惜，失去的才知宝贵。原先我看不起的"鸡肋"单位，现在成了可望不可及的向往。表面上看，从乡村到首都，我是步步高攀，可原有的优势也在步步丧失。我逐步变得特别沉默，几乎到了不想说话的地步。凡事随遇而安，逆来顺受，不想发表任何见解，受了委屈不想做任何辩解，我担心长此下去，会丧失语言表达功能。"前程两袖黄金泪，公案三生白骨禅"。此时，在北京的冬季，我对唐伯虎《漫兴十首》中的这两句话算是有了透彻的感悟；此时，在北京的冬季，我的心情冷却到了冰点。

"天行健，君子以自强不息。"我不能就此消沉！我还有一个令人羡慕的美满家庭，有一双可以把语言的点和线进行优美组合的手，拥有广泛的人力资源。不怕吃苦，不怕上当，耐得住寂寞，经得住诱惑，勇于创造，这都是我的优点。我还应以工作为重，以大局为重，干好每件事，走好每一天。就是天道不酬勤，付出无回报，努力过，挣扎过，也无怨无悔！

其实，我的希望并不高，就是在属于自己的平台上，拥有一份有尊严的收入，能够体现人生的价值。用一句时髦的话说，是"站着把钱挣了"。跪求施舍的，是乞丐；坐收渔利的，是收费站；躺着能把钱挣了，是娼妓。"站着挣钱"，前提是人格的独立，这一要风骨，二要智慧，三要机会。有风骨才能站着；有智慧，才能够挣；有机会才能挣到。只有"站着把钱挣了"，才能"坐着把话说了"；只有"坐着把话说了"，才能"躺着把梦圆了"。

我将把外在的阻力变成内在的耐力，以时间换空间，以真诚换理解，以奋斗换支持，以成果换认可，在经受住绝望的剧烈颠簸和严酷的考验后，或许前方就是希望的地平线。

（2006 年 11 月）

15. 把握交友的尺度

近年来,都市打拼,我与形形色色的人打过交道,结交了不少朋友。有的朋友因为有着相同的经历和遭遇、有着共同的性情和爱好,一直肝胆相照,相互勉励和关照。也有一些酒肉朋友,只可享富贵,不可共患难,相处一段时间就散伙。"物以类聚,人以群分",这让我对各类人群有了清醒的认识,尤其是商人。"无商不奸",这句古训在我的人生历程中得到很好印证。

因为工作关系,我曾与许多商人打过交道,有的还一度成为亲密无间的朋友。这些人,当你在台得势之时,对他有利用价值,他就会挖空心思地接近你、亲近你、讨好你,看你脸色行事,给你好感觉,投你所好,随你所愿,帮你办事。甚至你请客,他买单;你办事,他付钱。有时,你没有想到的,他替你想到了;你刚想到了,他替你办好了。一旦你失势,没有利用价值了,他就会毅然、决然、断然地离开你,毫不拖泥带水,一点也不藕断丝连。甚至在你最艰难、最困苦、最需要帮助的时候,他在一旁隔岸观火、幸灾乐祸,有的还落井下石,大有"打倒,踩上一脚,叫你永世不得翻身"之势。

有一个小商人,曾经是我形影不离的朋友,我们经常在一起享受人生,纵论家国大事。有一段时间,每到下午下班时间,他都会准时出现在我的办公室。我有意识地带他认识朋友,帮他分析商业信息,只要不违背原则、能办到的事,我都办了,对他拓宽市场,培植新的经济增长点取到了巨大的帮助。他曾多次深情地对我说:"没有你的帮助,也就没有我的今天";他曾多次拍着胸脯表态:"需要用得着我的地方,尽管开口,你的事我一定帮助搞定。"可真正到了你落寞、无助、需要他出力的时候,他像失踪了似的,悄然无息地离开你,叫你毫无一点思想准备。不仅如此,他还煽动原本一些比较要好的朋友疏远你、孤立你。究其根本原因,可能认为我已没有多大利用价值;可能一直在忽悠我,希望我多替他办点事,到了实在忽悠不下去了，就脚底抹油——开溜。这位小商人的背叛，几乎动摇了我的人生信仰，怀疑这人世间是否还有真诚和信任。

古语云："婊子无情，戏子无义"。现在的"戏子"大都成为"明星"，成为人们吹捧和追逐的对象，我看套改为"婊子无情，商人无义"倒比较合适。你看，一座座歌楼酒馆、美容美发中心、洗浴城，一个个如花似玉的少女，浓妆艳抹，挠首弄姿，无非是想从客人身上多捞点实惠。"进门笑嘻嘻，坐着像夫妻；小费拿到手，去你娘个B"这首顺口溜恰到好处地表达了这些"小姐"们的真实嘴脸。但这些人，为了生存和生活，不得不逢场作戏，从某种程度上可以谅解。而且是明码标价，平等交易，互惠互利。而一些商人以朋友名义，让你在毫不设防中，充当说客和赚钱工具，则十分可恶，纯属道德败坏。许多高官从座上宾沦为阶下囚，大多是被商人拖下水，被情妇送上不归路。可以肯定地说，每位贪官背后，必有一个或几个奸商和荡妇。因此，有人说奸商只有法律底线，没有道德底线，我看很有道理。

当然，我在这里并不是否定所有商人，古往今来，义商也不少。历史上的徽商和晋商就是以诚信和忠义为本的。有两个商人我认为是典范。一个是春秋时郑国商人弦高。公元前628年，郑文公去世，公子兰继承君位。一心想要称霸的秦穆公决定利用郑国国丧机会，消灭郑国。于是他命令大将孟明视带领兵车400辆偷袭郑国。弦高去成周经商，路遇袭击郑国的秦军。于是他冒充郑国的代表，以四张皮革和十二头牛犒劳秦军，说："我们的国君听说将军要到敝国来，特地叫我来犒劳贵军。"孟明视认为郑国已有准备，就放弃了攻郑计划。这就是有名的"犒师救国"故事。一个是电视剧《乔家大院》中的乔致庸，晚清山西祁县人。他待人随和，一生颇多善行，经常救济平民百姓。民谣有"光绪三年，人死一半"的说法，当时乔致庸曾开仓赈济，要求发放给灾民的粥要用毛巾裹起来，打开时米不能散，放在碗里插上筷子不能倒。他还很有爱国思想，当时海防、西征，他都为朝廷分担开销。乔致庸经常告诫儿孙，经商处世要以"信"为重，其次是"义"，第三才是"利"，不能把"利"放在首位。

只有永恒的利益，没有永恒的朋友。任何时候，交友都要把握一个尺度和分寸。尤其是与商人交朋友要慎之又慎，因为唯利是图毕竟是商人的本性。

（2007年7月）

16. 世上唯有知识贵　身体健康是第一

近读一网友博客,在署名《我到底需要什么》的文章中,她写道"生活有人照顾,身体基本健康;工作还算满意,教学成绩优秀;儿子比较听话,丈夫事业尚可。我这样一个平常的小资女人拥有这般舒适的生活和称心的工作,应该是心满意足了。可为什么总要唉声叹气,为什么总是眉头紧锁,为什么总会心事重重! 我到底需要什么? 我到底在意什么? 也许因为自己的儿子不够优秀,也许因为自己的工作总留下许多遗憾,也许没有也许。"

一个看似很幸福的女人为何发出如此感叹? 究其深层次原因,是因为生活太平淡,很优秀的她壮志未酬,还有很多理想和愿望没有实现。人都是这样,得陇望蜀,永不满足,她还应有更广阔的平台和空间。而于我,她现实中所拥有的,正是我渴望和企盼的。我在她博客留言栏中写了四句话:"世上唯有知识贵,身体健康是第一。名利富贵如烟云,平平淡淡才是真。"在我看来,世界上有很多值得人羡慕和追求的东西,其中健康和知识是最重要的。健康是本钱,知识是财富,只要拥有这两项,就是一个幸福的人,一个生活得有意义的人。

我自 2002 年"游牧"以来,一直想在繁华的都市寻得一块属于自己的青草地。我三进中南海,见过党和国家领导人;到过西安大唐芙蓉园,看过世界上最先进的水幕电影,那满眼的富贵、炫目的光华,简直就是人间仙境,我想盛世繁华也不过如此;纵情于蒙古大草原,感受大自然的苍茫、神奇和壮美;游览过黄山、华山、武当山,领略了名山大川的雄奇瑰丽;探寻过万里长城、炎帝故里、宝鸡法门寺等名胜古迹,为中华民族的伟大创造感叹不已……我撰写了数以万计的行政公文,多次参与国家重大教育课题调研,为党和国家领导人写过讲话,赢得"高级写手"和"快枪手"的美誉。可到头来,我发觉,除了身体和知识,还有家庭是属于自己的外,其余是一无所有。

　　有一种跌倒叫站起,有一种失落叫收获,有一种失败叫成功。人生就像一条抛物线,不管最高点有多高,最终还是会回到最初的原点。这是人生最大的遗憾,也是世界最大的公平。身体才是生活的本钱,我特别注重身体。到现在,我年界不惑,没有犯过大病,甚至连小病也很少生,皮肤光滑,脸无皱纹,头发蓬密,身板硬朗。三十五岁之前,陌生人问我结婚了没有,要不要介绍一个?四十岁时,别人问我有没有小孩,其实我女儿已是高一年级的大姑娘了。别人都说我的外表与实际年龄相差悬殊。保持这"光辉形象"有两大"法宝":一是勤锻炼,二是好心态。

　　多年来,我一直保持着"早跑步,晚散步,午休后刷牙"的良好生活习惯。晚上加班再晚,第二天早上必按时起床,到户外跑跑步,活动活动筋骨;有时遇上恶劣天气,也要在走廊、阳台或房间蹦几蹦,感觉舒畅了就行。中午哪怕是数九寒冬下大雪,也要休息个把小时,有时情况特殊也要打一个盹,眯上几分钟。休息的地点,能有一张床,放宽心地睡大觉当然好;没有床,在办公椅上靠一会儿、在办公桌上伏一会儿也不错。睡完觉,起来稍微活动一下,漱个口,则精神特别清爽,头脑特别空灵,精力特别充沛。正所谓"上午不睡,下午崩溃",如果没有午休,则整个一下午像个霜打的茄子,一点劲也没有。晚上吃完饭后,必定要走一走,多则七八里,少则里把路。有时,约上几位志同道合的朋友,边闲逛,边聊天,观街市风光,看世相百态,倒也其乐融融。偶遇一美女从身边经过,大家评论一番,感叹一番,调侃一番,特别地开心。

　　这种习惯我在外出差也不例外。无论到哪里,住什么地方,早上我都要跑跑步,晚上要散散步,一来锻炼身体,二来感受一下不同地域的风俗民情、风光景致。"年轻时,拿命换钱;年老时,拿钱换命。"许多人年轻时,吃得、喝得、玩得,不受限制,毫无节制;及至老年,身体状况每日俱下,才知"保命"要紧。君不见,湖畔江边、公园小区,早锻炼的大都是中老年人,年轻人这些"早上八九点钟的太阳"到了八九点钟还没"升起来"呢。而我则是从学生时代起,就养成和一直保持这个习惯。

　　我曾经与三个人干过"团结户",他们都比我小许多,我们相处都很好。他们都说:与我同居一室,我每天要比他们晚睡一个多小时,早上要早起一个小时,可精力还这么好,真是佩服。其实,这是我坚持锻炼带来的成效。有时,遇到紧急任务,特别是领导讲话,时间紧,责任重。我虽然心里有压力,但并不急躁,而是从容应对。先构思框架,广泛搜集和涉猎相关材料,酝酿思路,再动笔。感觉疲劳了,不坚持,而是放宽心地睡一觉,让素材在脑子里沉淀、过滤;到了半夜三四点起来,先刷牙洗脸活动一下,再静下心来,奋笔疾书,一直写到上班时间,一气呵成。即使不能全部写完,也差不了多少。这时,有一种不写完不罢休、不写完不舒畅的强烈冲动和欲望,坚持一两个小时,就可大功告成,此后怎么锦上添花都有基础。

曾经有一位书法家给我题了"旷达"二字的匾幅,我十分珍爱,不管搬家到哪儿,不管遗弃多少物品,我一直视若珍品,不肯放手。因为它恰如其分地表达了我的心境和品行。

一身无外物,唯有书相伴。我这人没有烟酒之类不良嗜好,酷爱看书读报,尤其喜欢看一些经典文学作品、社会热点小说。为了工作,我坚持"三必看",一是中国教育报每期必看,二是中国教育信息网每天必看,三是涉及教育重大的时事每条必看。随看随做摘录和笔记,进行资料积累。工夫在诗外,写作在平时。平时多积累,到了写材料时,就如探囊取物,游刃有余。很多人评价我写东西又快又好,其实是平时多学习,多积累的结果。有时,领导要材料要得急,头天下午布置的工作,第二天早上就要见"包公",哪能这么快呢?关键是平时积累了素材,这时只起一个编辑作用,把相关材料拼合起来,按照领导口味变换语言风格,提炼一些比较鲜明准确的观点,适当讲究一下对仗和工整,一般就能应付过去。即使差,也差不到哪里去。本来一份成功材料的完成,不仅有一个修改和完善的过程,还要给领导表现聪明才智留有空间。

马克思说:"不学无术在任何时候,对任何人,都无所帮助,也不会带来利益。"恩格斯也认为:"有所作为,是生活中的最高境界。"在外打拼,如果没有知识,没有本领,没有作为,就被人瞧不起。"靠得住,会干事,干成事"是领导对下属的普遍要求,但要做到这一点非常不容易。"腹有诗书气自华",即使有时有点"不听话",但领导要依赖你办事,有时难免迁就一下,宠爱一回;如果你无一技之长,又不听话,甚至为领导添麻烦,则谁也不喜欢你。我这人,由于勤学习,肯钻研,在写作上有点特长,即使有点清高迂腐,不管在哪个单位、哪个岗位,领导还是比较青睐的,最起码有一个"工作还不错"的公正评价。当我离开单位后,领导谈起我,不免要感叹一番,称赞一番,号召大家向我学习。

林肯说:"世上没有卑鄙的职业,只有卑鄙的人。"福楼拜也说过:"人的一生中,最光辉的一天,并不是功成名就的那一天,而是从悲叹与绝望中产生对人生挑战、勇敢迈向立志的那天。"只要你拥有健康的身体、丰富的知识,再加上你勇于追求,勤奋工作,哪怕你的地位再低下,眼前的处境再艰难,总有云开日出的那一天,总有天道酬勤的那一天。我一直这样认为,也这样坚信!

(2007 年 7 月)

17. 坐火车的滋味

坐火车是什么滋味,可谓是一言难尽,应该说是越来越好,越来越爽。

第一次坐火车应该是 1992 年的暑期,我所从教学校的毕业班考出了大家所理想的成绩,校长高兴,决定让全体毕业班老师到北京去旅游。

大概是刘姥姥进大观园,第一次坐火车特别的兴奋,特别的好奇,甚至生出许多的期盼和遐想。记不清楚是怎么上火车的,只记得每个人有一个硬座。刚开始还觉得挺新鲜、挺滋润的,可从武汉到北京这么长的路程,得一天一夜,二十多个小时,硬坐显然挺不住。后来,大家都慢慢想法子打瞌睡,有的靠在椅子上,有的干脆溜到座位底下,蜷着身子,成虾状,浑浑噩噩地眯着睡。

酷暑难当,又没有空调,只有几个电扇在呼啦啦地响。火车行驶的轰鸣声,旅客的谈笑声,还有热浪、汗臭交杂在一起。要是现在早该骂娘了,可谁也没有怨言,大家都认为,坐火车就是这样,能有这样已经很不错了。

后来,由于工作的关系,坐火车的机会和次数渐渐多了,每次都有一张硬卧,休息几个小时就到了。再后来到教育部工作,坐火车就成了家常便饭。无论是从武汉到北京,还是从北京到武汉,都是夕发朝至,既不耽误工作,也不耽误时间,感觉挺舒坦,甚至觉得比乘飞机还要方便。

飞机上的时间虽短,但进出飞机场的时间太长。动辄遇到恶劣天气,还得晚点。那次从吉林延边到北京,因为暴雨,整整晚了一天,又冷又饿又困,简直受不了。后来,飞机场禁不住乘客的强烈抗议,把我们送到一家洗浴中心,每人给了一张洗头客躺的小床,小憩了个把小时,才缓过气来。有时,乘客已上飞机,遇到空中管制,飞机延迟起飞。这时闷在飞机里,进退维谷,心里堵得特别慌。

而火车一般不会晚点,特别的准时,特别是第四次提速后,速度更快了,火车的环境更舒适了。一般是晚上 9 点多钟的火车,吃过晚饭,洗漱完毕,轻松地处理完事情,从容地出发;睡一觉,第二天早上 7 点多钟就到,正好赶上上班时间,正好找人办事。长途火车大都有一张硬卧,车厢还算整洁,寄放东西和洗漱也比较方便。

当然,这要看钱说话,火车是有严格档次的,散坐、硬坐、硬卧、软卧,还有高干包厢,不同的价格享受不同的服务,我算是全部体验了。

最难受的要算散坐了。那是 2006 年 5 月 8 日,我到教育部报到,因为托人买票有误,只买了一张从武汉经过的逢站必停的散坐车票。我和另外一位同志提着四个包好不容易挤进车厢,一车里多是外出务工的农民。只觉得闹哄哄的,人挤人,像一锅粥,连一个站的位置也没有。好不容易靠列车员服务台寻得立足之地,可包裹没有地方放。只得两手各提一个,还有一个箱包只得夹在两腿之间,人就这么直挺挺地站着,想弯腰放松一下的空间也没有。吵闹声、汗臭味、热浪气,弄得人头晕目眩,几乎要虚脱。好在那位同志头脑灵活,塞给乘务员 200 元钱,让出了服务台不足一平方米的位置,我们俩可以轮流伏在柜台上睡一会。直至车到郑州,买了一张硬卧票,才得以解脱。

最舒服的当然是高干包厢了。前不久我随家乡的一位领导到北京办事,因为要急着赶回,就狠心买了一张 700 多元一张的"高包"。在硬卧包厢要睡 6 个人的包厢,这里只有 2 个铺位,上下两层,每张床有闭路电视;一边是厕所,厕所里有坐式马桶、梳妆台、洗漱池,设施比较齐全,厕所和窗台之间还安了一张沙发,供休闲。躺在床上,戴着耳机,欣赏电视节目,迷糊糊的,就像躺在摇篮里,渐渐地进入梦乡。及至一觉醒来,从容地上厕所、洗漱,就像在家里一样,感觉特别爽。车停了,还舍不得下。

从散坐到"高包",我算是品尝过坐火车的各种滋味,这其中有社会的进步,我个人生活水平的提高。但总的说来,是社会经济发展了,交通发达了,交通工具更人性化了。但坐"高包"的人毕竟是少数,火车上也只有一节车厢;还有很多人要坐散坐,尤其是民工,他们的生存、生活环境更需改善。我只一次体验就刻骨铭心,好像受了天大的委屈,他们经常坐,情何以堪?关注农民、关注农民工是构建和谐社会的一大要务。每个人住"高包"显然不现实,但让每位远行者有一张可以宽心睡觉的床,是我们的政府和社会通过努力应该做到的。

(2007 年 8 月)

18. 不怕被人利用

近年来,由于位置的特殊性,我经常被人利用来办些事情。有些事,是我力所能及的,费点麻烦就能办好,当然皆大欢喜;有些事,要经过努力才能办好,难免要牵扯一些精力,赔一些小心;有时吃力不讨好,如"老鼠钻风箱,两头受气。"于是妻子"枕头风"吹得最多的是"学聪明点,别老是被人利用。"回乡省亲,老母亲告诫最多的是"好好工作,莫管别人闲事。"

但我毕竟是在外面"混"的人,有自己的行为准则,那就是:能帮的事尽量帮,违法的事坚决不干。其实,我没有多大的权势,也没有死缠烂打之类能耐,不具备使用"美男计"的资质,更没有资格触犯高压线;只不过有点才气和吃苦的精神,被别人当作"枪手"利用,在被别人利用的过程中,博点同情和回报。说穿了,也就是互相利用,互惠互利。于是乎妻子的"枕头风"有时难免成了"耳边风"。

自然界里,有一种动物叫绿虾,它的一生都生活在扁鱼的嘴里。这听起来是一件非常危险的事。但令人惊奇的是,扁鱼绝不会把绿虾吞进肚里,因为绿虾会以自己身体的晃动来吸引其他小鱼成为扁鱼的食物。于是,绿虾成了扁鱼生活的一部分。扁鱼本能地知道,它不但不能吃掉绿虾,还要好好地保护绿虾,夜晚把绿虾含在嘴里,让它留宿。只是绿虾一旦老了,或是不能再为扁鱼引诱食物了,扁鱼便会把它赶走,再换另一条年轻的、有用的绿虾。

其实它们的关系说白了,就是相互利用。这在自然界是一件很平常的事,不管是动物还是植物,都有这种相互依存、共生的关系,而一旦有一方没有了利用价值,便会被另一方抛弃。它们互相依存的原则,就是有用还是没用,简单得泾渭分明。仔细想想,人类社会何尝不是如此呢? 人与人的关系,无法避免会互相利用。你的利用价值高,就被别人重视、被重用;你的利用价值低,就会被轻视;如果一点利用价值都没有,那你对于别人来说,也许什么都不是,没有人拿正眼瞧你。

可见，能被人利用何尝不是一件好事呢？有人利用你，从某个角度来理解，说明你是一个有用、有价值的人。不怕"被利用"，就怕你没用！李斯被秦王利用，才能做秦国的丞相，一展抱负；司马迁被汉武帝利用，才写出千古不朽的《史记》。人活在世上，就是为了实现自我价值，进而体现社会价值。若不被人利用，就永远也找不到存在的价值。只有在被人利用的平台上，学会磨砺自己、提升自己、为自己创造机会，才能学会生存之道。一个有本事、有能力的人，即使被人利用，也会在被利用的困境中成就自己，走出属于自己的辉煌！

"天生我才必有用"，每个人都有着独特的天赋和特点，都有自己的"小圈圈"。但是每个人的价值往往需要通过别人的利用来得到体现和诠释。被利用，换一种角度来看就是被看重、被需要。一个人的利用价值其实也决定了其被他人需要的程度。一种产品被别人需要了才会购买，没有需求的产品自然没有市场。如果你思考得透彻一点，"需要"和"被利用"，其实都是一个意思，只不过一个是经济学名称，另一个是心理学表述而已。

一些人总是喜欢利用别人，而不喜欢被利用。当一个人没有正确对待"被利用"时，就会一味地抱怨自己被利用了，同时也会觉得生活一点乐趣都没有。而那些能够正视"被利用"的人，就会懂得抓住他人利用自己的机会，从中受益。

就拿写材料而言吧，我经常被不同系统、不同岗位、不同职务，甚至是刚出道的年轻人利用。有些年轻人打着领导的旗号，居高临下地给我"派活"。材料未成之前，花言巧语，态度谦恭；材料到手，马上变脸，给你摆谱。一般人肯定气得不行，觉得很受伤。而我呢，只是一笑付之，权当是一次学习、练笔，权当是一次掌握信息，积累素材。"天下文章一大抄"，各种信息、素材是可以变通、互用的，在以后的工作中可以应急。正因为有了这些不管是心甘情愿、还是被逼无奈的被利用，我才有了发展的台阶，才有了生存的资本。这种被利用，何乐而不为呢？

这看似阿Q的精神胜利法，于我挺受用。羊能跪乳，鸦能反哺，人都是有感情的动物，得到别人帮助，受了别人恩惠，总会想办法投桃报李。即使一时无以为报，觉得有所亏欠，记在心里，总念着那份情，会找机会给予补偿。我这辈子帮了不少人，也接受过不少人的帮助，大多数人还是讲感情的，有的成为朋友，有的成为"生命中的贵人"；个别人不厚道，过河拆桥，都没有落得好下场。再者，"送人玫瑰，手有余香"，多栽花，少栽刺，也算是积善行德，造福子孙。

话又说回来，人处在世上，各种关系盘根错节，靠一人的力量不可能包打天下，你得有求于人，谁能保证自己不被人利用呢？为他人做事，就说明他自己不会做，要利用你来做，这种利用又何妨，只权当是帮忙好了。但决不能因帮人而失掉了自己的底线、原则和自尊，这就显得代价太大了。大智若愚，讲的就是被人利用了，却装作不知道似的，从而达到反利用的目的，通过被利用来成就自己，这才是最高明的境界。

总之，一句话，做人不必太较真，被利用不必太生气。人活在这个世上，就是为了实现自我价值而生存的。若不被人利用，就永远也找不到自己的存在价值，只有在被人利用当中，学会审时、学会度势、学会交友，才能学会生存之道；否则的话，就该被社会淘汰出局了。既然如此，何不笑着面对利用你的人呢？

（2007 年 10 月）

19. 别让人利用你的情感

2007 年岁末，久违的家乡飞来一封"红色催款单"，说是家乡的村级公路全线贯通，正式通车了，请我们在外工作的游子回乡庆贺。桑梓情深，落叶归根，收到请柬，我特别的兴奋，这是我和我的父老乡亲们期盼多年的大好事。

自儿时起，走在尘土飞扬的泥巴路（后来是碎石路）上，就幻想着有一天，这条路能变成宽阔的水泥路，骑着自行车在上面纵情驰骋。现在愿望变成现实了，哪有不高兴之理，于是打电话给同在武汉工作的同乡、同学，相约送 500 元礼，以表寸草春晖。

此时，同乡还在四川出差，我也因工作忙抽不出时间，就分别委托家乡的亲人代为送礼。我还连夜写了一封贺信，传到家乡的村小学，代为送达。庆典的那一天，以防万一，我给哥哥打了好几个电话，请他务必把礼送到，并反复叮嘱他向村领导解释我不能亲自回乡致贺的原因。哥哥耽误了一上午农活，专门去村部送礼。

到了晚上，在家乡工作的同学打来电话，说是看见礼单上写有我的名字，也跟着送了 500 元礼，其实心里很不乐意。我问是何故？他遗憾地告诉我，家乡的这条路是市里立项的，贯穿了 3 个乡镇，是市里争取上级专项资金修的，村里不但没有拿出一分钱，还以此巧立名目，按每个户头 50 元钱的标准收了修路钱。"这次收礼的钱，基本上是供村干部吃喝玩乐的。"他还告诉我，村里一些干部经常租车到县城寻欢作乐。

古语云："足涉千里，月是故乡明；身游四海，人数邻里亲。""北马南驰，犹有回首之义；游子天涯，不忘父母之邦。"每个人对自己的家乡都有一种特殊的情感，特别是像我这一批通过高考走出农村、在外工作的人。近年来，我游历天下名胜，见过无数繁华，家乡在我的记忆中还是最亲切，总想利用一切机会，寻找一切可能为家乡办点有意义的事。乡邻们托我办事，只要不违反原则和组织纪律，就是贴钱也要办得使他们满意。

但是这种对家乡独有的情感被人利用，被人亵渎，我有一种上当受骗的感觉，很难受。由此，我对中国最基层的村干部，一直没有多少好感。

前不久，我到农村调查扶贫开发情况，一些村干部诉苦：现在国家不信任俺村干部了，粮种等补贴资金全部由乡镇财政所干部发放，不让我们沾边；而财政所干部又不熟悉情况，还得我们从中协助，尽干些赔本赚吆喝的买卖。其实，稍有一点党史知识的人应该清楚，"有事找村长"，曾是广大农村、农民的口头禅。从第一次国内革命战争时期的土地革命到建国初期的土地改革，到20世纪七十年代末八十年代初的家庭承包责任制的推行，党对最基层的村民自治组织是相当信任的。后来少数村干部坑蒙拐骗的事干多了，在群众和党组织心目中的形象大打折扣，自然就没有多大可信度了。

我一向认为，什么都可以被人利用，就是别让人利用了你的情感。体力可以被利用，从某种意义上讲是锻炼身体；权力可以被利用，从某种程度上讲，可以获得利益；财富可以被利用，从某种角度上讲，可以获得更多的财富。情感一旦被利用，那是精神上的巨大损失，是意志上的巨大挫折，是人生信念、信仰的动摇，是痛彻肺腑的伤痛。从此，可能改变对一个人、一个群体、一件事的印象、看法和态度，直至影响道德观念和价值取向。我对村干部不感冒，可能是缘于此吧。

然而，这个社会有太多的情感陷阱，让你在不经意间掉进去；有太多的情感套子，让你在防不胜防中钻进去。在你得势有利用价值时，女人会深情地说："亲爱的，我爱你，我的梦中不能没有你"，并充分发挥自身优势去开发你的资源；男人会说："你是我的兄弟，你的事就是我的事。有什么吩咐直接说，就是赴汤蹈火，在所不惜。"可一旦失势成倒楣蛋了，女人会离你而去，干脆利索，毫不拖泥带水，没有向你索取什么精神损失费，已经够讲情义的了；而男人呢，会数落你，出卖你，落井下石。还有个别当领导的，让你卖命时，会表现得非常友好；一旦事办妥了，他又摆着教训的面孔，端着领导的架子，让你望而生畏，心灰意冷。

擦亮你的明眸吧，别让你的情感太廉价；筑起你自我呵护的"防火墙"吧，别让你的情感太受伤。冷静地面对别人的热情，理智地面对各种诱惑，才能于纷扰中寻求丝丝宁静，才能于浮躁中固守心灵的纯净。

（2008 年 2 月）

20. 给点阳光就灿烂

2008 年初春,我有幸随一位副厅级干部到一市州考核评估农村综合改革工作。在考评中,我发现一个很有趣的现象,人平台不同、位置不同、场合不同,其表现出的气质和风范迥异。

此次考评,由于省委、省政府相当重视,涉及到地方党政领导的政绩,关系到县市领导的帽子,当地政府一般来说都相当重视,书记、县长轮流陪同。

我发现,县长不在的时候,副县长是焦点人物。检查中,他从容调度,指挥若定,甚至颐指气使,大家都对他唯唯诺诺,唯命是听;餐桌上,他说古论今,神采飞扬,精神焕发,特别有口才,特别有才气,即使形象猥琐者,也显得特别有精神气,甚至特别有幽默感。及至县长来了,县长总揽大局,鹤立鸡群,神采奕奕,谈吐儒雅,大家众星拱月地捧着他,溢美之词又毫不吝啬地献给他,他也心安理得地受用;而副县长则神色黯淡,两眼无光,坐在一旁,要么三缄其口,一言不发,要么殷勤地给县长倒茶递烟,显得笨手笨脚,一点风度和气质也没有。及至县委书记来了,县长退避三舍,默不作声,呆木头一个;县委书记一人在"导演"、"唱戏",公众目光全聚焦在他身上,他显得特别光彩照人,甚至是谈一个很普通的观点,讲一个很普通的笑话,大家都随声附和,嘿嘿干笑,笑得莫名其妙。

这使我想起了曾在《读者文摘》上看到的一则有趣的故事。说是一家三兄弟,老大为人木讷、厚道,娶妻王氏则十分强悍、泼辣;老二为人精明、能干,是家庭的主心骨,娶妻李氏则性情温顺,石滚压不出一个屁;老三年轻,尚未婚配,是老二的跟屁虫,整天想着心思侍候老二,讨好老二。有一年村里唱社戏,这一家子都上台,各自扮演不同角色。老大扮演皇帝,其妻自然就扮演皇后;老二扮演师爷,其妻自然就是"师太"了;老三扮演一个刚通过科举考试、走马上任的县令。剧情很简单,说是皇帝携皇后微服私访到一个县,遇到一个冤案找县令讨说法,最后冤案昭雪,皆大欢喜。

这戏服一穿上身，各自进入角色，嘴脸也就变了。老大（皇帝）端坐龙台，气宇轩昂，讲治国安邦头头是道；其妻（皇后）侍立一旁，端庄娴淑，一举一动颇有大家闺秀风范。老三（县令）新官上任，春风得意，对老二（师爷）指手划脚，发号施令。老二（师爷）则对老三（县令）唯命是听，极尽阿谀奉迎之能事，把老三（县令）侍候得服服帖帖；其妻尖刁刻薄，出尽了馊主意。可这戏装一脱，各自打回原型，该怎样还是怎样。

于是余有叹然：任何人都有自己的潜质和才能，都有特色和亮点，都有多面性，关键是不是有一个合适的平台，有没有展示的机会和空间。一朋友说他有一位同事，平时比较粗糙，名义上分管机关后勤工作，实际就是一个水电工，整天这家查电表，那家安水管子。后来，当了一个乡镇教育组的组长，当得有模有样，有滋有味，有声有色，年年评模范。想当初给他的平台只是后勤这一快，他的职责就是保证水电供应，当然就像一个水电工了；后来给他的平台是管理一个乡镇的教育，他当然就显得大气起来，显得能干起来。

人就是这样，给点阳光就灿烂，下点小雨就浪漫，有了温饱就放荡。处在一个有优势和实权的位置上，责任感、使命感使他不得不努力工作，不得不想心思，应对来自方方面面的挑战和压力，化解各种矛盾和问题，对上要迎合领导意图，对下要把下属归拢起来，恩威并举，把自己的设想和蓝图变成现实。热情被激发出来，潜力被挖掘出来，能量被释放出来，权力被扩张出来，自然就成为公众关注的焦点。有时，人在江湖身不由己，想不张狂还不行。中国人都有一种媚官唯上心理，见到官大的，大家都对他阿谀奉承，唯命是听。他的举手投足，都有人关注，放个屁都有人响应。不知不觉中他就忘记了自己的本性，变得飘飘然起来，变得玩弄权术起来。正如鲁迅先生所说的"人一阔，就变脸"。

但我想说的是，为了生存和发展，人都有两面性。但是不管你处在什么位置上，不管社会给了你多大的舞台和平台，不管你扮演什么角色，不管你怎样逢场作戏，勤勉、谦逊、认真、踏实、进取的本质和品性不能变，不害人，不坑人，不做亏心事，不损人利己的原则不能变，上无愧于天，下无愧于地，中间对得起良心，清清白白做人，踏踏实实做事，这才是主要的。

（2008 年 3 月）

21. 厚道之人有好报

2008 年 5 月，湖北省武穴市田镇小学周水和教师来武汉参加湖北省第五届残疾人代表大会，我很高兴地去看望他。经过近一个小时的交谈，得知他身体尚好；儿子很努力，学习成绩优秀，现在武穴城区读书；他爱人在一家私人冰棒厂做零工，一天工作 12 小时，一月有千余元收入，虽然辛苦、清苦，但他很满足，感到很幸福。

说实话，对于周水和这样一个命运多灾多难的乡村普通教师来说，能有今天这样幸福生活真是很不容易，是他不屈辱于命运、勇敢与命运抗争、勤勉、厚道、进取的结果。能分享他的快乐，我感到非常地快乐。

周老师从小患小儿麻痹症，腿脚不方便。靠自学成才当上民办教师，20 多年一直未转正，40 多岁才讨上老婆。好在周教师非常勤奋，写得一手好文章，经常应邀到全国各地参加笔会。四川文联一位作家敬重他的人品和文品，为他牵线，与四川一位姑娘喜结连理。从此有了一个家，命运开始向好的方向转变。当时，《湖北日报》以《身残志坚兰花草，引得天府凤还巢》报道了这一文坛佳话。不过，由于民办老师薪水浅薄，他爱人又没有正式工作，生活还是非常艰难。

相识周老师是上世纪九十年代末期，我在武穴教委分管教育宣传工作。那时，他已是 40 多岁了，刚结婚生子不久，穿着很朴素，为人非常谦恭厚道，是武穴教育宣传通讯员队伍的得力骨干，写了很多通讯报道文章，在当地非常有名气，镇党委、教育组等单位撰写经验交流材料、搞什么宣传活动之类，经常请他操刀，有时一天要接几个活，他都任劳任怨、保质保量完成。

那时，我还算年轻，在工作业务上还比较稚嫩。但他对我非常尊重，经常以大哥的身份给予适时指教和点拨；我在教育宣传上有一些设想和计划，他总是率先去响应、去践行，做出榜样和表率。那时，我们成立全市教育宣传中心报道组，编写《投稿指南》、《报刊栏目介绍》、《近期报道要点》,举办培训班,开展教育好新闻评选活动,编辑武穴市教育系统新闻精品,武穴市形成了"领导带头、人人参与、个个写稿"的良好局面,每年在黄冈市级以上报刊发表教育新闻作品 1 000 篇以上,连续四年被评为湖北省教育宣传先进单位。到现在,大家都公认那是武穴教育宣传的鼎盛时期,一批老通讯员每每谈及那段岁月,都充满了深情和自豪。

这成就,除了我争取教委领导重视、带头写稿、想办法调动通讯员积极性外,与周老师等一批高素质的通讯员积极配合、勤于笔耕是分不开的,与周老师无私的指导是分不开的。

贫贱之交最珍贵。对这样的人,我向来是万分的敬重和敬佩,对这样的友情我是特别的珍惜和珍重。早在教委工作期间,我经常组织通讯员参加各种学习和培训活动,每次必通知周老师,并协调落实好他的交通和培训费用;每次教育局召开教育宣传总结表彰会,我必在会上表扬他,宣讲他的事迹;每年教育宣传评比和奖励优秀通讯员,我必照顾他,让他得到看得见的实惠。特别是那年评比省级模范教师,我多次找教委领导据理力争,让这位扎根乡村、奉献二十余年的普通老师当上了省模范,并由此,破格从民办教师转为公办教师,开始了一生的转折。及至我离开教委外出闯荡,他有事找我,我都尽最大努力帮他办到。

人生难得一知己。处在市场经济社会,要生存发展,人都有两面性,在人际交往中难免会带有功利色彩,会沾染市侩气,会相互利用,逢场作戏。但真正知根知底的朋友,真正在患难中、奋斗中建立的友谊是牢固的,是值得留恋和记忆的,是经得住岁月和磨难考验的。虽然,现在我与周老师空间距离拉大了,一年难得见上一两次面,但我非常念及那份情谊,每每听到他的声音都非常亲切;每每见到他的面,都非常激动。

"谁能与我同醉,相知年年岁岁。咫尺天涯皆有缘,此情温暖人间。"愿周老师这样的好人有更多的好报,愿天下好人都一生平安。

(2008 年 5 月)

22. 细节体现和谐

2008 年 7 月,我应邀到教育部参与起草一份重要文件,住在外交学院国际交流中心 510 房。一天早上 8 点左右,我正在整理房间内务,一位女服务员敲门后,手里拿着一贴黑软垫,很礼貌地问:"先生,你好,请问我能把你房间的椅子贴一个垫片吗?"我莫名其妙,连忙说:"可以,可以。"可心里挺纳闷:"房子是你们的,房子的设施也是你们的,想怎么着就怎么着,客气个啥?"

服务员是一个胖嘟嘟的女孩子,模样很可爱,十八九岁光景。她边给椅子脚贴垫子,边说:"这样晚上拖动时,就不会发出声响,就不会影响楼下人休息了"。我忙问缘故,她告诉我,今天早上,楼下的韩国人,向她提了一条意见,说是楼上顾客深夜拖动椅子,声音很响,刚睡着,就惊醒,弄得一晚上都没有睡好。建议,给客人提个醒,以后注意一下就行了。于是小女孩就想了这么个提醒的法子。

我顿时感到脸上火辣辣的,比别人骂一顿、打一耳光还难堪、难受。这几天,为了赶材料,我每天工作都到十一二点。完成工作后,还要看电视至转钟一两点。在电脑前坐长一点时间,我就站起来走动一下,活动一下筋骨;看电视时,为了舒服一点,总是把两把椅子并在一起,翘起二郎腿。这是多年老习惯了,自己挺滋润的,没想到会影响别人休息。我真的很惭愧。

我很是感谢那位韩国客人,不知是男是女,是老是少。受到影响了,按常规,定会找上门来,当面讨一个说法。说不定当晚就会冲上来,大闹一场,弄得不欢而散,左邻右舍也不得安宁。但他(她)采取了一种很理智、很温柔的提意见方式。也很感谢那位女服务员,客人提意见了,并没有将矛盾上交保安或经理,来一个兴师问罪,起码来一个口头警告,而是想了一个贴垫片的办法,从根本上解决问题。

本会引起一场暴风雨的生活小矛盾,就这样春风化雨地解决了,对当事人的我极大的警醒。从此以后,我在房间特别小心,生怕弄出声响影响别人。就是后来,老婆孩子来到北京,儿子好动,喜欢蹦跳,我总是及时制止和教育,培养他良好习惯。要是人人都这样事事处处为别人着想,遇到问题采取很理智的方式解决,那么建设和谐社会,形成良好的人际关系,也就不难了。

外交学院国际交流中心寓居了许多国外专家教授,他们的高素质经常演绎着和谐的小插曲。譬如乘电梯,他(她)会主动问好,让你先行;过卷帘门,他(她)会把塑料片拢起,等你过了再放下;见你手里拿东西,忙疾步上前为你推门……生活无小节,细节显和谐。每次到北京小住,我都体味到和谐的惠风,品味人间的温情,文明习惯也随之得到触动和提升。

由此,我想到了前不久,在我武汉住所发生的一件小事。那天早上,我习惯性地早起跑步。一打开门,就发现一黑色垃圾袋摆在门侧,很刺眼,猜想,可能是对门那家住户晚间放的,就随手带到楼下。因为是刚住在这里,不知放那儿好,见一家住户门侧有一白色垃圾袋,就随手放在一起,心想住户肯定会一起带走。没想到等我锻炼回来,前后也就是半个小时左右,那住户家的白色垃圾袋不见了,黑色垃圾袋还在。墙上赫然多了一张告示:"在此乱放垃圾,猪狗不如。"趁人不注意,我飞快地将垃圾提到跑步时发现的垃圾箱。

其实,正如著名演员濮存昕的一则有影响的公益广告词说的那样,"向前一小步,文明一大步",文明就在举手投足之间。可就是很多人做不到。一位朋友告诉我,一日,他在家里请客人吃饭,大家酒兴正浓,突见窗外几个垃圾袋接连抛下,客人们目瞪口呆,朋友很没面子,"有这样的邻居,真是丢人,多走几步送到楼下,能累着吗?"还有,在街上,随地吐痰,跨越护栏;在风景区,攀树折花,踏草毁绿;在公交车上,占位,抢位;在公共场所,为一句话不入耳,争吵、推搡、大打出手,等等,都是不文明、不和谐的体现。

中华民族是文明礼仪之邦。"和",是中国传统文化的精髓,博大精深,源远流长;也是当今执政党执政理念的精髓,建设和谐社会是我们的奋斗目标。如何体现"和",做到"和",有些方面还真得向老外多学习,还得提升公民整体文明素质,坚持自觉地从自己做起,从平时一点一滴做起。

(2008 年 8 月)

23. 处世精髓在中庸

2009年3月,我随一位副厅长到十堰市参加农村综合改革考评。经过十几天的进村入户、调查访问、核查资料,快要评定结果了。大家都很紧张、很慎重,各个县市区的领导也在翘首以盼、拭目以待,有的干脆跑到我们下榻的宾馆等候消息。

集体汇总考评情况,每个人打出分数并注明扣分理由,综合平均分数与等级,经过一套严格的程序,我们将六县二区的分数与等级很清晰的排列,呈交那位副厅长最后定夺。我们认为这样做,无论是从程序、还是从结果来讲,都是比较客观公正的,大家意见高度统一,那位领导只需点个头或画个圈,就可以向十堰市政府反馈意见了。

但事情出乎我们的意料,一向很爽快、对我们高度信赖的厅领导并没有立即表态,而是拿着那份考核结果表沉思起来,空气一下子仿佛凝固了。是不是我们的工作有疏漏?是不是我们的结果不对领导的路子?这一路考评,他透露的判断和信息,正好与我们是"英雄所见略同"呀。

足足过了两分多钟,举棋不定的厅领导又到卧室里吸了一根烟,然后以商量的口气对我们说,"这样好不好?不要把每个县截然分得那么开,等级搞得那么鲜明。多一分,并不表明那个县工作就一定好到哪里去;少一分,并不一定表明那个县工作就很差。一来我们考评的时间毕竟很短,跑马观花,盲人摸象,并不全面科学;二来检查是为了促进工作,有问题指出来,人家整改到位就行了。不要人为的把县市区分成三六九等,搞得等级森严,挫伤一些县市区的积极性。我看干脆划分为三个档次,优秀的一档,合格的一档,差点的一档,每档的分数一样,档与档之间距离不要太大,意思一下就行。这样大家面子上都好看,都能接受。"

这一锤定音,考评组的成员都赞成,都愉快地在考评结果表上签了字,都长长地舒了一口气。考评情况和结果反馈给十堰市政府后,市政府领导非常满意和重视,要求十堰市综改办尽最快速度反馈给各县市区,督促整改。各县市区反响也比较好,认为比较客观公正,没有一个找我们扯皮的。这就是关键时候、原则问题上,所体现的领导艺术和智慧。

事后那位厅领导跟我谈心。他说,为人处世,要多为对方考虑,要尽量使各方利益均衡化、最大化,同时又要使自己风险最小化,最好是无风险。要做到这一点,就必须学会统筹兼顾、综合权衡。中国人传统理念上"不患寡,而患不均",只有各方利益都平衡了,大家才能心安理得,才能社会和谐。这就是中庸之道,这就是处世的精髓。

余听之,如醍醐灌顶,茅塞顿开。难怪他平时待人处事,不愠不火,不急不躁,豁达平和,八面玲珑,大家都称他是平民厅长;及至从领导岗位退下来,大家还是一如既往地尊重他,敬重他,听从于他,问计于他。世事沧桑,宦海沉浮,他已把中庸之道透彻参悟,运用得炉火纯青。

细思之,小至日常人际关系的处理,大至国家的治理,无不渗透着中庸之道。日常工作中,为什么有人能力很平常,经历很平淡,却平步青云,事事得志,除了有特殊关系外,一般是因为会做人,四平八稳,不得罪任何人,与所有人甚至是自己反感的人和平相处。在国家的治理上,建设和谐社会,实行"一国两制"处理台湾问题,这都是中庸之道的最高境界。雍正皇帝说过一句话:古之圣贤的思想精髓,概括起来,就两个字——中庸!

什么是中庸? 通俗地说:不偏不倚是为中,不变不易是为庸。中庸不仅是建立在儒家人性论基础上的一种伦理道德观,同时也是一种思想方法,由孔子首创,经过后来的儒家、特别是《中庸》一书的作者充实发挥而成。《中庸》是儒家阐述"中庸之道",并提出人性修养的教育理论著作,传说是子思所作。北宋程颢、程颐极力尊崇《中庸》。南宋朱熹又作《中庸集注》,并把《中庸》和《大学》、《论语》、《孟子》并列称为"四书"。宋、元以后,《中庸》成为学校官定的教科书和科举考试的必读书,对古代教育产生了深刻的影响。

很多人把"中庸"简单地理解为折衷主义或调和主义,进行大肆批判。其实哲学上的中庸具有深刻的内涵,主要包括"五达道"、"三达德"等。"五达道"即"君臣也,父子也,夫妇也,兄弟也,朋友之交也",处理这五方面关系的准则是君惠臣忠、父慈子孝、夫义妇顺、兄友弟恭、朋友有信。"五达道"的实行,要靠"三达德":智、仁、勇。而要做好"三达德",达到中庸的境界,就要靠"诚",通过主观心性的养成,达到至诚的境界。

深悟中庸之道的人具有很高的思想境界。孔子说:"中庸之为德,其至矣乎！民鲜久矣"(《论语·雍也》)。也就是说"中庸"作为一种道德规范来说，最崇高无上的了。孔子的中庸思想，形成了中华数千年历史上独特的人文传统和道德规范，闪烁着不可磨灭的辩证法的光辉，影响了千百年来中国人的思想和行为方式，成为中华民族最宝贵的文化传统。

其实，儒家伦理学的"中庸"是以"仁"为内在核心，以"礼"为外在形式。中庸之道，其实就是忠恕之道。"忠"也就是要存养省察内心之"中"；"恕"则是要发而为外在道德行为的"中节"，即用礼的要求来处理人与人之间的关系。再者，中庸之道的主要原则有三：慎独自修，忠恕宽容，至诚尽性。慎独自修要求人们在自我修养的过程中，坚持自我教育、自我监督、自我约束；忠恕宽容要求人们将心比心、互相谅解、互相关心、互不损害、忠恕宽容、体仁而行、并行而不相悖；至诚尽性就是充分发挥自己善良的天性，去感化他人、发挥他人的善良天性，达到至仁、至善的境界。这也就是《中庸》所谓"致中和"、"合内外"之道。

表面看来，"中庸"只是平常道理，"庸"字也有平常、普通的意思。但中庸绝不是平庸，而是在平常普通中显出"极高明"，在平凡中体现伟大。因为中庸所要坚持的是合于内在尺度和外在要求的正确道路。但要坚持中庸还真不是一件容易的事情。中国人有一普遍的共识，认为"物极必反"，只有中道才是常道，才能持久。坚持中常之道，需要冷静清醒的头脑，稳健笃实的品格，坚韧不拔的毅力，做到内外协调，保持平衡，不走极端，恰到好处。

当然，我推崇中庸，把它作为为人处世的行为法则，但绝不是毫无原则的和稀泥，做毫无主见的糊涂虫，对诸子百家宣扬的中庸中道要辩证地看待和科学地汲取营养，遇事冷静，待人至诚，使内心之"中"与外在之"节"准确契合，从而达到至仁、至善、至诚的最高境界。

（2009 年 3 月）

24. 春打六九头

2009 年初春，武汉的新居装修。一个周末，天正淅淅沥沥地下着雨，密密地斜织着，像一张网。可就在此时，定购的瓷砖要送到新居。我到时，司机已把货卸下来，走了，留下搬运工，要把瓷砖从一楼搬到三楼。

负责搬运的是一个操河南口音的中年小伙子。说是中年，从面相上看，估计 30 岁开外，上身穿一件非常朴素的白衬衣，下身穿一条很普通的黑裤子，脚穿一双黄球鞋，一看就是打工的；说是小伙子，因为人长得很精干，脸带笑容，乐观向上，很有精神气。

一共 25 箱瓷砖，小伙子晃悠悠的，不紧不慢，不愠不火，一次扛一箱，口里循环往复的吟唱着一句歌词"春打六九头"。那腔调，我一时辨不清是哪种剧种，感觉像是评剧，好像是巩汉林和赵丽蓉表演的小品中，赵丽蓉唱的一句台词。小伙子唱得非常正点，特别那"头"字，回肠荡气，很有韵味，好长时间还在我的脑海里回旋。

其实一箱六百（厘米）乘六百（厘米）的瓷砖，一共四片，估计也就是十来斤。但要从一楼运到三楼，往返 50 趟，还很得费点力气。乍暖还寒，刚杠了两箱，走了四趟，小伙子已是浑身发热，汗水津津。干脆脱下那件白衬衣，赤裸着上身，背上的脊骨凸起，显得非常精瘦。可他口里哼着"春打六九头"，一只手扶着瓷砖，一只手抓着楼梯扶手，一步一个脚印，一步一个台阶，硬是一直没有停歇过。

我推想，身体并不强壮的小伙子，之所以能一口气运完 25 箱瓷砖，其精神动力恐怕还是那句歌词"春打六九头"。从生理学上讲，是在反复吟唱过程中，转移了注意力，忘记了疲劳；从心理学上讲，春天来了，万物复苏，充满了无限的生机，那肩头扛的不再是实物，而是责任与希望，是信心和期盼。

对于"春打六九头"，起初仅从字面上理解，我疑是"春到六九头"。后来，查阅资料才知道应是"春打六九头"。赵丽蓉在小品中就是这样唱的：

"春季里开花——啊——十四五六,六月六,就看个不休,噢噢噢——春打六九头——"。

古人按地球绕太阳公转一圈记时,把一年分为二十四节气。从冬至这一天开始记九,冬至与立春间隔时间相对固定,往往在六九前后,谚语就有"一九二九,伸不出手;三九四九,冻死猪狗;五九六九,沿河看柳;七九河开,八九燕来,九九寒尽,春暖花开"的说法。冬至是"一九"的开始,中间经过小寒、大寒,共三个节气,每个节气15天,正好45天。从"一九"到"五九"结束,也是45天。所以立春这天一般是"六九"的开始。

立春是一年中的第一个节气,"立"有开始之意,立春揭开了春天的序幕,表示万物复苏的春季开始。此刻"嫩如金线软如丝"的垂柳芽苞,泥土中跃跃而试的小草,正等待着"春风吹又生",而"律回岁晚冰霜少,春到人间草木知",形象地反映出立春时节的自然特色。随着立春的到来,人们明显地感觉到白天渐长,太阳也暖和多了,气温、日照、降水也趋于上升和增多。人们按旧历习俗开始"迎春"。农事活动由此开始,这时人们也走出门户踏青寻春,体会那最细微的最神妙的春意。

在"立春"这一天,举行纪念活动的历史悠久,至少在3 000年前,就已经出现。当时,祭祀的句芒亦称芒神,是主管农事的春神。据《事物记原》记载:"周公始制立春土牛,盖出土牛以示农耕早晚。"后世历代封建统治者这一天都要举行鞭春之礼,意在鼓励农耕,发展生产。

说是旧俗立春前一日,有两名艺人顶冠饰带,一称春官,一称春吏。沿街高喊:"春来了",俗称"报春"。无论士、农、工、商,见春官都要作揖礼谒。报春人遇到摊贩商店,可以随便拿取货物、食品,店主笑脸相迎。这一天,州、县要举行隆重的"迎春"活动。前面是鼓乐仪仗队担任导引;中间是州、县长官率领的所有僚属,皆穿官衣;后面是农民队伍,都执农具。来到城东郊,迎接先期制作好的芒神与春牛。到芒神前,先行二跪六叩首礼,执事者举壶爵,斟酒授长官,长官接酒酹地后,再行二跪六叩首礼。然后到春牛前作揖,礼毕,与来时一样热闹,将芒神、春牛迎回城内。第二天立春时分,地方长官仍率僚属、农民鞭春。阴阳官先要举行一定的传统仪规。地方官主持迎春仪程,初献爵、亚献爵、终献爵。然后执彩鞭击打春牛三匝,礼毕回署。众农民将春牛打烂。这就是"打春"的由来,本意是鞭打春牛,体现了人们对五谷丰登的美好期盼。

　　"打春"的风俗,最早来自皇宫。《京都风俗志》记载:立春这一日,皇宫前"东设芒神,西设春牛。"礼毕散场之后,"众役打焚,故谓之'打春'。"那时,人们纷纷将春牛的碎片抢回家,视之为吉祥的象征。后来传至民间,也有了这一习俗。立春日,通常村里会推选一位老者,用鞭子象征性地打春牛三下,意味着一年的农事开始。然后众村民将泥牛打烂,分土而回,洒在各自的农田,为的是祈求当年能有好收成。有些地方还会把春牛肚子里塞上五谷,当春牛被打烂时,五谷便流了出来。拾起谷粒放回自家的仓中,预示仓满粮足。

　　在我的家乡鄂东平原,还流传"吃春"、"接春"的习俗。最早的"吃春"其实就是解决肚子的问题,是一种以野菜代粮的办法。春天正值青黄不接的时候,地里也没有什么农活,自然能填饱肚子就行了,所以就采些野菜来充饥,只要是没毒的野菜自然就统统吃了。现在的"吃春"早已失去了最初的本意,而是当作亲人团聚、庆贺新春开始的一次机会。立春前后,家家都要选择一次合适的机会,把亲人(主要是外嫁的女儿)召集在一起吃一顿饭,谈谈今年的打算;有的地方还要请人唱戏,热闹热闹。至于"接春",则是立春这一天,家家户户鸣鞭庆贺,把春天接回家,预示一年美好的开始。

　　春天总是美好的,有很多美好的寓意。无论是"迎春"、"打春"、"吃春"、"接春",都表达了人们一种美好的愿望,都给人以生机和希望。我想,在搬运小伙子的眼前,或许会展现出这样一幅画面:春天到了,田野绿了,野花开了,小河的水哗哗流淌,小牛悠闲地在田埂上吃草。这时,夕阳西下,暮云合璧,村庄里升起了袅袅炊烟。劳累了一天的他,扛着犁铧,赶着牛,走在弥漫着新翻泥土气息和氤氲着油菜花芳香的田间小路上,听着妻儿的声声呼唤,脸上洋溢着幸福满意的笑容。

　　有了这幅画面,任何人心里都是暖暖的,再苦再累都不算什么;有了这幅画面,心里就有了底气,就有了奋进的动力和目标;有了这幅画面,就充满了希望,就没有迈不过的坎,没有淌不过的河。

　　约莫一个半小时,小伙子搬完了25箱瓷砖。我问他这一趟生意可赚多少钱?他说,他是被老板雇来搞搬运的,一箱一块钱,25箱也就是25块钱。收入并不高,但他没有一点怨言。他很平静地说,只要有活干,只要有钱赚,只要来得起的,也就行了。说完,他揩揩汗,穿上那件皱巴巴的白衬衣,微笑地道了一声别,消失在雨幕中。

　　我想,这就是"春打六九头"这句歌词的力量,这就是春天的力量。人任何时候都不能轻言放弃,也不要老是抱怨命运不公。只要心中有春天,在春天里辛勤的耕耘和付出,就会有收获和希望。

(2009 年 3 月)

25. 我是残疾我怕谁

2009 年 4 月，正在装修的房子，要买一吨水泥。我刚走进武昌小东门建材市场，就见一排卖工的，或坐，或站，或蹲，面前摆一小牌子，有泥工、木工、油漆工、水电工，还有专门钻孔打洞的。见有人来，懒洋洋地抬一下无精打采的头，流露出"给点活干吧，我能行"的企盼。

再往里走，是呈回廊型的门面店铺，像电子游戏中的小迷宫，销售各种建材物资，瓷砖、五金、涂料、门业、橱柜、吊顶，应有尽有，卖水泥的倒是只看见一家。

刚在店前停了一下，问下水泥价格，就围上几个卖苦力的。"要送货吗？""要搬运吗？""货多不多？""房子在哪个小区？"七嘴八舌，非常热情。难怪农村现在是十室九空，青壮年劳动力都来城市打工挣钱了。

突然一个块头大、样子蛮的中年汉子挤进来，大大咧咧的，嗓门特别高。"老板，买，买水泥。我看，看就这，这一家吧。华新牌，国家，国家，免检产品。我帮，帮你运，包你满意。"见他那个横样子，又口吃，我懒得搭理他，径直往前走。其他几个农民工见他来了，一下子闪开了。

可那个大块头一直跟着我，缠着我让他送货。我忍不住问了一句，"你拿什么送呀？""我有车啊。"我跟他返回水泥店前，跟老板说要一吨水泥。他马上推了一辆三轮电动摩托车来。

"这么小，能装 25 包？""你放心，我保证送到就行了。"说着就往车里搬水泥，也不管你同意不同意。80 斤一包，他拎小鸡似的，往车上一扔，显得很轻松，蛮有力气。

我出生农村，生长在农村，对农民和农民工有着天然朴素的感情，见大块头这么积极热情，也就打算让他运了。唉，让谁运，还不得付工钱？

但我还是不无担心地问了一句："三轮车，能上大路吗？不怕警察扣你？""哼，扣我？知道我，我是——谁吗？"

"你是谁？""看看这个。"他从皱巴巴的裤袋里掏出一个绿色的小本本,往我手上一塞。我心里一紧,认为碰到什么有来头的大人物,会给自己惹来什么麻烦。

"湖北省残疾人证"几个字赫然入目,我不禁哑然失笑,又仿佛幡然醒悟,这类看似弱势群体的特殊阶层,有时赋予他们特殊的权力,往往能干正常人不能干的事。

我很是犹豫不决地上了他的"黑车"。车上装有 12 包水泥,脏兮兮的。本来我强烈要求自己打的,他在后面跟着。他怕遇到红绿灯跟不上,找不到我要到的地方,硬是拿了一张牛皮纸垫在水泥袋上要我坐下带路,并拍着胸脯说:"你放心,保证人货安全送到。"

果不其然,正是傍晚下班高峰时期,人潮涌动,大块头竟能跌跌撞撞地见缝插针,如入无人之境。

在武昌火车站拐弯处,人流特别密集。他一手扶着车把子,一只手挥动着表示转向,行人和车辆纷纷避让。一名交通警察吆喝着:他妈的板板的,不能慢点? 小心真成残疾了!

"YES",他做了一个敬礼的动作,一溜烟就冲了过去。看来,警察对他也是见怪不怪,熟视无睹了。难怪他能这么牛。

到了新居楼下,大块头卸下水泥,掉头就走,说:"放心好了,保证不要30 分钟,就把另外 13 包水泥送到,并运到房间去。"

可是我在杂乱无章的装修房间里左等右等,就是不见大块头的鬼影。到小区门口看了几次,听见汽车声就抬头张望,次次希望,次次失望。

直到 7 点多钟,天已黑了,大块头才风尘仆仆地赶到,并带了一个扛包的。这时,我已等了两个小时。

他解释:"婊——子养的,真是掉得大,那家店没有货了,我跑——跑到三——层楼(距离最少 20 公里开外)那地方才弄到货。"离开那家水泥店时,我明明见满仓库的水泥,怎么这快就完了? 我半信半疑,又不好发作,只好忍气吞声地请他快点把水泥运到楼上去。

"我信了你的一邪,这事还用得着我操劳。老李,快搬。讲好啦,一包1 块钱,不准再嘀咕了。"按行情,一层楼 5 毛钱,一包水泥上三楼得 1 块 5毛钱,大块头扣了那位老实巴交搬运工 7 块 5 毛钱。这叫大鱼吃小鱼,小鱼吃虾,虾吃渣。

就在搬运工运水泥期间,大块头在房间走来走去,随地吐痰不说,还不时抓一把沙子玩,问这问那。

"这堵墙打——不打？我叫人来打，包——你满意。"

"瓷砖买了——没有？我——出面给你联系，价格绝对优惠。"

"厨，厨房柜子订做了么？我，我，推荐一家公司，在小东门，绝对找不出第二家这么价廉物——美的。"

忽悠，忽悠，再忽悠？我很恶心地怂了他一句："那你什么都能干啦？房间的门还没有定，你能否推荐、推荐？"

"那还，还不是岔的！在小——东门没有我熊黑子搞不定的事。这是我名，名片，搞装修，有事找我。"

我接过名片，瞄了一眼。正面写了一个人名和联系电话，反面是经营项目，什么黄沙水泥、瓷砖涂料、打墙出渣、钻孔打洞、水电安装都有。

"嗬，业务挺广泛的，你忙得过来？"

"先揽——上再说呗，我可以把，把生意介绍给朋友，从中捞，捞点介绍费，这叫按劳取酬，劳动光，光荣。"

"就不怕生意揽上了，但事没做好，别人找你扯皮？"

"我，我是残疾，我怕谁？"其实，除了口吃，我还没有发现他残疾的地方。所谓"残疾"挂在嘴上，引以为荣，无非是想沾优惠政策的光，多干点活，多赚点钱吧。

结完账，大块头一走，我就把名片扔进了垃圾桶。

可怜之人必有可恨之处，弱势群体不讲起理来，比强势群体还恶心。有一次在洪山广场闲逛，遇一小乞儿（是一个小姑娘），见其可怜，就给了两元钱。没想到一下子围了一群小孩，抱腿的抱腿，扯衣服的扯衣服，嘟嘟嚷嚷的，"叔叔，也给我一点吧。""叔叔，我一天没吃饭了。""叔叔，买我一枝花吧。"我一时特别尴尬，左右为难。幸遇一朋友出面，才解了围。

物竞天择，适者生存。本来国家对残疾人等弱势群体从业经商出台了不少优惠政策，给予了巨大关爱。他们为了生存和生活，用足用活国家政策，做些超出常规的事，还是情有可原。但也应合理合法，讲究文明，共同为和谐社会做点贡献；而不应欺行霸市，招摇撞骗，以弱凌弱，甚至为非作歹，由此而形成了一个特殊群体。

像这种特殊群体利用"特权"做些不讲理、不守法的事还很多。如一些电力部门家庭用电不花钱，税务部门亲戚开店不缴税或少缴税，警察在居民生活区没有理由地鸣警笛等。前不久，乘公共汽车，上来一位老者，司机要求其出示老人证或爱心卡，他发怒地骂了一句："瞎眼了，也不看看我多大年纪了。"随后才亮出老人证。

从"我是残疾我怕谁",到"我是警察我怕谁",到"我是老人我怕谁",每个系统、每个行业、每个群体都有理直气壮可享受的特权和优势,都是国家和人民给予的,应该立足本行、本职,合法经营,文明礼让,优质服务,而不应成为挤兑同类、损害他人、扰乱社会、谋取私利的理由。

(2009 年 4 月)

26. 善意的谎言

　　这些年,我在外工作,经常出差,家人免不了担心、牵挂。我每天都要与家人通一次电话,有事说事,无事报平安。说事的大原则是报喜不报忧。我经常告诉家人,领导对我很器重,同事关系很融洽,工作环境很宽松,最近又发了稿子获了奖,最近又出了差,看了美丽风景,让他们不时有惊喜,天天有盼头。如果遇到困难,受了委屈,得了疾病,从来不让他们知道,一切苦痛自己扛。

　　这倒不是我虚荣心作怪,也不是我刻意欺骗和隐瞒,而是家人为支持我已经付出了很多,已经够辛苦了,我不能让他们为我担心,为我分心,为我牵挂。我要把阳光的一面呈现给亲人,给他们欢乐和兴奋,给他们期待和憧憬,让他们分享我的成功和喜悦,让他们生活在对我的放心和信任中。有些事情,告诉他们真相,并不能解决什么实质性的问题,相反,徒增烦恼,分散精力,影响情绪,这是我所不希望看到的。

　　从小父母就教育我,为人要诚实;成家后,我常教育我的子女不能撒谎。可有的时候,善意的欺骗和隐瞒也能给人带来激情、幸福和安宁,那里面常常蕴含着善良的人性、拳拳的爱心和沉重的责任,这就像父母隐瞒辛劳让学子安心读书,妻子隐瞒病情让丈夫发展事业,晚辈隐瞒不幸让长辈尽享天年一样,虽然表达情意的方式有所不同,但都闪烁着纯洁崇高的人性美,关键是如何把握一个度,如何把握时机和火候。

　　"谎言"——是一个充满欺骗和狡猾的字眼,通常人们都讨厌它。但如果不分青红皂白地把"说谎"定义为:说假话,掩盖事实真相。那我们的生活就充满了大大小小的谎言,从煽动性极强的广告到情人间的甜言蜜语,无一不充斥着夸张的言辞,就连文学作品本身也成了谎言。善意的谎言,仅代表轻度的、没有居心不轨的谎言。善意的谎言是出于善良的动机,以维护他人利益为目的和出发点,是建立在内心之诚、之善的基础上;而恶意的谎言是为说谎者谋取利益,不惜伤害他人的行为。心术不正的人,不管如何伪装,如何花言巧语为自己恶意的谎言冠上善意的高帽,其所说的谎言都带有恶意目的。

善意的谎言是美丽的,当我们为了他人的幸福和希望适度地扯一些小谎的时候,谎言即变为理解、尊重和宽容,具有神奇的力量。最近看了一则新闻很受感动。一个得了白血病的小女孩,在她生命的后期,医生问她最大的心愿是什么,她说想去天安门看看升旗仪式。对一个生命垂危女孩的最后心愿,医生和家长哪能不满足呢? 但是她的家住在遥远的新疆,如果满足她的要求,医生怕女孩经受不住旅途的劳累。于是一个由2 000多名志愿者和医生还有女孩家人组织的集体编造谎言的活动开始了。从上火车到改乘旅游车,从报站到服务员端茶倒水,甚至旅客的交谈,都是有意安排的。最后来到一所学校,在军乐队伴奏的国歌声中,双目失明的女孩以为真的来到了渴望已久的天安门广场,她无力地举起小手向国旗方向敬礼……在场的人都流下了热泪。

善意的谎言,是人生的滋养品,也是信念的源动力。它让人从心里燃起希望之火,确信世界上有爱、有信任、有感动,因而找到更多笑对生活的理由。读欧·亨利短篇小说《最后一片叶子》,眼睛总是潮湿湿的。当生病的老人望着凋零衰落的树叶而凄凉绝望时,充满爱心的画家用精心勾画的一片绿叶去装饰那棵干枯的生命之树,从而维持一段即将熄灭的生命之光。这难道不是谎言的极致吗? 善意的谎言,赋予人的灵性,体现着情感的细腻和思想的成熟,促使人坚强执著,不由自主地去努力,去争取,最后战胜脆弱,绝处逢生。

善意的谎言,有时能燃起人们希望的火焰和信心,激人奋进,助人成功。曾经有一位教师,他撒了一个谎,说自己可以给学生预测未来:你将来可能成为数学家,他能当作家,那一个具有艺术天赋……在老师的指点、熏染、鼓励和塑造中,孩子们变得勤奋刻苦,懂事好学。几年后,大批学生以优异成绩迈进大学的校门,小村也因此闻名遐迩。人们都以为这位老教师能掐会算,可以预知未来,其实,老师的良苦用心是将一个美丽的谎言种植在孩子的心灵,就像播一粒种子在土里,终将枝繁叶茂,开花结果。

善意的谎言,是人们对事物寄托的美好愿望,是人们善良心灵的对白,是人们彼此之间相互安慰的一丝暖意,是人们心底里流露出来的一种柔情。当一位身患绝症的病人,被医生判了死刑时,他的父母、爱人、子女以及所有的亲人,都不会直接地告诉他:"生命已无法挽救""最多还能在这个世界上活多久"之类的话。虽然这些都是实话,但是谁会那样残忍地如同法官宣判犯人死刑一样,对已经在病痛中的亲人以实情相告呢? 这时,大家就会形成一个统一的战线,闭口不谈实情,而是以善意的谎言来使病人对治疗充满希望，让病人在一个平和的心态中度过残年余日。

善意的谎言无碍于诚信，而且还会极大地增进人与人之间的友谊和感情，对社会稳定亦有不可磨灭的作用。只要你心中想着是为了他人，那么善意的谎言就是珍贵的，它既不会造成信任危机，也不会玷污文明，更不会扭曲人性。而且，既然是善意的谎言，谁也不会去追究它的可信度，即使明知道是谎话，也一样会去努力相信，不会觉得说谎者的虚伪，有时还要从心里感激呢。

如果开诚布公、直截了当是一种错误，我选择谎言。

如果真情告白、坦率无忌是一种伤害，我选择谎言。

如果是为了自己或他人不再痛苦、不再忧伤，我选择谎言。

"大学之道，在明德，在亲民，在止于至善"。那些温馨的，仁慈的，充满恻隐之心的，充满生活情趣的谎言，就让它们绽放吧！相信在善意的天空下，世界会更美好！

但是我们并不否认一点，善意的谎言也是谎言。若是使用不当，尺度和火候把握不准，善意的谎言也会有碍于诚信，甚至会造成不必要的麻烦。

（2010 年 9 月）

27. 人心在于沟通

曾一度,我总认为某同事对我使心眼、做手脚,有点心不平、气不顺。前不久,我有意请他吃一顿便饭。饭桌上我就一些问题与他推心置腹地谈了一次。结果心里疙瘩解开了,双方的误会消除了,心里敞亮了许多,工作也就和谐了许多。

俗话说:锅与勺也有碰撞的时候。人的个性各异,处理问题的方式各异,工作中难免会有摩擦,会有些分歧,关键是如何去化解。其实工作中的摩擦和分歧,不是你死我活的阶级斗争和矛盾,一般来说没有原则和法制上的大问题,大都是一些鸡毛蒜皮的小事,是一些误会,只要坐下来,心平气和地沟通,彼此把话挑明,把姿态降低,就会取得对方的理解和谅解。否则憋在心里,互相猜忌,互相中伤,暗暗较劲,吹毛求疵,结果小怨酿大恨,积怨越来越深,矛盾逐渐加剧,最终是两败俱伤,于人于工作都不利。

看来人心在于沟通。陈毅在《六十三岁生日述怀》一诗中写道:"难得是诤友,当面敢批评。有时难忍耐,猝然发雷霆。继思不大妥,道歉亲上门。于是又合作,相谅心气平。"任何事,只要你能"道歉亲上门",就会"相谅心气平"。周恩来非常喜欢陈毅的性格,说他刚烈而不失潇洒,豪侠而不乏文雅,所以,他推荐陈毅顶替自己担任外交部长。陈毅讲话常常热血沸腾,任由激情自由奔放,有些话按照官方标准来衡量,难免讲得有些出格。就有人向周恩来报告,说陈毅讲话像放炮。"不要怕放炮么,放炮才能吸引人,震撼人。"周恩来很欣赏地说:"他比我讲得好,大气势,很符合我们这样一个大国的国威军威。"给予了充分的肯定和信任。

沟通要有勇气。有的人与别人产生了矛盾,工作中有分歧,不愿主动找别人交心谈心,怕会丢面子,让人瞧不起,寄希望别人主动找上门来。其实谁先跨出一步,谁先主动一步,你越是主动,越能掌握话语权,越是受人尊重,越是显出你人格的高尚。大家都熟悉"将相和"的故事。蔺相如因为保护和氏璧和渑池会上维护了赵国的利益,被封为上卿,位在廉颇之上。廉颇是赵国的大将,有攻城野战的大功,心里不服,扬言要是遇见相如,一定要羞辱他。相如听了,不肯和他碰面,每逢上朝时常常推说有病,不愿跟廉颇争位次。相如的门客感到羞耻,想要离开他。蔺相如坚决挽留他们,说你们看廉将军与秦王哪个厉害?门客说当然是秦王厉害。相如说以秦王那样的威势,我敢在秦国的朝廷上呵斥他,羞辱他的群臣,难道会害怕廉将军吗?我是想,强大的秦国之所以不敢轻易对赵国用兵,是因为有我们两个人在啊!如果两虎相斗,势必不能共存。我之所以这样做,是以国家之急为先而以私仇为后啊!廉颇听到这话,非常惭愧,主动到蔺相如家负荆请罪。两人终于和好,成为生死与共的朋友。这就是沟通的力量。"将相和",让将相这对冤家成为护国的绝代双骄,由此成为千古美谈。

沟通要有诚心。中国移动通讯公司有句广告词叫"沟通从心开始"。我认为这句广告词说得非常好,既是一种经营理念,也是对社会风尚的倡导。"从心开始"是沟通的基石和最高境界,只有用真心,真诚去传情达意,才能使彼此的交流更为顺畅、更为精彩。据说,有一天苏东坡与一位老和尚一起打禅。苏东坡问老和尚:"你看我打禅像什么?"老和尚说:"你像是一尊高贵的佛。"苏东坡听了,心中暗暗高兴。接着老和尚问:"你看我打禅像什么?"苏东坡想气气老和尚,便说:"我看你像一堆牛粪。"老和尚淡淡一笑,没说什么。苏东坡高兴地回家跟小妹谈起此事,小妹听完后笑了出来。苏东坡好奇地问:"有什么可笑的?"苏小妹告诉苏东坡:人家和尚心中有佛,所以看你如佛;而你心中有粪,所以看人如粪。你骂别人的同时,也是在骂自己。这个饶有趣味的故事启示我们:沟通就像在跳交际舞,必须相互尊重,诚心相待。这才是最惬意的沟通。

沟通要讲策略。很多人知道沟通的重要性,却不知道怎么做好沟通,沟通也应讲究策略和艺术。良好的沟通方式可能一下子融化坚冰,蹩脚的沟通方式只能把事办砸,甚至加剧矛盾。电视连续剧《你是我的幸福》中有这么一段故事情节耐人寻味。新任设计院院长汪仪推进改革,想打破论资排辈的老规矩,打破平均主义和大锅饭,将专项经费与工作绩效挂钩,谁有能耐谁上项目,遭到一批老同志的强烈反对,院长办公会上没有通过,决定实行全院民主公决。总工老严内心支持这项改革,但一直不表态。结果在大礼堂里,正当大伙在办公室丁主任带领下准备默契上前投反对票时,故意迟到的老严突然出现在门口,宣布支持汪院的经费计划,并慷慨激昂地讲了一番大道理,戳到了每个老人心中软处,改革方案得以通过。后来,老严又假借院领导名义请几位老同志吃饭,推心置腹地交谈,从大局着眼,赢得了他们的支持,改革得以顺利推行。欲擒故纵,先抑后扬,让大家心悦诚服,这就是老严的沟通艺术。如果老严一开始就旗帜鲜明地支持改革,势必树敌过多,引火烧身。

人心是肉做的,都有交流沟通的需要。特别是机关事业单位的同志,大都受过高等教育,有一定的素质。只要彼此诚心诚意地沟通,沟通到心坎上,求大同存小异,就没有解不开的疙瘩,没有淌不过的河流。只有人与人之间的关系融洽了,才能创造良好宽松的工作环境,才能激发热情和挖掘潜力,才能抱团解决疑难杂症,才能创造令人惊异的成绩。如果人与人之间互相猜忌,缺乏起码的理解和信任,像文革时期那样,你防我,我防你,你斗我,我斗你,则人人都是"斗牛士",整个社会成为"斗兽场",被人际关系搞得焦头烂额,哪还有时间和精力去工作,去创造社会财富?

人与人之间,还是多沟通协调点好,多宽容大度点好,多诚信豁达点好。

(2010 年 12 月)

B. 时事管窥

　　现代信息社会,网络技术高度发达。每个时期甚至每一天都会发生大事,形成新的焦点热点问题,并以极快的速度传播和传递。

　　一滴水能折射太阳的光辉,一片落叶预知秋天的来临。人处在社会和群体中,不可避免地受到时事的影响,对其做出反应和评判。

　　此篇辩证地看待社会现象、时事形势,正面地对待社会思潮和流向,大都饱含着积极进取的人生意志,有一定的哲学思辨色彩。

28. 把学习作为人生第一需要

最近,读到一则消息,颇为振奋和受启迪。说是前不久,青岛海洋大学举行隆重仪式,聘任当代文学大师王蒙为教授、顾问和文学院院长。从文学大师到大学教授,王蒙完成了人生的一个角色转换。会上,学校少不了请王蒙给全校师生讲几句话,王蒙语出惊人:"我是一名学生!""来青岛就是当学生的。"他动情地说:"我从来没有停止过学习。学习最快乐,学习最有意义,学习最需要,而且学习是谁也剥夺不了的!"

王蒙的话可谓肺腑之言,振聋发聩。我们每位公民特别是国家工作人员应把学习作为人生的第一需要,不断用知识的琼浆玉液去充实自己的后备仓库,真正做一个高尚的人、一个纯粹的人、一个脱离低级趣味的人、一个有益于人民的人。

古往今来,凡有所成就者无不酷爱读书。且不说"悬梁刺股"、"映雪借光"、"负薪挂角"之类典故,被毛泽东称为中华民族脊梁的鲁迅,就是因为他把别人喝咖啡的时间都用在工作和学习上,才写下被毛泽东称之为"投枪"与"匕首"的不朽篇章,被誉于"民族魂"。被国际上誉为"杂交水稻之父"的袁隆平就是在极端艰难困苦的动荡岁月里坚持学习,刻苦钻研,才研制出高优高产杂交水稻。他的成果不仅很大程度上解决了中国人的吃饭问题,而且被认为是解决世界饥饿问题的重要法宝。据一家资产评估事务所评估,"袁隆平"三个字的品牌价值达108.9亿元,袁隆平已成为真正意义上的亿万富翁。这就是知识的力量,知识经济的魅力。加拿大医学教育家奥斯勒,为了从繁忙的工作中挤出15分钟的时间读书,特为自己定下一个制度,把这点时间放在每天睡觉之前,即使是深夜两三点钟,也要坚持。这个制度他整整执行了半个世纪之久,共读了1 098本书、8 235万字,医学专家成为文学研究家。

人类社会已进入"后教育时代"。"后教育时代"一个显著标志就是学习终身化,即终身学习时代。这时期,经济发展由对自然资源和金融资本的依赖向对知识的依赖转变;经济的增长更加依靠知识的创新水平,依赖人力资源的开发水平,知识经济和"知本主义"导致教育由社会边缘状态进入社会中心，成为社会和经济发展的动力系统。同时，知识爆炸和信息的急剧增量、产业结构的变化、职业的转换加速，导致教育的持续性更加重要而迫切，学习已经成为一种保障经济、社会和人的可持续发展的核心因素。即使是面朝黄土背朝天的农民，如果不及时给自己充电，依靠科学技术审时度势调整产业结构，也只能是"增产不增收"，充当赔本赚吆喝的角色。

学习一直是我生命中的一条主旋律。中学时代，每每看到一本好书或一篇好文章，爱不释手，总要把其中的精彩片断、优美语言摘录下来，利用提前早读时间来背；放寒暑假，劳作之余，除学习文化课外，就是看书读报。那时家贫，生活条件极差，大热天为避蚊叮虫咬，把双脚插进水桶；大冬天，昏暗的煤油灯下，纵情于知识的海洋，双脚冻木而浑然不知，李白的《将进酒》、岳飞的《满江红》、文天祥的《过零丁洋》等300多首古典诗词就是在牛背上背熟的。考上大学后，我更加如饥似渴地沉迷于中外名著中，积累了20余万字的读书笔记，写了几篇颇有影响的文章。走上工作岗位后，教书之余，仍然酷爱看书读报，对好的文章或语段要利用早读时间去背诵，往往是台下学生读得津津有味，我在台上背得神采飞扬，整个教室一片书声琅琅。到教育行政部门工作后，应酬多了，但读书看报未曾有丝毫松懈，对好的作品除了摘录外，就是剪贴做读书卡片，建电子文档，分类保存，查找起来如探囊取物，游刃有余。精心积累，薄积厚发，培养和锻炼了我的语感、灵感和新闻敏感，能从容地应对各种体裁材料的写作。

然而，令人痛心的是真正把学习作为人生第一需要的人不是多了，而是少了，特别是担负着未来社会建设重任的青年人，尤其是机关里的年轻人。他们大都比较浮躁，往往满足于干一般事务性工作，缺乏开拓创新精神，满足于按领导意旨和眼色行事，缺乏独当一面干一番事业的气魄和能耐，看不起政治学习，不钻研业务理论，稍有空余和机会就不择时间、地点的抹牌赌博；平时谈的是牌局，论的是牌理，探讨的是如何赌博取胜，很少谈论工作，如何把工作干得更好。即使是学习，也只是看看电视、上上网，大都抱着猎奇的心理，追求流行、快餐式阅读，满足于感官轻松和表层享乐，一年中正儿八经地读一本或几本书的人并不多，即使平时学习一点，也是应付工作之需，装潢门面。

当然，如今所说的学习已不再是传统意义上单纯的书本，还应该包括网络、电视、广播、报刊等各种媒介以及一切知识的载体。但万变不离其宗,只要你想获取知识,换言之,只要你想获取生存和发展的权利,就只有两个字,那便是"读书",与实践相结合,采取正确方式,多读有益"书"。

(2003 年 4 月)

29. 关注弱势群体

对于乞讨者，由于听了种种传闻和长辈的告诫，我素来多了一份警惕，少了一份同情。说什么是假装的，在大街上摆着各种可怜的姿态，赚起人们的同情和钞票，进了一趟厕所，出来则十分光鲜，风度翩翩，出入高档宾馆酒吧；有的是乞讨专业户，配有手机，在家里有豪华别墅，还养小蜜；有的是乞讨团伙，专门干些坑、蒙、拐、骗，甚至杀人越货的勾当。还说出许多有鼻有眼的典型案例，张大娘被骗去了金耳环，李大婶被骗走了养老钱，骗的都是善良之辈，惨得很。然而，有两件事对我触动很大，使我对包括乞讨者在内的弱势群体添了一份同情，多了一份关注，并尽可能地去帮助他们。

第一件是 2002 年 12 月 8 日，我出差到深圳，在一家个体餐馆用中餐。由于情绪不好，一碗肉丝面只吃了一点，就吃不下去。不知什么时候，一个讨饭的老太婆站在我身后，我连忙说："给你吃吧。"她当时非常激动，眼泪都流了出来，连声说："好人啊！好人啊！"可饭店的几位打工妹怎么也不让她拿去吃，本意可能是让她坐在店里，用店里碗，有碍观瞻，影响顾客食欲，影响饭店形象和生意。老太婆认为是不给她吃，紧紧地扣住碗，不肯放手，不停地说："是他愿意的，是他愿意的。"最后，在我的要求下，跑堂的找来一次性饭盒，将面条倒进去，让老太婆到外面去吃。只见她蹲在一个角落，狼吞虎咽，津津有味。这恐怕是她这一段时间或近几天最好、最饱的一顿中餐了，也不知她饥饿了几天、几顿，竟到了如此地步。

第二件是 2003 年 1 月 18 日，一大早，我从武昌八一路到湖北教育报刊社上班。一群外地民工在八一路与广八路交汇处切断了交通。他们20 余人，席地而坐，面前摆的是一块块写有"讨还工钱""还我血汗钱""要钱回家过年"的纸牌。几位 110 巡警在劝说、疏通，车辆堵塞了好几里。收集零星信息，原来，他们干了一年，建筑老板一直拖欠工钱，到了年关，卷起细软一夜间跑了。民工们状告无门，欲哭无泪，万般无奈，只好采取如此过激行为。行人大都指责工地老板黑心肠,对这群民工寄予了极大同情。由于要赶时间,我没有过多停留,也不知民工们的问题解决了没有,他们辛苦一年,要靠这几个血汗钱来养家糊口,要靠这几个血汗钱来为儿女交学费,他们的家人可是望眼欲穿,等钱过年啊!

这两件事对我触动很大,几乎要"榨出我皮袍下藏着的'小'来"。这社会毕竟还有弱者,需要同情和帮助。我的祖父当过一方"土司令",是"传奇"人物,绅士派头,荣耀一时;可我的父亲带着弟妹逃过荒,讨过米,饱经风霜,备受坎坷。三十年河东,四十年河西,人的一生哪会没有一点磕磕绊绊的呢。自此,街旁桥边各种形态的残疾人,在垃圾堆里淘金的拾荒者,餐桌旁、车厢里的卖唱者,集结在街边路头等待出售劳动力的手工艺者,对他们我都给予应有的同情和帮助,给点零花钱,提供一些赚钱信息。尽管自己很节省,尽管有时也受骗,也只不过一点"散碎银子",没有放在心上。甚至,我想,那些躲躲闪闪、鬼鬼祟祟兜售黄碟、假证书、假发票之流,那些向路人招手、抛媚眼、送秋波以勾引顾客的发廊女或干脆叫作"鸡"的卖淫女,他们都应是弱势群体。我们的政府,我们的专政机关在"残酷打击"之余,是否应该多点教育,多提供一些就业谋生的岗位呢?而不应该是罚款了事,或变相地唆使、包庇他们,成为自己牟取暴利的工具。

我们的国家毕竟还处在社会主义初级阶段,还不可能达到共同富裕,贫富悬殊在任何社会、任何时候都存在。就是贞观之治、开元盛世那路不拾遗、夜不闭户的时代,照样"朱门酒肉臭,路有冻死骨"。何况,我们现在的社会远比封建王朝要富裕,要强盛。而且从社会个体来讲,天灾人祸随时都会导致不幸。所谓借乞讨之名干不法之勾当,实乃少数,大多数人毕竟有辛酸的历史,有难言的苦衷,他们应引起社会的关注和同情。党和国家反复强调要关注弱势群体,既是从稳定社会大局的政治高度出发,也是共同富裕、全面建设小康社会的需要。如果我们每一个公民,在保持应有警惕之余,对弱者多一份同情,多一点帮助,多做一些善事,既是个体积善行德的表现,也是为国家分忧解愁。

(2003 年 4 月)

30. 善待推销者

一提起推销者，大家都有点反感。特别是你正在办公时，他突然闯进来，向你介绍产品，甚至死缠软磨地要你买，你不得不下逐客令，甚至不客气地大吼一声："出去！"

我也同大家一样，起初对推销者极尽厌恶，凡是上门推销的一律拒见，甚至还要防范其窜到领导办公室，招致不必要的批评。然而，在湖北教育报刊社工作期间，几次近乎推销的亲身经历，使我对推销者改变了看法，冒出了要善待推销者的念头。

2002年11月，我同《学校党建与思想教育》编辑部主任夏新一起到广东高校为《学校党建与思想教育》做形象宣传，说白了一点，就是为《学校党建与思想教育》做推销。由于我们与广东省教育厅思政处取得联系，由他们出面打招呼，我们到过的高校大都受到了礼遇。但大家客气只在招待上，一谈起发行的事，就有点敷衍。在广东轻工学院，那位女老师明知书记在家硬说已出去，我们机智地闯进书记办公室，才谈几分钟，那女老师便赶来向书记解释；在深圳大学宣传部，一位女部长见面就问："有证件没有，想干嘛？"接着说："我很忙，这样的事，我见得多，留下样刊，我会处理的。"没几分钟，就下逐客令，弄得我们十分尴尬。

后来，我又到过全省很多地方，在刊物的发行与创收方面遭遇了不少冷眼与抢白，渐渐地对推销者有了深刻的同情。因为我的身份毕竟不同，毕竟不同于一般的推销者，尚且如此，何况那些求生存、求生活的推销者，他们的境遇就更艰难了。

其实推销者，除了个别干些坑、蒙、拐、骗的勾当外，大多还是讲诚信、讲公德的。有的是为生活所迫，靠推销赚钱，养家糊口；有的则是为新产品、新技术做宣传。他们中后来有许多成为大老板、总经理。人与人之间多一份同情、多一份理解、多一份尊重、多一份关爱，也是社会主义公民道德建设的需要，是营造良好社会环境的需要。请在保持应有警惕之余，以平和心态、友好态度，善待推销者吧。

（2003年5月）

31. 公平办刊

从当通讯员到省刊编辑，涉及和从事新闻传媒工作，算起来已有不少年头了，我越来越觉得公平办刊十分重要。

所谓公平办刊，我想不外乎三个方面。一是刊物之间，按照法律条规和游戏规则，公平竞争，不搞阴谋诡计，不互相捣蛋、中伤，凭刊物质量和实力去吸引读者，去占领市场份额，求得生存和发展；二是公平地对待作者，把质量作为定稿的唯一标准和最高标准，不唯权，不唯亲，不以个人嗜好吃偏食，不以感情亲疏发稿酬；三是公平地对待读者，读者就是上帝，读者是编辑人的衣食父母，为读者服务，为人民群众服务，为社会服务，为国家政权服务是每份报刊的最高宗旨，偏离了这个方向，报刊的公平受到质疑，刊物的地位就会动摇，刊物的公信度和影响力就会大打折扣。

公平办刊还有一个重要方面是主持公平，坚持社会正义，不变相搞有偿新闻，不专为富人服务，不专为强势群体鸣锣开道。近年来，频频发生的新闻记者"封口费"事件引起了社会公众的强烈不满。一些矿难事故中，矿主为瞒报事实，出巨资收买记者；一些高官出事后，其家属买通记者写内参，向高层领导反映所谓的"真实情况"，为犯罪者辩解开脱。面对诱惑，一些正直记者能坚守职业道德，伸张正义；一些无良记者拿职业道德与金钱权势做交易，涉嫌犯罪。

在我看来，现在很多刊物的公平性很有欠缺，特别是带有一定的政治性、部门性、计划性的刊物。单就发稿这个环节来讲，发稿的原则或尺度：一是发官大的。这类稿子不能不发，有时还得巴结着发，生怕被别人抢了先，一来是政治任务需要，二来是部门生存需要，三来可以光耀门面，四来事关个别领导的升迁去留。二是发钱给得多的。市场经济条件下，刊物要生存、发展，个别编辑、记者要先富裕起来，金钱可是一个极其重要的标准，有的刊物干脆就是"给钱就发稿""给钱多就服务周到"，美其名曰"版面费"，明码标价，公开收费。三是发感情深的。平时来稿多的骨干通讯员,特别是与自己感情深的领导、同学、同事、亲戚,不管稿件质量如何,不管稿件是否对口、对路子,一股脑儿的拿来主义,发了再说,甚至根本不能发的还变着法子,想尽千方百计"凑合着发"。还有一种情况,就是下去采访,谁接待热情的,就发谁的稿子。否则,就变着法子阻止发稿,甚至干脆收藏起来,或销毁,把发稿的可能性消灭在萌芽状态。四是发质量高的。一份报刊总得要有几篇高质量稿子支撑门面,有几则重头戏去吸引读者的眼球。

这样看来,发稿的原则本末倒置了,这实际上是只顾眼前利益,没有战略思路、长远眼光。长此下去,势必影响刊物的形象,影响刊物的质量,影响刊物的发展后劲,最终导致刊物的淘汰。特别是一些人情稿,质量非常差,编辑起来非常吃力。有时恨不得把作者叫到跟前,臭骂一通,方觉解恨。我很敬重《学校党建与思想教育》的夏新主任,当时他顶住来自各方面的压力,严把稿件质量关,把刊物办成了全国品牌,成为中文核心期刊,一下子提升了期刊自身和教育报刊社的知名度,拓宽了教育期刊生存和发展的空间,也为后辈留下一笔宝贵的精神和物质财富。

看来,公平办刊,公平地对待一切,并非老生常谈,而应摆在各个编辑部和编辑老师的首要位置。

(2003 年 8 月)

32. 撑门面与顾场面

大凡门面,是一块招牌。撑门面,撑门户,是指一个人无论在什么场合,处在什么环境下,把自己的单位、家族面子争足,不能让人瞧不起,抛冷眼。

场面是一种特定的场合。讲究场面则是指为了适应某种场合、某种环境而应该相应或不得不做出的一定的姿态,一定的反应,顾全大局,以免遭人冷落,贻笑大方。

我反对为了个人利益,不顾实际情况,死撑门面,死要面子,盲目消费。比如,只要风度,不要温度,宁可冻坏身体,也要保持苗条身材。也反对为应付场面,逢场作戏,忸怩作态;或不顾自己承受能力,盲目随大流。比如,喝酒,明知喝多难受,硬是宁可伤身体,也不愿伤感情,结果"喝坏了党风,喝坏了胃,喝得老婆背靠背。"更反对为了所谓的门面与场合,不顾人格尊严,卑躬屈膝,吹牛拍马,看别人脸色行事,给别人的好感觉。

我主张,为了集体与人格,应撑起门面,讲究场面,因为这是一个顾全大局的原则、立场问题,是为集体事业兴旺发达,应该具有的一种姿态。

现在很多同志在关键时刻,不是挺身而出,为集体事业勇敢地撑起"门户",而是萎缩退让,漠不关心,甚至黄鹤楼看翻船,幸灾乐祸。有的同志"拿起筷子吃肉,放下筷子骂娘",得集体好处不感谢,对集体有意见,不顾场合地瞎提瞎说,实际上是一种无政府主义的表现。有的同志对同事有意见,有看法,当面不说,背后不讲场合大肆攻击渲染,这实际是一种不讲道德的表现。更有甚者,不讲全局,不顾大局,在一些特殊的场合,说不利于事业发展,不利团结的话,自曝"家丑",泄露秘密,挖集体的墙脚。这些人按用人原则,应该"下岗"。

2002年11月份,我同《学校党建与思想教育》编辑部主任夏新一起到广东高校为《学校党建与思想教育》做刊物宣传。由于"金钱限制,英雄气短",住在广东省职业技术学院招待所后面一间不足10平方米的简陋、潮湿、发霉的平房里，每天房租两人一起不足 80 元。可为了撑门面，我们对外称住在中山大学紫荆园宾馆，生怕被人瞧不起，而影响报刊社的形象，影响我们对刊物的宣传。

一次主人的盛情差点让我们"露了馅"。那是 12 月 5 日晚上，北航专科学校的书记请我们吃完饭后，坚决要求亲自开车送我们到住的地方。我们坚决要求他送到中山大学校门口就行了。可他偏偏很热情地要求把我们送到宾馆门前。我们只好听天由命地让他送到紫荆园，生怕他要求到我们的房间"坐坐"。幸好，他送到紫荆园后就离开了，我们等了一会儿才潜回职业技术学院招待所，像搞特工似的。

到现在，我一直都不埋怨在广东住那么差的地方，吃那么差的伙食。相反，觉得在艰难困境中，为报刊社撑了门面，顾了场面，再苦再累，也值！

（2003 年 11 月）

33. 服务与创收

2003年11月初,我到湖北省的十堰、襄樊等地采访,搞发行。回来不久,所到过的地方,与我接触或陪同我采访的通讯员大多打来电话,问我回了没有,旅途辛苦否,并为没有招待好表示歉意,令我非常感动。

这次十堰、襄樊之行,是我到报刊社工作一年来下基层收获最大的一次。既采访了两个先进典型,又得到了两个形象宣传;还增加了发行数量。更重要的是见识了未曾谋面的基层领导、通讯员,结交了朋友,与他们建立了深厚的感情。

能取得这样的效果,并非完全因为你是省刊编辑、记者,人家敬你畏你,求你多发几篇稿件,其根本原因是搞好服务,打动人家,建立了深厚的感情。像郧县办公室副主任熊效军,起初我并不认识他,只是在编稿的过程中,发觉他有一篇稿子写得不错,就提出指导性修改意见,返回给他,让他修改后寄来,我再认真修改,并予以刊发。这种严谨认真的编辑态度、精益求精的工作作风和真心为通讯员着想的精神打动了他,以后电话里经常联系,成了没有见面的朋友。后来,在秭归县特约通讯员培训会上我们一见面就像老朋友似的拥抱,相见恨晚。

诚然,在市场经济条件下,在报刊改革整顿的大环境下,我们的刊物、我们的事业要发展,必须适应市场经济,进行体制与机制改革,以灵活的运行方式,在激烈的竞争中去占领市场,开发市场。但越是搞市场经济,越要搞好服务,而且谁的服务好,谁就能占有更多的市场。人都是有感情的,只有优质服务,以质取胜,以情感人,才能打动别人,吸引别人,争取理解、支持与敬重,获得效益与回报。记得我到汉川市汉川一中采访,起初他们并不配合,认为我是为了"搞钱"。但我诚心诚意采访,专心致志写稿子。稿子写出来寄给他们,请他们修改、把关,他们非常满意,主动要求做一期彩插,另外刊物加印200本,获利不小。

其实,很多服务当时没有创收效果,但以后总会有所回报,关键是你付出了没有，是否真诚地付出，付出了多少。我到过全省很多地方，当时好像是空手而归。但我每到一个地方，都放下架子，同他们交心谈心，用心采访，精心写稿子，每篇稿子必带上通讯员的名字，以示共同采写。由于我特殊的经历，对教育情况相当熟悉，在采访过程中，同采访对象拉家常似的，进行零距离地接触，并适时高屋建瓴地总结几句，由感性认识上升到理性认识，采访对象和随同采访的通讯员既感到亲切又佩服。以至以后只要有机会，他们还是尽可能地回报。像大悟县，由于历史欠债原因，连续几年，报刊社刊物发行都是空白，我去采访并没有提发行的事。由于写了他们县党政领导重教兴学事迹的稿子，很受党政领导的好评，并由此与教育局办公室主任建立了朋友关系，他们主动要求发行我们刊物200 本。还有仙桃、潜江等县市，我与胡小英去了一趟后，他们在发行上都实现了零的突破，订数都在 200 份以上，并为协办栏目打下了良好基础。

世间自有公道，付出总有回报。只要我们在遵循市场游戏规则的前提下真诚地服务，在优质服务的前提下创收，在创收过程中搞好优质服务，讲诚信，讲感情，定有涌泉相报。

（2003 年 11 月）

34. 自古寒门多俊彦

2003年国庆期间,湖北教育报刊社受湖北省委高校工委和省教育厅委托,编辑一期纪念舍己救人英雄许志伟赠刊。作为一名记者,我有幸参与了这项工作。寻觅英雄成长足迹,感受英雄生平事迹,我的眼泪不时在眼眶里打转。特别是编校许志伟舅舅追记好外甥的文章,看到许志伟在那么艰难困苦的环境中奋发图强时,我的眼泪禁不住刷刷地流了下来。我深为家庭失去一个懂事的孩子、社会失去一个优秀青年而扼腕叹息。

宝剑锋从磨砺出,梅花香自苦寒来。许志伟出生在长江堤脚下一个贫困的农家,父母都是勤劳、善良的农民。为了供养两个孩子上初中,家里扯了一屁股债,贷款借了上万元,老实本分的爸爸不得不含泪离开可爱的家乡,外出打工。初二只读了两个多月的妹妹也被迫辍学随着爸爸一同南下,开始了漫长的打工生涯。特别是有一年腊月二十几了,家里还没有一斤鱼,没有一两肉。那打工赚来的几个血汗钱,爸妈要留着为儿女交学费,舍不得去办年货。腊月三十早饭后,一家四口坐在那台老掉牙的黑白电视机前看电视,妈妈始终懒得起身去弄年饭。志伟和妹妹都好生纳闷,过年不说山珍海味,总得有个十盘八碗吧?没有鱼,没有肉,拿什么下锅呢?爸爸站起来,一个人默默地走出屋,不大一会儿,拎着两斤肉回来了,接着又把下蛋的一只老母鸡给宰了。大家齐动手,一桌香喷喷的年席摆在全家人面前。虽然只有八碗菜,而且还有三碗是重复的。看着两个孩子吃得好香,妈妈的眼泪不住地滴在饭碗里。

面对苦难,通常有两种表现。一是逆来顺受,苟且偷生,穷困潦倒,破罐破摔;二是顽强拼搏,逆境成才,以抗争和奋斗改变处境,愈挫愈勇。穷且弥坚,不坠青云之志! 特殊的家庭环境铸就了许志伟发愤图强,不断超越的坚强品性。他求知若渴、永不言败。小学三年级时,有一次数学只考了98分,好强的许志伟并没有任何高兴的表情,而是晚上,又做卷子,认真思考那被扣掉两分的原因。第一年中考,达到普通高中的录取分数线,他竟然放弃了。第二年，如愿以偿地考取了洪湖一中。高中三年，他吃最差的伙食，用最少的生活费，全身心地投入到紧张的学习，终于考上了武汉化工学院。在大学学习期间，他积极要求进步，学习目的明确，勤奋刻苦，成绩优良，圆满完成了学业，并以优异成绩考取华东理工大学硕士研究生（硕博连读）。崇高的理想产生伟大的动力。从小学到初中，进初中上高中，一直到大学四年，许志伟每走一步都都有鲜明目标，每一个阶段都有理想，并为之拼搏奋斗。"不管生命有多长，经过多少风与霜，我愿意燃烧自己，让生命像太阳。我们要勇敢去闯，挑战每一个理想。"不因自己是来自农村的贫困生而自卑自馁，而是自足、自信、自强，清而不寒，贫不丧志，这是许志伟给人的深刻印象。

穷苦的孩子早当家，许志伟并不像一些独生子女，老是埋怨父母无能，没有为自己创造良好的学习和生活环境，他特别懂事，体贴父母，热爱劳动，尽可能为家庭减轻负担。上小学时，他除了学习，一有空就帮家里做些力所能及的事，扫地、洗衣、煮饭、放牛、喂猪，他都干。上了中学、大学，每年寒暑假回来，他总是帮家里播种、抢收。割黄豆、扯草、挑稻、拖板车，不叫一声苦和累。乡亲们无不称赞，说："许志伟，现在环境变了，身份变了，但农民的本质一点也没有变。"大学时，他还做过家教，干过促销，送过牛奶，以获取必需的生活费。他在日记中写道："对于生活费，我从来不敢向父母多要，我不愿意看见父母那眼神、那神态，我每次看到都想哭，心里在流血，为了我读书，父母看起来比同龄人苍老得多，终日身上就那几件衣服，有些衣服本该扔掉了，但不得不将它补了再补，照样穿在身上。"在生活上他非常地艰苦朴素。从小到大，他体贴家里难处，生活几乎俭朴到了极点。高中三年，他没穿过一件像样的衣服，没买过一瓶矿泉水喝；大学四年，一件褪了色的夹克衫，一双穿了多年的旧皮鞋，一直伴随着他。在一个笔记本里，清清楚楚地记载着大学期间他每一分钱的开支。

在贫困中抗争的人虽然意志坚强，但往往性情孤僻，刻薄自私。而许志伟乐观开朗，乐于助人，乐于奉献。读小学时，下雨了，他把伞借给别的小朋友；下雪了，他第一个进校园同老师一道拿着带来的铁铲，铲去校园道路上的冰雪；放学了，看见有人拖板车上坡，就悄悄地在后面帮着推一把；放假了，把一个个小同学组织到自己家里写作业，为的是让家长们安心在田里劳作。上初中，有一次为患病的同学捐款，他把身上仅有的 1.3 元钱全部捐了出来。中考时，舅舅给他买的矿泉水，他舍不得喝，给患感冒的同学吞药丸子。大学四年,他总是为别人想的很多,为自己想的特少。同寝室的黄君涛咽喉疼痛难忍,到校医院看了几次,没有效果。许志伟知道后,主动陪他到省人民医院检查。检查结果是会咽囊肿,需要动手术。手术住院期间,他每天下课以后都挤公汽去医院看望黄君涛,还从自己微薄的生活费中挤出钱来,买水果和奶粉带来给他。同班同学李继凯踢球时脚趾受伤,鲜血直流,许志伟见状,马上丢下书本,将他背到校医院。手术后,李继凯的脚暂时不能走路,许志伟不管刮风下雨,每天背着李继凯去医院换药,到教室上课。一连背了两个多星期,直到李继凯完全康复。"为了心中的美好愿望,做出再大的努力也是值得的。人活在世上,就应该心肠好,多为别人做好事。"他在日记中曾经写下这样的誓言,也正是这么去实践的。

挣钱不易,许志伟并不过分看重钱财,而是关心他人,热心公益事业,多做对社会有益的事,这是许志伟这个穷苦孩子更可贵之处。当班长的他总是把困难留给自己,把便利留给别人;家庭困难的他从未申请学校的减免学费、无息贷款和困难补助,自己却申请了 5 200 元的国家助学贷款,加上打工挣的钱,来维持最基本的生活费。他不坐而论道,而是身体力行,承担起一名学生党员对社会的职责。暑假,洪湖的长江抗洪形势严峻,他主动找村党支部请缨,到长江大堤参加防汛;寒假,村里一户人家失火,他不顾个人安危,第一个爬上屋顶,同村民一道扑灭了大火;2003 年 4 月 12 日,正是非典肆虐、血库告急时,路过武汉鲁巷广场移动献血站的他,无偿献血 200 毫升,这是他在大学期间第二次义务献血。邻居孙六容的孩子在志伟家补习,她知道许志伟不收钱,便以资助许志伟上学路费为名,给他送来 200 元钱,被许志伟再三谢绝。后来孙六容趁许志伟不注意时,将 200 元钱塞到许家桌子的玻璃板下。可晚上,许志伟还是将 200 元钱送还给了孙家。

自古寒门多俊彦,从来纨绔少伟男。许志伟在危急时刻,把生的希望留给别人,把死的威胁留给自己绝不是偶然,正是他平常日积月累优秀品质的体现。他以瞬间燃烧的生命和闪逝的青春所迸发出的撼人心魄的光和热,划出了一条闪光的人生轨迹,为千千万万的当代青年展示了一个优秀大学生、一个年轻共产党员的博大的胸怀、奋斗的精神、无畏的风格和一切从人民利益出发的高尚品质。逝者长已矣,来者犹可追。我们要以许志伟的事迹来振奋更多的生命之旅,激发更大的青春之光。

(2003 年 11 月)

35. 创新莫离谱

时下，教育创新的浪潮风起云涌，"创新"成为最时髦、使用频率最高的词汇，这对更新教育观念、深化教育改革、促进教育发展起到了推波助澜的作用。但在实际工作中，一些认识及作法出现偏差，造成不良影响。有三个与创新有关的案例颇令人反思。

其一，某校老师把布置的家庭作业录音后，留在声讯台的教育信箱内，学生如果想做当天的作业，必须拨打每分钟收费0.4元的声讯电话询问。这项"创新"举措，引起了学生家长的非议，被上级教育行政部门责令立即停止，并对"始作俑者"进行了处分。

其二，某中学召开一周班主任例会，会上分管教改工作的副校长提出在各班评选差生，当时还有不少班主任认为不妥，但没有得到采纳。于是各班6月3日晚评选出了这类学生。6月4日，一名被评为差生的女生服毒自杀，后经抢救脱离危险。此事被新闻媒体曝光，在社会上造成恶劣影响。事后，那位副校长受到了处分。他在书面检查中指出：自己最初动机是借鉴行政评选最差公务员、实行末位淘汰制的做法，大胆进行教育创新。

其三，某校在语文考试中，有道给材料的作文题。猴子摘下桃子，走到一片地里看见有西瓜，丢下桃子去抱西瓜；又往前走，发现一只兔子，丢掉西瓜去追赶兔子……最后猴子一无所获。标准答案是"批评猴子见异思迁"。结果有个学生标新立异，褒扬猴子"不满现状，勇于追求"，被老师判了个"不切题"。于是有人为这位学生叫屈，认为老师把一篇很有创新精神的文章糟蹋了，标准答案扼杀了天才和智慧。

不难看出，这些"创新"都有点离谱。它败坏了教育形象，挫伤了学生自尊，违背了社会公认原理，实际上都是违背教育规律与教育方针的错误作法，应当予以摒弃与纠正。我们提倡创新，要求有创新精神，用创新思维去解决前进中的一切问题，但真正意义上的创新不是附庸风雅，追求时毫;也不是机械照搬,主观臆断,鲁莽从事;绝对不是怀疑一切,推翻一切,造反有理;更不是借创新名义,行中饱私囊之实。

唯物辩证法告诉我们:真理是绝对的,也是相对的,真理再向前跨入一步,就有可能成为谬误。

作为对应试教育的拨乱反正,创新是推进素质教育的重要手段,创新精神成为素质教育重点培养的能力之一。但创新应有一个"谱"。

这个"谱",首先必须端正指导思想,明确目的与动机,不能掺杂任何私心、水分与杂质,一切有利于学生身心健康与事业发展,以培养学生的实践能力和创新精神为目标。

其次,必须贯彻教育方针,树立正确的教育观念,面向全体学生,面向学生的每一个方面,使每位学生生动活泼地学习,能够在德、智、体、美等方面全面发展。要讲求正确的教育教学方法,注重保护学生的自尊,以正面教育、鼓励表扬为主。苏霍姆林斯基曾把孩子们脆弱的自尊心比作"一朵玫瑰花上颤动欲坠的露珠",教育工作者只有严中有爱,爱中有严,千方百计点燃他们奋进的火花,这颗"露珠"才会闪亮发光。

其实,在每个孩子的心目中都潜藏着被人认同与欣赏的需要,莎士比亚说过"赞美是照在人心灵上的阳光",对一些后进生,不宜滥施批评,而应实事求是地给他们一些赞美,打着灯笼找闪光点,激起他们"自爱、自尊",从而有所进步,有所作为。报载,某校为了达到激励先进、鞭策后进的目的,让优秀学生戴红领巾,让"差生"戴绿领巾,引起了家长强烈的反感和社会的指责。

再次是要遵循规律,正确运用思维,不能从一个极端走向另一个极端,不能搞否定之否定。什么叫创新,套用前人的话是"大胆假设,小心求证"。伽利略曾经勇敢地站出来,对当时奉为权威的亚里士多德的学说提出了质疑:自由落体的速度和重量无关。这并不是基于狂妄和冲动,而是周密的分析,并爬上比萨斜塔的顶端实验所得出的科学结论。我们提倡真正意义上的创新应是在遵循教育方针和教育规律的前提下,大胆质疑,标新立异,周密分析,科学论证。

陶行知早在20世纪30年代的《创造宣言》中指出,处处是创造之地,天天是创造之时,人人是创造之人。让我们走两步退一步,向着创造的道路迈进吧。

(2003 年 12 月)

36. 把优质服务渗透到每一个角落

当今社会,市场经济急剧竞争,谁讲诚信,谁的服务周到,谁就能拥有更多的市场,赢得更多效益。特别是一些窗口服务行业,如何真诚服务,细致服务,想顾客之所想,急顾客之所需,把服务渗透到每一个角落,更是十分必要。

武汉群光广场是一位台湾老板投资的大型商业服务区,地处武汉市武珞路电脑城附近的黄金地段,可以说是武珞路的一大景点,2003年9月6日正式开业。虽然开业时间不长,但管理非常到位。在这里你不仅可以欣赏琳琅满目的商品,购到称心如意的物品,而且处处感受到热情优质的服务,地地道道享受"顾客是上帝"的滋味。

一跨进群光广场的大门,你就会感觉到服务的气息。特别是晚上来休闲消费更有一番风味。宽敞气派的一楼大厅,华灯闪烁,亮如白昼,暖气熏人,顿觉豁然开朗,倍感温馨。走到每一层楼,每一个购物点,每一个地方,遇到营业员或服务员,都会主动向你问好,主动向你介绍商品,引导你消费。如果你想打听某一位置、某一商品,甚至是上厕所,都会有人热情地为你咨询,为你引路。

由于工作单位离住的地方较远,每天的中餐、晚餐,我大多在群光广场七楼美食馆进行。一般从垂直电梯上去,由旋转电梯下来。在垂直电梯里,模特般的电梯小姐会弯腰向你行礼,"请进!""电梯上行!""请走好!""祝您购物愉快!"虽然看似多余,电梯小姐一天也不知重复多少遍,可听起来总觉得那么温暖亲切,有一种宾至如归的感觉。由旋转电梯下来,不同的楼层不同的商品,穿梭期间,移步换景,满眼繁华,实在是一种更美的精神会餐。如果你再购买一两件物品,正好是乘兴而来,满意而归。

在美食馆会餐实惠而惬意。一走出电梯,来到宽阔的大厅,就有服务小姐迎上来,为你引路,把你带到理想的位置坐下。然后到透明精致的烹饪店柜,按需定购,面食、小炒、锅仔应有尽有,"好吃看得见"。不一会儿,服务员自会送到你的座位上来。花上几元钱,就可以把自己搞定;花上百把元,就可宴请几位朋友。还可以边吃边欣赏音乐、歌舞,由有一定水准的钢琴师、歌手、舞蹈演员为你现场表演,余音绕梁,倍感温馨。

群光广场这种顾客至上、优质服务的做法,值得各行各业学习和借鉴。特别是在全国报刊整顿的大形势下,教育期刊要生存、发展,必须转变观念,转换机制,进一步提高办刊质量,提供更精美的精神食粮,将优质服务渗透到策划、采编、发行、活动的每一个环节,每一个过程。这样,才能在激烈的市场竞争中站稳脚跟,不断开拓新的增长点。

(2003 年 12 月)

37. 人人都是投资环境

2004 年元旦前夕,我到湖北英山县采访,除了拜访老朋友外,于教育宣传并无多大收益,倒是一位个体老板深明大义之举让我很是感动,很受启发。

那天一大早起来,我就出去跑步,一来呼吸新鲜空气,锻炼锻炼身体;二来观赏当地的自然景物,了解当地的风土人情。这是我多年以来形成的习惯,每到一处,晚上散步,早上跑步,满足一下好奇,增长一下见识和阅历。

沿楚源宾馆向南的街道往前小跑,一路上尽是上学的学生和进城做生意的农民,人来人往,比较热闹。由于时间尚早,临街的店铺大都没有开张,只是县政府对门的一家丝绸店刚开门。出于好奇,我走进了这家并不开阔气派但却整洁雅致的小店,店主是一位很年轻魁梧的小伙子。他很热情地接待了我这位首任顾客,而且是外地顾客。

由于是无心插柳,我只是欣赏店内绚丽多彩的丝绸制品,并无购物的意思。店主似乎明白我的意图,先让我尽情地欣赏,随后热情地介绍各种款式。见我是外地人,他又神采飞扬地介绍起英山的风景名胜、名优产品。他说,英山有两条龙,一条是青龙,即茶叶,味道非常香醇;一条是白龙,即丝绸,产品多出口。来英山一趟不容易,可带些特产回去馈赠亲友;就是不买东西,回去也请为我们做些宣传,山区的特产没有污染,山区人厚道,不卖水货。禁不住小伙子的热情,我为妻子和女儿每人买了一条真丝围巾,价格非常地道,比一些大商场物美价廉多了。

出店时,小伙子递给我一张名片,并嘱托我,以后再到英山,要买什么特产尽管找他,保证优质服务。我记住了小伙子的店铺叫"湖北雍华丝绸制品有限公司直销点",小伙子的名字叫徐保才,主要经营"雍华真丝被、桑菊保健枕、真丝保健背心、真丝睡衣长套衫"等系列丝绸产品。

由此,我不由得想起弦高犒师的典故。春秋时期,秦穆公举兵袭郑。

在滑这个地方,郑国商人弦高正准备到周边去做生意,遇见秦军。颇有爱国意识和军事头脑的弦高灵机一动,拿出四张熟牛皮和十二头牛犒劳秦军,以稳住秦军,及时报告郑国国君,作好迎战准备,最终在肴这个地方打败了秦军。

徐保才虽然不能与弦高相提并论,但作为商人,他们爱家乡,爱国家,顾全大局,深明大义之举,有惊人的相似之处。假如人人都有这份心、这份意识,则何愁不能树立良好的形象,何愁不能优化投资环境。只要人人都有这份心、这份意识,则四海归心,国富民强指日可待矣。

(2004 年 1 月)

38. 由喝摔碗酒想到的

2005 年 3 月,我同几位省督学到恩施州咸丰县进行"普九"复查巡视。晚上好客的主人请我们到城区边缘的龙泉山庄喝摔碗酒。

龙泉山庄因龙泉洞而出名,店老板承包了龙泉洞的开发、管理,并在洞附近建了一栋豪宅,集餐饮、住宿、娱乐于一体,客人在就餐前后可免费到龙泉洞一游,因而生意比较好。

当然,吸引客人的还有喝摔碗酒,据说这是土家族的风俗。在一个宽敞的大厅里,摆了四张镂空的矮桌子,上面放一口吊锅,盛满了土家的熏肉、土豆、腊鸡,周边摆几碟小菜,味道特别地道、鲜美。

喝酒的工具是当地土窑烧制的小钵盂,当地叫"碗",土黄色,直径不足 3 厘米,成本 1 毛钱左右。主人敬客人酒和客人回敬、互敬,都要一口喝干,然后把碗猛地往地下一摔,体现一种豪气,取"碎碎(岁岁)平安"之意,如果碗没有摔破,得罚酒,重喝。

一时间,酒酣耳热,碎片四溅,吆喝声、摔碗声,此起彼伏,不绝于耳。平时看似温文尔雅的客人,很多是领导层次的,还有娴静的女士,都成了梁山好汉,个个豪气冲霄,气氛特别热烈。

几阵高潮迭起,客人歪歪扭扭退出,满厅杯盘狼藉,一地残碗碎片。一结账,4 张桌 20 几个客人,摔碗 230 个,1 元钱 1 个,多付款 230 元。大家一惊,这不是浪费么?主人解释,这是一种习俗,讲究的是一种氛围,只要大家痛快,几个小钱算不得什么。于是有客人附和:还可以刺激消费,增加税收,拉动经济增长呢。于是众人坦然。

而我总觉得心理不痛快,好好地喝酒,为什么要摔碗,为什么造成不必要的浪费呢?大家在一起,心平气和地喝酒,品味一下民族特色和风情,气氛不照样很融洽吗?我看关键是没有节约观念,讲究排场与档次。据打听,来此喝摔碗酒的,大都是有一定身份的,大都是公款招待,而且有愈演愈烈之势。

再说,民族习俗,是一个民族长期以来积淀而成的具有本民族特色的风俗习惯,大都是积极健康向上的,也有不健康的甚至是封建糟粕。随着人类文明进程的推进,社会的变革,有些不健康的习俗自然消亡,有此则需要人为地进行变革和改造,使之与时俱进。像"寒食节"早就取消了,"亡人节"淡化了许多,土家族的跳丧舞经过文艺工作者的改进成为饮誉全国的巴山舞,就连几千年根深蒂固的"养儿防老"的观念,随着计划生育国策的推进和社会劳动保障制度的健全也有了根本性转变。

喝酒摔碗,实际上是不注重节约,浪费资源的一种表现,为什么不能革除呢? 一两百土碗算不了什么,如果大家都来摔,天天摔,则造成巨大的浪费,也污染环境。更可怕的是一旦形成一种民族习俗,养成一种行为习惯,就会影响我们的思维习惯和处事方法,就会助长不良的社会风气,侵蚀民族的肌体。

由此,我想起,前些年有富豪在京城酒店砸洋酒斗富的闹剧,不久前在重庆的啤酒节上,又上演了万人泼啤酒的狂欢。在这些人看来:我花钱买痛快,不违法,你管不着。

这是一种不健康的社会文化心理的折射。不错,现代社会,经济发展了,生活水平提高了,消费观念发生了较大变化,但这不能成为奢侈浪费的理由。

享乐主义、消费主义的价值观眼下颇有市场:越是大手大脚花钱,就越是有身份,有派头;相反,如果精打细算,就是小气,没出息。

我们亟须在道德层面上重建一种现代节约型文化。通过各种形式的、永不停歇地教育,把节约的理念融进每个人的心灵和血液,镌刻在民族的文化基因图谱上。

如此,人们就会对各种资源产生一种深深的敬畏,在浪费资源时就会油然而生一种沉重的负罪感,心灵总是不得安宁,从而自觉地把俭朴的生活方式看作是非常值得追求的一种人生境界。

"勤俭传家久,诗书继世长。"节约,是中华民族的传统美德。"历览前贤国与家,成由勤俭败由奢。"人类社会的演进史,也是一部勤劳节俭与奢侈浪费不断交锋、斗争的历史。

翻检史籍,崇俭和节用早就是先秦各学派较普遍的主张。《尚书》说:"惟日孜孜,无敢逸豫";《周易》提出"俭德辟难"之说;《墨子》有"俭节则昌,淫佚则亡"之论。

　　在北欧富国芬兰，老房子的房顶一般都是黑色的，其目的就是为了吸热保暖；而房屋的窗户都有三层玻璃，以减少热量损失。

　　日本人煮蛋是用一个长宽高各4厘米的特制容器，放进鸡蛋，加水50毫升，点火后1分钟把水煮开，3分钟后熄火，再利用余热3分钟把鸡蛋煮熟，整个过程耗时7分钟。如此可节水4/5，节省燃料近2/3，效率却提高近1倍。

　　倡导节俭不是不爱生活，而是用更理性的态度去享受生活。节约型社会的含义，一是杜绝浪费；二是在生产消费过程中，用尽可能少的资源、能源，创造相同的、甚至更多的财富。一个经济发达、社会和谐的国家，也必定是一个十分注重节俭的国家。

　　建设节约型社会，需要党政机关做出表率，需要从一点一滴的细节做起，需要对一些陈旧落后的习俗进行改革和创新，在全体国民中倡导健康、绿色的消费方式。节约是美丽的，让我们把节约当成一种美丽的生活态度，行动起来吧！

（2005年3月）

39. 坚持过紧日子

2005年仲夏,我同武穴市教育局一领导到武汉东湖边的磨山农家山庄去吃农家饭。饭前,一位擦皮鞋的中年妇女恳求我们擦皮鞋。无意间,听其口音是黄梅人,算是半个老乡,觉得挺亲切的。人都是有同情心和慈悲情怀的,农家出身的领导请她吃西瓜。她显然有点激动,把手往衣襟上搓了搓,捧起西瓜,坐在一旁,大口大口地吃得津津有味。"一下午,水都没有喝一口,谢谢你们!"

从沙漠里走过来的人,才知道水的宝贵;经过磨难的人,才知道生活的甜蜜。中年妇女说她同老公一道到武汉打工,老公在傅家坡车站附近做泥工活,日晒风吹,高空作业,一天35元工钱;她自己在磨山擦皮鞋,挨店讨活,生意好的话,一天可赚20元钱。晚上夫妻俩就住在磨山临时搭建的工棚里。日子过得挺清苦,但还算充实。

相比之下,公务员日子过得就滋润多了。工资财政供给,生老疾病有组织照顾,动辄还可上宾馆酒店吃喝,动辄一顿吃几百元乃至几千元,有时几万元,吃得大家都不好意思。其实,公务员中的大部分来自农村,是从艰难日子中熬过来的,他们的父辈、兄弟和亲朋大部分还在农村,生活水平还不是很高,有的日子还过得挺苦。平时,大家在家里或独处时,也比较节俭,往往二三个菜或一袋方便面就把自己打发了。可到了歌厅酒店,就花天酒地,大吃大喝,几百元、几千元在所不惜,有时一大半酒菜都浪费了,也一点不心痛。究其原因,不是自己掏腰包,花的是共产党的钱,讲排场,摆阔气,是"场合不同",是"身不由己"。据《人民日报》披露,2004年全国公款吃喝在2 000亿元以上,其中有的一桌就挥霍掉10多万元。

虽然,早在2002年,我国就宣布全面进入小康建设社会,人民群众的生活水平经过改革开放20多年的积累,已发生了根本性的变化,但我国人均年收入并不高,群众的生活还不很富裕,一些贫困山区的群众还在温饱线上挣扎。"朱门酒肉臭,路有冻死骨"。必须坚持过紧日子,建设节约型社会,这是现实的需要,也是中华民族的传统美德。据报载,2005 年年初,全国"两会"期间,一位从乡村小学来的女代表面对人民大会堂 2 000 元一桌的宴席,良久不敢动筷子。她说,俺这一顿吃的可是山里娃好几年的学费啊! 无独有偶,《中国教育报》报道,2005 年 7 月 25 日晚,广东某县教育局的几位领导请来自北京、受中国扶贫基金会派遣来寻访当地贫困大学生情况的三位志愿者喝人头马,结果三位志愿者全都喝哭了。他们在饭桌上流泪质问:"这一桌盛宴可以帮助多少贫困大学生解决多少实际困难? 可能我们今天吃的这一桌,可以让一个大学生吃上好几个月。"

"拿起筷子吃肉,放下筷子骂娘。"大家都知道猛吃海喝不对,"喝坏了党风,喝坏了胃,喝得老婆背靠背"。可一到那种场合,就"身不由己",就心安理得,甚至还推波助澜。这实际上是宗旨不牢,党性不强,放松了对自己的严格要求,随波逐浪的一种表现。

而今,我算是吃过无数山珍海味、特色风味,但有两顿饭、两个菜终身难忘。

一次是上个世纪 70 年代末期,可能是 1976、1977 年的样子。那时,还是大集体,我们这些小学生放暑假,都要参加生产队集体劳动。那正是农村最繁忙、最艰苦的"双抢"季节,白天插秧,晚上还得扯秧。为了调动社员积极性,队长往往要搞些望梅止渴式的把戏,承诺今晚扯秧超过 12 点的,每个劳动力奖励一斤米,或多记 2 个工分。朦胧的月光下,或昏暗的煤油灯下,辛苦劳作,蚊叮虫咬,好不容易熬到 12 点,又饿又困,巴不得爬上岸,睡上一觉,对队长"记在账上再说"的践诺,也没做过多的追究。终于,有一次队长可能发了善心,在仓库前的操场上,架起一口大铁锅,剁了几斤肉,熬了一锅冬瓜汤。父亲心疼我,抢了一碗给我吃。那冬瓜软绵绵的,特别柔滑,一到嘴里,感觉要化了似的,一下子就溜进了喉咙,顿觉特别鲜美,仿佛那就是人世间最好的美味了。长大后,我一直对冬瓜排骨汤情有独钟,大都在宾馆里,由精致的瓦罐盛着,有各种配料,但我总觉得没有儿时吃的那么香,那么鲜,那么令人回味。

一次是上世纪 80 年代初期,我初中毕业时,吃的一顿"最后的晚餐"。那时,我在武穴市沙墩中学读初三,学校离家有五六里路,每个星期基本上是靠"带菜"过活,带的大都是咸菜,前三天基本上是靠咸菜度日,最多在食堂打 2 分钱的南瓜汤,后两天一般是吃 5 分钱的青菜。求学的日子非常清苦,我们常自嘲为"囊中羞涩,面有菜色"。那次,为毕业生加餐,学校杀了几头猪。每个班级七个人一组，每个小组有一塑料脚盘的西红柿拌糖，一脸盘的缸豆（学名为"豆角"）炒肉。我最感兴趣的是西红柿拌糖，觉得特别的清凉，特别的甜润。原来西红柿有如此的吃法，如此的美味！

我深知，之所以对这两顿饭、两个菜刻骨铭心，是对饥饿年代的特别感受，很多与我同龄的同志都有相同的体验。举这两个例子，不是忆苦思甜，不是鼓励大家重新过苦日子，主要目的是希望大家，特别是我们的下一代不要忘记那段苦日子，树立过紧日子的思想。忘记历史就意味着背叛，忘记历史就有可能重蹈历史的覆辙。愿每位党员干部，乃至全体公民，坚持过紧日子，真正做到"静以修身，俭以养德"。这是我们的"传家宝"，是宝贵的精神财富，任何时候都丢不得啊！

（2005 年 7 月）

40. 推进校园新文化运动

2005 年秋季开学伊始，我随同湖北省教育厅的领导到基层中小学检查开学工作。所到之处，教师的精神面貌比较好，学校楼房也建得相当漂亮。然而，美中不足的是，学校的管理仍然滞后，校园环境不尽如人意，特别是校园的文化建设亟待加强，推进校园新文化运动势在必行。

当前，很多中小学的文化环境建设出现不少败笔，不能取到很好的育人作用。一是一些标牌、画像脱落，残缺不全；悬挂、张贴的位置与高度缺乏统筹规划，随意性比较大。二是文化内涵与环境功能不协调，如一间化学实验室张挂的是李时珍（医药学家）和林巧稚（妇产科专家）的画像和名言；而且标语口号大都打上应试教育的烙印，名人名言成人化倾向比较浓。三是内容不科学，不准确，甚至有错误。有所学校厨房挂的是"盛饭厅"，这本是方言俗语，书面语应为"食堂"或"餐厅"；有所学校校门正面写着"学校兴衰我的责任，校荣我荣，校衰我耻"，背面写着"迈出校门一步，肩负学校荣辱"，特别沉重、压抑；有所学校名人画像是贝多芬，名言却是荀子的"不积跬步，无以致千里"。

至于办学理念、办学特色、办学思路、校风、学风以及体现学校精神的训辞、校歌、校徽、校刊的提出和设计大都比较普通、雷同，什么"创新求实"、"敬业奉献"、"团结文明"之类，大而化之，缺乏个性风格；有的比较生硬粗俗，大煞风景；有的比较陈旧、别扭，不得体。如一所学校要求教师大力弘扬五种精神"不计得失的牺牲精神、不甘落后的拼搏精神、爱生如子的园丁精神、认真执教的敬业精神、终身从教的献身精神"，表面上看倒没有什么，仔细咀嚼，不是滋味，对教师太缺乏人文关怀了。教师在教书育人的同时，也应发展自己，为什么要"牺牲"、"献身"呢？

国运兴衰，系于教育；教育振兴，全民有责。近几年来，国家不断加大对农村义务教育的转移支付力度，逐步完善"以县为主"的农村义务教育管理体制，农村教育总体投入基本恢复到税费改革前的水平，长期困扰农村义务教育改革与发展的教师工资问题已基本解决；"一费制"收费政策和公用经费标准的实行，基本解决了学校运转问题；国家几大工程正着力解决 D 级危房的消除、寄宿制学校学生宿舍建设和现代远程教育建设等问题;"两免一补"政策的实施,基本上解决了贫困生入学问题。加上"政策好、粮价高、人努力、天帮忙",群众生活水平提高,要求获得优质教育和支持教育的热情高涨。可以说,农村义务教育经过税费改革初期的"阵痛",正全面走出困境,步入健康发展的快车道。

现在,中小学校的工作重心应从单纯的硬件建设转移到加强管理,优质服务,提高质量上来,着力加强校园文化建设,提升办学品位,打造和谐校园。这不仅可以为广大师生营造一个良好的学习、生活、工作环境,陶冶师生高尚的道德情操,提高师生文明程度,而且有利于弘扬社会主义主流文化,抵御各种消极、颓废文化对学生的腐蚀,发挥环境育人的作用。优秀的校园文化、和谐的校园环境对教育学生、示范家庭,进而为构建和谐社会都有着重要的促进作用。这是少花钱,或不花钱的事,应该办好。

校园无小事,处处能育人。学校管理者不仅要在宏观上对校园建筑、布局统筹规划,科学设计,更需要在微观上精雕细刻,精心打造,让校园的一草一木、一砖一瓦,都富有文化内涵和展现生命色彩,都起到育人作用。在校园建筑整体设计上要与学校办学思想统一协调,要有深刻寓意,要彰显办学特色和办学个性;在局部景点建设上精心打造,构建文化亮点,如一尊寓意深刻的立体雕塑,一块诗意盎然又充满哲理的宣传标牌(草坪上树起的不再是"严禁践踏草坪",而是"小草也有生命,绿色需要呵护"),一面展现学校办学成果的墙壁,一个从学校走出去的成功人士的典型事例……

要善于对校园文化特色进行挖掘、总结和呈现。各学校在创办发展过程中,各自积淀了富有自身鲜明特色的校园文化。健康向上、蕴涵着人文精神又各具特色的校园文化,构成了绚丽多彩的教育环境,孕育了一代又一代俊彦英才。这是一批宝贵的精神财富,对之挖掘、提炼、提升,并以科学、准确的方式进行呈现,使之能够得到发扬光大,成为教育学生的"活教材",具有十分重要的意义。

在此笔者倡议,开展一次校园新文化运动。对校园里的标牌、标语、口号、名言、提示语以及办学理念、办学特色、办学思路、校训、校风、校徽、班训等来一次清理和会诊,消除"牛皮癣",取下"紧箍咒";鼓励广大学生、教师、社会人士参与校园文化的设计,开展"文明校园文化设计比赛"活动,提倡悬挂、张贴师生自己制作、设计的作品。大力倡导和推广规范、温馨、和谐、体现人文关怀、与时俱进、富有鲜明个性特色的用语，建设和谐、温馨而又充满激情、生机勃勃的校园，达到熏陶人、感染人的目的，达到"蓬生麻中，不扶自直"的效果。

（2005 年 7 月）

41. 学校补习　放开如何

女儿自进入初三年级后,学习任务就明显比原来要重,学校比原来抓得更紧。一个明显的变化就是原来不上晚自习现在要上晚自习。而这种近乎补习形式的晚自习却像打游击似的,四处躲藏,四处奔波,前后经历了四次变故。

先是学校统一组织教师集中上晚自习,集中进行补习,每班学习成绩前三十名的学生参加,学校进行混合编班。可没多长时间,就取消了。据说是有人告状,教育局查处此事。

可毕竟是毕业班学生,教师担心,家长着急,你不补,其他学校在补,到时升重点高中学生人数少了,校长如何交代呢? 就是重点高中指标分解到校,学校与学校之间不存在竞争,平行班教师之间也有竞争。不行,还得补,在学校补不行,就在教师家补;公开补不行,就转入地下补。反正中考不能吃亏。

于是乎,各位教师招兵买马,在自家并不宽敞的房子里搞起了家庭补习。几平方米的客厅席地坐满了十几个补课的学生,每位学生面前摆一个小矮凳。时间坐久了,腰酸背痛,两眼昏花,其学习效果当然不理想。但要想接受这种"摧残",一般人是没有资格的,得与教师有一定关系,是家长多次央求,教师才肯收的。

当然教师热衷于这种家庭补习,有的甚至把自家房子腾出来给学生补课,一家人再到外面租便宜一点房子住,是因为有丰厚的回报。每位学生一月最少要交 200 元,十几位学生就是 2 000 多元,比工资还高。但是人的心理总不平衡,没有带毕业班的教师,没有学生在家补习的教师,又四处告状。学校一声令下,哪位教师再在家上课,就让他下课! 于是红火一时的家庭补习作鸟兽散。

女儿不再上晚自习了,妻子却发愁了。一来担心女儿的成绩会退步;二来不好管理。女儿正值青春期,有逆反心理,总是不那么听话,离妻子那种大家闺秀的要求甚远。好在不到一星期，学校教师又出新招，几位教师合伙在外租房子让学生上晚自习。先是在一家民办幼儿园（白天孩子们上课，晚上给初三学生补习，资源充分利用），后是在一机关单位会议室（据说是该单位有几个子女正值初三，单位领导大义凛然地请教师去开班讲课的，不收一分租金，还提供后勤服务），女儿来回奔波，还得按照老师的吩咐，不能跟任何人讲，包括非常关心她的邻居陈大爷，就像干地下工作似的。当然为适应这种要求，除了交补课费外，我们不得不为女儿新添置一辆自行车，有时还要接送。

可毕竟纸包不住火，合伙补习的老师受到揭发，女儿又回到家里。这时学校在毕业班教师的强烈要求下，又别出心裁地将每天下午的3节课延长为5节课，变相进行补习。可双休日怎么办呢？几个头脑灵活的商人经过申请、审批，成立了补习中心，明目张胆地利用闲置厂房，招聘在职和离退休教师进行补习。这种明面上走市场经济，倒合法化了。女儿又得赶场子似的，这家补数学，那家补英语。我们作家长的，除了多掏高于学校几倍的补课费外，还得替女儿的安全担心，还怕补了这个老师的，不补那个老师，会得罪人。

女儿每次补习的变换，我们全家的作息时间、生活方式，特别是心理状态就要作一次调整。折腾来，折腾去，多花冤枉钱不说，一家人都跟着受累，女儿的成绩也不见得提高。但一想到，女儿就要中考了，面临着人生的第一次重大转折，花点钱，受点累也是应该的。于是又坦然而无奈地迎合着学校老师，随着女儿转，甚至去推波助澜。

从事教育工作多年，我就一直闹不明白，既然高考的指挥棒在起作用，既然家长有需求，社会有市场，学校不去光明正大地补课，偏要躲躲闪闪；放着学校宽敞的教室不用，现有的资源让其闲置，偏要花代价去租房子；教育行政部门对学校补课是严令禁止，严肃查处，而对社会补习听之任之，形成了"学校补课违规，社会补习合法"的现象。据说，让社会中介机构经营补习，从中牟利，是"周瑜打黄盖——一个愿打，一个愿挨"，教育行政部门可无需担当任何责任，个别领导暗箱操作，可分一杯羹。

干这种掩耳盗铃的勾当，其直接受害的是学生家长和学生。家长要多掏钱，学生疲于奔命。现在，国家斥巨资实行义务教育，如果按下葫芦浮起瓢，家长得不到实惠，党的惠民政策就会大打折扣。特别是租借的场地大都比较窄小，缺乏正规教室和设备，四五十学生挤在二十几平方米的房子，且不说教育质量不能保证，就是孩子们的身心也受到巨大伤害。

　　还有社会补习班，一定程度上弥补了学校优质教育资源的不足，但也滋生了许多新的问题。他们一是没有办理正规手续，就是办手续也是在工商部门，教育部门不能从社会力量办学角度对他们进行规范管理；二是没有一支稳定、高素质的教师队伍，教师队伍成分比较复杂，很多不具备教师资格，教育教学质量难以保证；三是以盈利为目的，收费没有教育部门和物价部门的许可，缺乏统一标准，随意性比较大；四是办学条件不理想，服务意识不强，服务质量较差，存在较大的安全隐患；五是诱导在职教师从事家教兼职，关键知识课堂上不讲，补习班上换钱，败坏了师德师风，损害了教育形象，影响了社会风气。

　　大禹治水贵在疏，不在堵。既然堵不住，为什么不疏通一下呢？把学校补习放开又怎么样呢？特别是在一些农村县镇，初中学生每天上一两节晚自习，以学生自学和以教师辅导学生做作业为主；双休日补半天课，以培养学生体音美兴趣特长为主；学校收费由物价审批，教师适当取得合理回报；教育行政部门加强监管和指导。为什么不可以呢？毕竟学校有正规的教学设备设施，有受过正规师范教育的教师，能进行正规的教育教学。这样，既能保证有规律的教育教学秩序，保证教育教学质量，又使学生有规律地进行学习，安全得到保障，家长也能减轻一些负担。

　　同时，各级政府要组织教育、物价、工商等部门对五花八门的补习班进行清理、整顿，归属于社会力量办学管理部门统一规范管理。凡是符合条件的，由社会力量办学管理部门进行登记、发证、定期检查；不符合条件的坚决取缔。

　　这样，发挥学校主渠道作用，社会进行合理的补充，优质教育资源得到充分合理的利用，老百姓从中得到最大实惠，也是体现以人为本，构建和谐社会的一个重要方面。

（2007 年 4 月）

42. 从的士司机看城市形象

近年来,因工作关系,我经常去北京。每次从北京回到武汉,总有两重天的感觉。北京的街道宽敞、平坦、整洁,道路交通四通八达,堵车的机会相对比较少;而武汉大多数街道比较混乱、嘈杂,堵车是家常便饭。按道理,这很正常。北京毕竟是伟大祖国的首都,而武汉只是湖北省省会,层次和档次自然有差别。但令人痛心的不是硬件,而是软环境,尤其是的士司机的素质和服务质量差别太大。

北京的士司机,一是守规矩。看见顾客招手,在指定位置停稳车后,马上热情地问你到哪,如果他不知道地点,会客气地说声"对不起",请你另外乘车,一般不会忽悠你。严格按交通路线行驶,在指定位置停靠车,一般不会违背交通规则。对外地顾客和不熟悉路径的顾客,一般不会故意绕圈子,宰客。二是很热情。主动向你介绍北京的名胜古迹和风俗民情乃至风味小吃,有的还教你如何购物,如何不上当受骗。顾客有何要求,一般能做到有问必答;不熟悉的路程,能主动帮助打听。三是讲礼貌。见面问一声"你好",到达目的地,说声"再见",并提醒你"别忘记了随身所带的物品"。四是服务很周到。见顾客带有拖箱等大宗物品,司机会连忙下车,打开后备箱,把物品放妥当;到达目的地,主动下车,将物品从后备箱拿出,叮嘱你拿好。在北京打的,有种被服务的感觉,感到特别爽。

而在武汉打的,感觉天壤之别。就拿今天来说吧。我是昨天乘火车从北京西站到武昌的,正是早上 7 点多钟。拖着一个箱包好不容易出了武昌火车站,在人群中找了一个有利位置,准备打车。的士司机很机灵,见是火车到站,都蜂拥而至,"空车"的霓虹照牌在黎明的曙光中特别醒目。我连忙招手让一辆的士停下,司机是一位中年汉子,面无表情地厉声问:"到哪?""水果湖。"他二话没说就将车开走了。这时,围上四五位黑的司机,很客气、很殷勤地请我上他们的车。"多少钱?""二十。""坐我的,十五。"其实,从武昌火车站到水果湖按常规不超过 10 元钱。我拒绝了他们，又找了几辆有牌照的的士，见是到水果湖，赚钱少，扭头就走。无奈，我只得前行 500 米。好不容易遇到一位中年女司机，模样长得很周正，面孔也很慈祥。我多说了一段路程，她才让我上了车。可一路上，她始终板着脸，一句话也不说，好像给了我天大的恩赐，又好像亏了很大血本。到了目的地后，我说了声"谢谢！"她竟然面无表情、毫无反应地走了。

在武汉，像这种拒客、宰客、欺客的事时常发生。有段时间，的士司机找出的 20 元、50 元基本上是假币。你怀着侥幸心理想把假币混出去，的士司机瞄一眼，看都不看，"假的，换一张。"义正言辞，很专业。

在前不久，由湖北省政府主持召开的东部产业转移战略对话会上，宁波路宝集团的总裁胡志伟讲了他的一段亲身经历。去年，他开车到武汉来谈项目，在市区问路。没想到，车子刚刚启动，给他指路的人竟然捂着鼻子要他赔钱。纠缠之下，胡志伟无奈赔了 200 元钱。后来，他才知道武汉人管这叫"撞猴子"。"企业家关注政策环境，也关注人文环境。小市民的习惯，会影响外商的投资信心。""基础设施欠缺所增加的成本是可以计算的，而诚信度不高、市场不透明所增加的成本是难以把握的。"他坦言。

其实，人人都是城市形象的代言人，尤其是的士司机这些窗口服务行业人员。很多初来乍到的人初步认识一个新城市，往往是从的士司机的形象开始的。怀着激动、向往的心情，一进入这个城市，就被拒载、凉薄和戏弄，就像刚张口吃饭就吃一只苍蝇一样，特别恶心难受，再也不想动筷子，一点胃口也没有。反之，因为某种原因，本来对这个城市没有好印象，但的士司机热情周到的服务，说不定让客人对这个城市改变了看法，甚至一见钟情。

武汉的士司机就应向北京的士司机好好学习，学习人家视北京形象为自己眼睛的高度责任感和热情、优质的服务，这是不花钱和少花钱，就可以做到的，关键是要转变观念，把"顾客是上帝"落实到服务的每个环节。在优质服务中合法经营、合理赚钱，这是每位的士司机应追求和做到的。

（2007 年 12 月）

43. 让生命更有尊严

　　自 2008 年 5 月 12 日四川汶川发生里氏 8.0 级地震以来,"抗震救灾"一直是新闻媒体和人们茶余饭后的热门话题。因为灾情,我们国家遭受了巨大损失,炎黄子孙失去了八万多亲人和同胞;因为灾情把 13 亿人紧紧团结在一起,民族精神、民族凝聚力空前高涨。每每细细品味党和政府为抗震救灾做出的一系列决策和行动,我常常涌起许多感动,那就是对生命的尊重,让每个普通的生命有尊严。

　　可以说贯穿抗震救灾全过程的理念是生命高于一切,一切以人为本。救人高于一切,救灾高于一切,已经成为整个国家的最强音。以举国之力拯救一切可以拯救的生命,已经成为全民族的共识。灾情就是命令,时间就是生命。于是,十万救灾大军雷霆出击;于是,国家领导人冒着余震不断的风险,相继奔赴救灾第一线;于是,在一个个救灾现场,只要有一线希望,就要百倍努力,绝不轻言放弃;于是,公共娱乐暂停,奥运火炬停传,一切为救灾让路,一切为救人让路。

　　这其实是对生命的礼遇。这种礼遇,在灾后第七天的国家哀悼日达到了最高峰。地无分南北,人无分老幼,960 万平方公里的国土上,所有的公共场所降半旗致哀,所有的警报同时拉响,所有的人同时向逝者的亡灵默哀,所有的人同时向生命的尊严低头。这种为普通老百姓举办的祭奠仪式,上升到国家意志和全国统一行动,是悼念亡灵中最高规格、最隆重的一种,是对生命的最高礼遇,闪烁着夺目的人性光辉,在普通老百姓心中引起了强烈的震撼,赢得了国际舆论高度评价。

　　即使是对尸体的处理也充分体现了人性关怀。民政部、公安部、卫生部联合制订的《"5·12"地震遇难人员遗体处理意见》明确要求,"根据遇难者有效身份证件或经亲属辨认,能够确认死者身份的,由民政部门安排火化;不具备火化条件的,土葬处理。既无有效身份证件也无亲属辨认,无法确认遇难者身份的,公安、卫生部门根据灾区实际情况,要尽力对遗体进行编号、记录、拍照、提取可供 DNA 检验的检材,并由公安部门统一保管和检验,建立'5.12'地震遇难人员身份识别 DNA 数据库……"在一些地方,救援部队根据家属的要求,对死者进行第二次掩埋。大灾面前,既要救命,又要救伤,还要救济,对死者如此慎重,如此尊重,正是对生命的敬重和敬畏。让死者体面地步入天堂,就是对生者最大的抚慰。

就在汶川地震后不久的 5 月 31 日,成都军区抗震救灾部队一架直升飞机在执行运送防疫专家到理县任务的返回途中,在汶川县映秀镇附近因局部气候变化失事。从中央到地方想尽千方百计,进行了全力搜寻,历时 11 天,终于在映秀镇附近的深山峡谷密林中找到。对已经无法辨认的尸体处理也是非常人性化的。就是排除唐家山堰塞湖特大险情,也是一切以人民的生命安危为重,制定了几套应急预案,进行了反复科学论证和多次演练,终于取得决定性重大胜利,创造了世界上处理大型堰塞湖的奇迹。

一方有难,八方支援。在一系列人性化政策的引领下,全国人民迸发出前所未有的同情和激情。短短一段时间,几十亿元计的各类社会捐款和物资源源不断流向灾区。华夏儿女,从在校学生到乡村农夫,从港澳同胞到海外侨胞,都积极主动地为拯救生命、挽救生命奉献爱心。街头献血车旁边排起了长城,曾一度让人担心和质疑的"80 后"特别踊跃,让人刮目相看。人命关天,中华民族扶危济困的传统美德,在改革开放 30 周年之际绽放出更加璀璨的人文光辉,让所有人重新体验人的尊严,重新体验生命的价值。

这一切,归根结底是以人为本,是以人为本这一现代执政理念发展的顶点,也是中国迈向现代国家的一个崭新起点,是建设和谐社会的生动体现。无论是中央高层的决定,还是抗震救灾前线指挥部的指令,以及方方面面的自觉行动、英勇牺牲,无不把救人放在第一位,把救人作为救灾工作的重中之重。一切围绕人,为了人,为了人的生命。一切力量在以人为本的信念下集结,一切分歧在以人为本的信念下消除。全国人民抗震救灾迸发出的排山倒海力量,举世同钦。

更重要的是,这一切是执政党和政府身体力行并积极倡导的结果。以国民的生命危机为国家的最高危机,以国民的生命尊严为国家的最高尊严,以整个国家的力量去拯救一个一个具体的生命,一个一个普通国民的生命。国家正是以这样切实的行动,向自己的人民,向全世界兑现自己对于普世价值的承诺。

更重要的是，为了调动尽可能多的力量拯救生命，政府敞开了救灾的大门，民间力量争相进入，国际援助争相进入，媒体争相进入，形成了一个开放的、透明的、全民参与的现代救援体系。

普天之下，莫非王土；率土之滨，莫非王臣。同是华夏子孙，都是骨肉同胞。只要国家以苍生为念，以国民的生命权利为本，只要有这样的底线共识，就会奠定全民族和解、中国与全世界和解的伦理基础。整个世界就都会向我们伸出援手，整个人类就都会跟我们休戚与共。我们就会与世界一起走向拥有人权、法治、民主的康庄大道。

（2008 年 6 月）

44. 百年梦圆

公元 2008 年 8 月 8 日,不仅是中国历史,而且是世界历史应该记住的日子。举世瞩目的第二十九届奥运会在北京终于如期拉开了华彩的帷幕。

在中国举办奥运会,是一个世纪以前南开学校创始人张伯苓表达的梦想,也是中华儿女的共同心愿。从那时起,中国人民就开始了苦苦寻梦之路。沧海桑田,百年梦圆,终于迎来了举办 2008 年奥运会的百年盛事。

我星期四赶回家乡,目的是星期五晚上好同家人一起观看奥运会的开幕式。就像中秋节,再远的人要赶回同家人团圆一样;就像大年三十,再忙的人也要回家守岁一样,2008 年 8 月 8 日,很多在外的人都急于赶回家,好同家人一起欣赏奥运会开幕式的盛况。

国家强盛,老百姓受益;国家有喜事,老百姓沾光。任何普通的中国人民族大义还是有的,爱国心还是有的。百年一遇,能赶上奥运会在自己的国家召开,是生逢其时,是人生之大幸。况且,为了举办奥运会,中国经历了多少磨难和期盼,付出了多少努力和汗水。现在如期举行,怎不让每一个普通的中国人为之振奋,为之欢欣。

就在前一天,儿子天真地说:"妈妈,明天是奥运会开幕式,要像过节一样,放假一天。"我和他妈妈都情不自禁地笑了起来,连忙都许诺同意。星期五,女儿、儿子的时间基本上都是自由安排,非常宽松。我和妻子也没做什么,一大早就筹备着,买了西瓜等水果点心,准备观看奥运会开幕式。

八点前,因女儿要吃香瓜,我匆忙到街上去买。才七点半钟,街上行人就非常少,不少门面店铺都关了门,幸有一家水果店还在开张,但店主的注意力已不在做生意上了,正聚精会神地盯着悬挂在店一角上方的电视,看得津津有味。我进去了,他浑然不觉。我不得不提醒他,"买瓜,香瓜,怎么卖?"他这才回过神"马上就要开奥运会了,今个高兴,便宜卖,五毛，自己挑。"平时，这瓜至少得一块钱一斤。我随手挑了几个大一点的香瓜，放在电子秤上一称，五斤四两，"就两元钱算了，快回去看电视，开幕式马上就要开始了。"就在店主称瓜、收钱过程中，他的眼睛不时瞄一瞄电视，我知道，他的注意力还在电视上，生怕错过了开幕式那精彩的瞬间。

小商贩如此，其他人何尝不是这样呢？可以肯定地说，2008 年 8 月 8 日晚，除了特殊岗位的人，全国人民都在通过不同方式收看奥运会开幕式的盛况。据新闻媒体报道，很多城市在露天广场专门安装了大屏幕城市电视，出现了几千人、几万人聚集在广场上看开幕式盛况的动人场面。

整个开幕式，可谓大气磅礴，大快人心。一开场，2008 尊中国古代打击乐器缶发出动人心魄的声音。随后，五彩的焰火沿北京南北中轴线次第绽放，呈现出象征第二十九届奥运会的 29 个巨大脚印。897 块活字印刷字盘变换出不同字体的"和"字与蜿蜒耸立的长城。"画卷"、"文字"等节目含蓄隽永、意境悠远，形象地表现了中华文明的源远流长和印刷术等古代"四大发明"的不朽魅力。特别是以画卷的形式展现五千年灿烂的中华文明和文化底蕴，非常大气，充满浪漫情调和独特的创意，让人深受感染和震撼。

人们非常关注的四川抗震救灾如何呈现？导演匠心独运，在入场式时体现出来。中国队持旗手、著名篮球运动员姚明拉着四川省汶川县映秀镇渔子溪小学二年级学生林浩的手，走在队伍最前列。在汶川特大地震发生的那一刻，9 岁的小林浩临危不惧，冲进废墟营救同学，被评为"抗震救灾英雄少年"。中国人民面对灾难展现出的坚忍不拔、顽强不屈，让全场中外观众倍受感动。观众席上掌声雷动、欢呼不断，"中国加油"的呐喊声响彻体育场上空。儿子也一眼就认出了小林浩。

要说美中不足的是刘欢与英国女歌手莎拉·布莱曼唱的主题歌，感觉不是那么激情飞扬，那么催人奋进，还不如《北京欢迎你》那么琅琅上口，轻柔舒缓，受人青睐。可能是当时人多、声音嘈杂，听得不是那么清楚；也可能是第一次听，不是那么顺耳。但后来看歌词，"我和你，心连心，同住地球村。为梦想，千里行，相会在北京……"生动诠释了北京奥运会"同一个世界、同一个梦想"的主题，感觉挺悠扬、隽美的。

圣火点燃仪式，没有想象中的像亚特兰大射箭、悉尼水火交融那样新鲜刺激，感觉挺艰难、漫长的，几乎是捏了一把汗。高举火炬的著名体操运动员李宁腾空飞翔，在体育场上空一幅徐徐展开的中国式画卷上矫健奔跑,画卷上同时呈现出北京奥运圣火全球传递的动态影像。绕鸟巢一圈后,李宁来到火炬塔旁,点燃引线,巨大的火炬顿时燃起喷薄的火焰,熊熊燃烧的奥林匹克圣火把体育场上空映照得一片辉煌。后来看电视主持人的解说,才知这样设计很不容易,有很多高科技成分,进行了多次演练,才体会其中的点滴奥妙。

经历了多少磨难,经过了多少曲折,几多期盼,几多等待,几多渴望,从上层领导到普通百姓,为了奥运的举办,付出了多少心血和汗水。百年奥运,终于圆梦,百年梦想,世纪盛典。奥运会在拥有13亿人口的中国成功举行,奏响了现代奥林匹克运动的一个新乐章。特别是奥林匹克精神与奥林匹克文化在占世界人口1/5的13亿中国人当中普及、推广和传播,点燃了全民期盼、全民支持、全民参与奥运会的巨大热情。民心因奥运而凝聚,精神为奥运而振奋。

在市场经济冲击下,官场腐败,世风不正,有很多社会问题亟待解决。但有一点不得不认可,共产党凝聚人心,集中一切人力、财力和精力办大事,还是非常有气魄的,非常成功的。特别是在民族紧要关头,共产党是非常有号召力和感召力的。世界上最怕认真二字,共产党只要认真,没有办不成的事。

(2008 年 8 月)

45. 该不该拜孔子

近日到某县调研，发现一所学校每间教室都挂有孔子的画像，感到很惊奇。问之，则曰：为配合学习《弟子规》，学校除了每周开设一节《弟子规》课程外，要求每天上课前，所有学生要向孔子敬礼；教师开例会和学校举行重大活动，也要先向孔子敬礼。

有好事者，悄悄告诉我，这样做，并不是教育行政部门有什么特别的要求，而是该县教育局一位领导潜心钻研国学，在全县极力推行《弟子规》。这位校长为投其所好，就在校园里刮起了一股学习《弟子规》的热潮。这股热潮正席卷全县，中小学校争相仿效。

得知内情，我很是吃惊，都什么年代了，还发生这种咄咄怪事？历史上曾有过"楚王好细腰，宫女多饿死"；今有"领导好国学，全县拜孔子"，岂不让人贻笑大方。特别是把官场歪风移用于学校教育，更是不合时宜。

诚然，《弟子规》是对少年儿童进行蒙学教育的优秀读本，其影响之大，读诵之广，仅次于《三字经》。其内容采用《论语·学而篇》第六条："弟子入则孝，出则弟，谨而信，泛爱众，而亲仁。行有余力，则以学文"的文义，以三字一句、两句一韵编纂而成，具体列举为人子弟在家、出外、待人接物、求学应有的礼仪与规范，特别讲求家庭教育与生活教育。后经清朝贾存仁修订改编，名为《弟子规》，是启蒙养正，教育子弟敦伦尽份，防邪存诚，养成忠厚家风的读物。

在中小学推行《弟子规》教育不失为弘扬中华优秀文化传统，弥补学校人文教育缺失，提高中小学生道德修养的有效途径。很多地方实施经典诵读工程，将《弟子规》作为重要的学习范本。如重庆江北中小学开国学课，学生按年级不同，分别背诵经典篇目，如一二年级背诵《注解弟子规》，三四年级背诵《三字经》，五六年级背诵《大学》。学生们每天中午花20分钟诵读这些古文，每周还有一节"国学"课，将国学渗入到现代教育的每个角落。还有安徽亳州市中小学有序开展"晨颂弟子规，午做广播操,晚练五禽戏"活动,推进校园文化建设。其实,孩子越小机械记忆力越好,只要能把典籍背下来就可以了;等到中学他们能理解的时候,可以通过小品、故事、歌咏等形式对其进行"读讲";到了大学,就可以运用了。根本没有必要强迫小学生向孔子画像敬礼,弄得比封建社会还要封建。

再者,孔子作为儒家学派的创始人是值得万世崇拜和景仰的。世界遗产委员会评价:孔子是公元前6世纪到公元前5世纪中国春秋时期伟大的哲学家、政治家和教育家,他和弟子编写的《论语》更是后世儒家学派的经典。2 000多年来中国历代帝王对孔夫子是极力推崇的,孔庙、孔府、孔林遍及全国各地。孔子对世界文化也产生了巨大影响,迄今为此,已有78个国家和地区建立了249所孔子学院和56所孔子课堂,开设各类汉语课程6 000多班次,注册学员13万人,举办丰富多彩的文化交流活动,参加者达140多万人。

但我总觉得强迫小学生向孔子画像敬礼这种做法有点矫枉过正。

一来,将向孔子敬礼制度化,这种形式很不可取。在我的有关历史知识记忆中,古时孩子到私塾学习,进行启蒙教育,首先要向孔子行跪拜之礼,但也不是以后每次上课前都这样做。鲁迅《从百草园到三味书屋》中就写道"中间挂着一块匾道:三味书屋;匾下面是一幅画,画着一只很肥大的梅花鹿伏在古树下。没有孔子牌位,我们便对着那匾和鹿行礼。第一次算是拜孔子,第二次算是拜先生。"再就是文化大革命时期,我的父辈们在劳动前,要向立在田地旁的毛主席画像敬礼,告诉毛主席他老人家,我们要开始劳动了,请监督指导。但那段特定历史的产物,早已成为过去。

二来,从德育的内容上讲有点偏颇。我们处在一个思想多元化的社会,网络信息十分发达,各种社会思潮冲击中小学校园。而中小学生正处于成长时期,可塑性强,应该让他们广泛吸起各种文化思想的营养,特别要把社会主义核心价值体系融入到中小学思想品德教育的全过程。社会主义核心价值体系包括中国特色社会主义共同理想、以爱国主义为核心的民族精神、以改革为核心的时代精神和社会主义荣辱观及科学发展观。我们反对向孔子画像敬礼,倡导中小学生向队旗和国旗敬礼,培养中小学生集体主义精神和爱国主义精神。如果我们的学生成天面对孔子并向孔子敬礼,长此以往,学生心中只有孔子,脑中只有儒学,社会主义核心价值体系如何体现呢?

汉代大学者董仲舒曾提出"罢黜百家,独尊儒术"的国策,被汉武帝采纳并在全国大力推广,使儒家的大统一思想成为意识形态领域的主流思想,在一定时期内推动了社会进步。但由此束缚了人们的思想,使得儒家以外的思想没有发展的余地与空间,现在可不能再走老路了,也不可能走老路了。

孔子应该崇拜,孔子的思想应该发扬光大;《弟子规》应该学习,《弟子规》的精髓应该辩证地吸收,成为中小学生的日常行为规范。但这种生搬硬套、矫枉过正的做法应该停止和制止。

(2008 年 12 月)

46. 以感恩的心待教师

2008 年底,国务院办公厅转发人力资源社会保障部、财政部、教育部关于义务教育学校实施绩效工资的指导意见,要求义务教育学校正式工作人员,从 2009 年 1 月 1 日起,实施绩效工资制度。

犹如久旱逢甘霖,期盼、呼吁了两三年的广大人民教师奔走相告。各地党政领导和相关职能部门相继召开动员部署会,要求最迟在 6 月底前首先兑现占 70% 的基础性绩效工资。然而 6 月份过去了,各地几乎没有什么动静。接着,从中央到省又召开专题会议,要求最迟在教师节前落实教师绩效工资,给教师一份节日的献礼。然而,教师节过去了,大多数教师工资卡上的数目仍没有多大变化。后来,从中央到省又确定了国庆节前必须兑现的期限,各地才慢慢行动起来……

应该说,党中央和国务院对教师特别关心,对教师绩效工资的实施高度重视。2006 年 6 月,新修订的《义务教育法》明确规定:教师的平均工资水平应当不低于当地公务员的平均工资水平。2008 年底,在全球金融危机对我国影响日渐加深,我国经济受到较大冲击,事业单位实施绩效工资总体意见尚未出台、其他行业事业单位尚未实施绩效工资的特殊背景下,党中央、国务院决定义务教育学校首先实施绩效工资,并明确规定:义务教育教师规范后的津补贴水平按照不低于当地公务员规范后的津贴补贴水平确定,并随公务员规范后的津贴补贴水平的调整相应调整,所需经费全部列入财政预算。

有法律和制度保障的教师绩效工资政策为什么姗姗来迟而又迟迟不能兑现?为什么"千呼万唤始出来",还"犹抱琵琶半遮面"?理由很冠冕堂皇:受金融危机的影响,今年各地财政增收压力普遍较大,能够用于解决义务教育教师绩效工资的财力十分有限。且年初预算中各地对教师绩效工资预计不足,对中央和省补助标准期望值过高,导致财力一时难以调整,兑现教师绩效工资压力大。

　　这当然是客观实事，但为什么 2006 年规范和兑现公务员津贴补贴时那么顺畅，难道当时财政就没有特殊困难？为什么一些地方的形象工程、政绩工程还在紧锣密鼓地推进？大家都知道，我们的国家就像是一个大户人家，家大口阔，生之者寡，食之者众，公共财政的钱总是不够用，此消彼长，关键是怎么用，怎么用在点子上，用在民生上，用在民心上。

　　值得注意的是，2006 年规范公务员津贴补贴所需经费，完全由地方财政负担（基本上是县级财政负担），当时党政领导高度重视，想尽千方百计调整财政支出结构，基本上在规定时间内予以兑现。而义务教育学校实施绩效工资所需经费，按照"管理以县为主、经费省级统筹、中央适当支持"的原则予以保障，教师实行绩效工资所需资金由中央和地方分担，应该说县级财政的压力还轻点（当然教师队伍基数大是一个不可忽视的因素）。目前，中央和省的补助标准是固定的并且资金已到位，而市、县一级叫苦叫难，迟迟不予落实。

　　问题的根源到底在哪？笔者曾随有关领导到一些县市调研，在座谈会上，一财政局领导大声叫嚷："这次调资，教师绩效工资基本上等同于公务员的津贴补贴，加上教师基本工资上调 10％部分，则教师工资总体水平（可能）高于公务员水平，他教师凭什么工资比我们高？"其他财政干部也随声附和，愤愤不平。一位教育局长忍不住插嘴道："那凭什么公务员工资水平一定要比教师高呢？公务员的津贴补贴已到位两三年了，工资水平有大幅度的增长，而教师的绩效工资到现在还是画在纸上的蛋糕，又作何解释呢？"调研组的一位老领导拍案而起："大家都是有头有脸的人物，能有今天这样的职位，能人模狗样的在这里高谈阔论，是因为教师的培养。假如不是教师传道授业、释疑解惑，恐怕很多人还在田里捉虫子，在地里掰包谷呢。"一时众口哑然。

　　一位财政工作者一针见血地指出"发钱的不得钱，则得钱的就得不到钱。"原来这次加的不是公务员的工资，不是财政人员的工资，自己没有份就没有积极性。2006 年规范公务员津贴补助时，是为自己加工资，都巴不得标准定得高高的，巴不得第二天就兑现。这说到底是对教育和教师缺乏感情，压根儿就不想让教师与公务员平起平坐。

　　如何从根本上解决教师与公务员的收入差距问题？一位全国人大代表建议建立国家教育公务员制度，把教师作为国家公务员来对待。他说，现在教师是比照公务员管理，教师的性质、定位不是很明确，因而他的地位和权利没有得到很好的保障，有必要从根本上把教师的性质具体化，给教师的待遇以充分的保障。因为你毕竟不是公务员，你只是比照公务员，在落实工资待遇方面，一些地方总是以种种借口拖欠和克扣教师工资。建立国家教育公务员制度，一来有利于保证教师的待遇能够以公务员的形式发放，还可以保证法定的工资待遇不低于公务员，甚至高于公务员；二来有利于提高中小学教师的社会地位，在全社会掀起一股尊师重教的风气，使教师真正成为受人尊重的职业。

国家发展希望在教育，办好教育希望在教师。邓小平曾语重心长地说："我们要千方百计在别的方面忍耐一些，甚至牺牲一点速度，也要把教育的问题办好。"胡锦涛总书记、温家宝总理多次要求全社会要满腔热情关心教师，提高教师的政治地位和社会地位，努力改善教师的学习、工作和生活条件。希望各级政府和部门怀着深厚感情办教育，以一颗感恩的心待教师，让全体教师感受党的温暖，共享改革开放成果。

（2009 年 9 月）

47. 乡下喜宴城里人办

国庆节,二叔的长孙举办结婚喜宴。

一大早,二叔就整齐光鲜地出现在村口,翘首以盼。

"春声爷,这一大早就望孙媳妇进门呀?"

"春声哥,还不起灶烧火,这一天能忙得过来?"

出工的村民纷纷好奇地问。

"不急,不急,自然有人来办,你多办点钱送礼就行。"

不一会,村前就响起了"突突"的机鸣声,随即开进了一辆简易货车。

"来了,来了,快帮忙把东西搬下来。"

起初村里人认为是新媳妇来了。但转眼一想,不对呀,按我们这儿的风俗习惯,新媳妇要下午才到。

于是大家纷纷过来看个究竟,没想到从车上搬下来的全是灶具、炊具和食品。

"这是我从镇上请来的专业厨师,300元一桌,包给他们做。现在很多地方时兴这个,既省事,又体面,又吃得好,大家等着享享口福吧。"

"我叫陈连国,今天是第一次在贵村承办宴席。做得好,大家以后多照顾生意;做得不好,就把我摊子给砸了。"

"我们经营的方式主要有两种,一种是包工不包料,你们办菜,我们做菜,12元至15元一桌;一种是包工包料,菜我们买、我们做,250元到300元一桌,菜谱可一起定,菜也可一起选购。"陈连国带来的两位中年女服务员一边给年长者发名片,一边做起了广告。

"哟,春声哥,又玩新奇。你这不是让城里人为我们农村人打工吗?"在村民眼里,二叔是村里引导新潮流的人物,第一个在村里买了电视机,第一个在村里盖起了楼房,这次又第一次请城里人来做菜。

二叔满面红光,笑着说:"这有什么新奇的。以前总是俺乡下人为城里人打工,现在也让城里人为俺乡下人打工,俺也尝尝当老板的滋味。"

"这叫城市反哺农村,工业反哺农业。以前我也是农村人,部队转业后,在镇上开餐馆攒了点钱,就在镇上买了房子,落了户,成为所谓的城里人。我现在主要搞餐饮上门服务,城里、乡里红白喜事,我们都做。现在不是小康日子、和谐社会嘛,这个行业可是香饽饽,请我上门还要预约呢。"

这时,陈师傅已安装好了煤气灶,摆开了案板,戴上了白色高帽,穿上了绿色围裙,有条不紊地指挥两服务员择菜、洗菜、配菜,只等新娘子进门就开始炒菜。那架势、那模样就是不一样。

客人们陆陆续续地来了。大部分兴高采烈地看国庆阅兵式,有的饶有兴趣地看陈师傅做菜,有的热情洋溢地拉家常,有的热火朝天地玩起了牌,有的帮助做些后勤服务工作……

新娘子六点钟进门,六点半就准时开席。二叔来了几句开场白后,客人们就急不可待地伸出了筷子。

"哟,这城里专业厨师做的菜就是不一样,味道鲜美,真是合口。"

"可不是,这一样菜是一样菜的味,一点也不油腻。"

"这菜做得地道,这日子也选得好。大家知道今天是什么日子吗?建国六十周年,上午我看了阅兵式,奶奶的,那真叫气派、壮观。"

"小样的,国庆节,哪个不知道?地球人都知道。城里人不都是喜欢挑选五一、国庆结婚的吗,我就专门选国庆这天,为我孙子举行新婚喜宴。一来感谢党的政策好,让我们农民过上了好日子,二来感谢大家的光临,让我们家蓬荜生辉。请大家多喝几杯。"

"春声爷,这真是人逢喜事精神爽啊,你这讲话越来越有才了。哟,你这菜怎么一下子全端上来了?刚才只顾吃,还没有发现。"

"土冒了吧,这是城里人作法,一来可节省时间,二来可各取所需,尽量尽兴。不像我们先前,八碗、十二碗的,得一碗一碗地上,吃完了这一碗才能上下一碗,一桌席要吃两三个小时,多麻烦。这叫改革,叫与时俱进,懂么?"

"春声,这么大的喜事,也不敬敬酒?"一老者提醒。

"敬,当然要敬,等下新郎、新娘子来敬。不过,这敬酒,我们也得改革一下。不能主人敬酒,其他人干等着,所有人敬完了才能动筷子。大家可吃菜,可互敬,开怀畅饮,不受约束。"

"好,好,还是改革好。"大家叫嚷起来,纷纷举起了酒杯。一时间,觥筹交错，欢声笑语不断。

"嘿，你这做姑的，怎么也上桌吃了起来？还不快去洗菜、端盘子。"一个外号叫"三拐"的大概是酒足饭饱吧，开始调侃起来。

"人家请了专门的服务员，做菜、上菜，包括收拾餐桌，都是别人承包了，你着什么急？不过，话说回来，娘家办喜事，我还真是头一次做客，头一次上桌。你们男人就知道吃，那知道我们做姑娘的苦处。先前办喜事，我们七大姑、八大姨的忙得不亦乐乎，生怕不合客人口味。等客人吃好了，走了，才能吃点剩饭剩菜，实在饿不过，就偷偷吃个鸡蛋或肉丸子。"

"可不是，先前要办几桌酒席，得提前算计好长时间，提前准备好几天。干菜、甜菜可提前买回，鱼肉由于没有冰箱得头天预订、当天买回，得准备大炉灶、长案板、干劈柴。每当这一天，我和你娘早上四五点就起床，准备柴火和炉灶，天蒙蒙亮就上街买菜。晚上八九点开不成席，十一二点，才收拾完。请客容易事客难啊，人累得连一点食欲都没有。"

"老板，在诉苦啊。"

"哟，陈师傅，请坐，请坐。"

"大家觉得味道怎么样，分量够不够？我来听听意见。"

"没话说，这城里专业厨师就是不一样，又丰盛，又实惠，味道好极了！"

"你看这回锅牛肉片，实打实地堆了一大碗，连点杂菜也没有，这恐怕赚不了多少钱吧？"

"多少还是赚点，薄利多销嘛。请大家有机会多宣传宣传。"

"陈师傅啊，我给你提个意见。以后这服务员，最好是请年轻漂亮的。"

"行啦，没问题！只要你有钱，只要你肯出钱，这国际模特，我都可以请来。"

"你这个死三拐，在外打了两年工，手里有了点闲钱，就花心了？"

"话说回来，还真得感谢党的政策好，我们老百姓手里才有点闲钱，才能请城里人来为我们做菜。"

"这种田人不交皇粮国税，政府还给补贴，看病还报医药费，我活了八十多岁，没见到这么好的政策，没见到这么好的皇帝。真想多活几年啊！"

"还有更好的呢，现在政府在农村实行低保和养老保险，六十岁以上老人每年还有几百元的补助。你就等着万寿无疆吧。"

"万寿无疆,这不可能。俺就想和城里人一样享几天清福。用电视里的话说,是提高幸福指数,过几天有质量的日子。"

"老爹,这叫享受生活,知道么?"在外打工赶回赴宴的堂弟媳妇说。

"往高点说,这叫共享改革开放成果。"今年刚上大学、回家过国庆的侄儿也来凑热闹,

"哈哈,共享改革开放成果。"对这句电视里经常听到的新鲜名词乡亲们并不陌生,大家都会心地大笑起来。

这笑声在乡村弥漫开来,回荡很久,很久。

(2009 年 10 月)

48. 好教师影响孩子的一生

2009年11月份,女儿进入湖北省水果湖高中的第一场数学考试就考了150分。这是女儿第一次数学考了满分,有点扬眉吐气的感觉。数学老师在班上旗帜鲜明地表扬了她,此后班上同学经常请教她数学问题,数学成了她最"得意"的学科。

说句实话,女儿的数学成绩一直不很冒尖,至高一时尤显薄弱。没有办法,我只得劝导她读文科。其实她当时比较喜欢化学,倾向读理科。我心里一直很不踏实,生怕自己的决策会影响她的一生。好在高一下学期分科后,她遇到了一位好数学老师桂奋良。桂教师讲课深入浅出,善于归纳总结,抓住要害,三言两语就讲出了知识要点。加上他知识面宽,把枯燥生硬的数学知识讲得如文学般生动,又善于引导和启发学生通过理解分析去掌握基本公式、定律。女儿的数学成绩在桂教师手上循序渐进,有了很大的提高。

庆幸的是高二时,女儿又换了一名数学老师。这位老师尚能稳扎稳打,女儿的数学成绩慢慢地有了质的飞跃,由原来的"拐子脚"变成了优势学科。并且由此树立了学习信心,带动了其他学科,学业总成绩慢慢地有了很大的提升。高一上学期,女儿在班上排47名,高一下学期期中考试是32名,期末考试时28名。高二上学期进到18名,期末考试全班第5名,老师才慢慢把她作为种子选手来培养。

由女儿的这段成长经历,我得出一个结论:好老师影响孩子的一生,遇到一个好老师是孩子一生的幸运。桂老师实际上只教了半年,却给她终身影响。同样一个章节、一个知识点,一个教学艺术高的老师,三言两语就抓住要点,稍一点拨,"学生心有灵犀一点通",有一种恍然大悟、豁然开朗的感觉。遇到这样的老师,学生学得既轻松又愉快。教学水平差的老师,一个知识点不着边际地讲了一大通,绕来绕去,学生云里雾里,就是闹不明白,还骂学生笨,是"蠢猪","讲了这么长时间,讲了这么多,还搞不清楚，课后自己再好好琢磨琢磨。"结果课后布置大量作业，也不作挑选，从一面做到几面，从一题做到几题，学生通过大量习题训练，才弄清冰山一角，才一知半解。或者是老师讲明白了，但不是采取最科学、最简便的办法交给学生，照本宣科，硬灌进去。这种题海战术、满堂灌，让学生学得非常吃力和痛苦，体验不到学习的快乐和知识的奥妙，久而久之，对学习丧失信心，缺乏进取心，就厌学、失学。

我也当过老师，深知一个会讲课的教师与一个不会讲课老师的天壤之别，对孩子学习兴趣的培养和一生的成长都有影响。其实任何一堂课，任何一个知识点，只要老师肯想心思，是可以讲得更精彩，更引人入胜的。记得初上讲台时，我热血沸腾，才华横溢，天文地理、九流三教侃侃而谈，学生觉得这教师挺有水平的，都愿意上语文课。但期末一考试，与平行班相比，语文学科平均分隔了十几分。校长是一个厚道人，念我初出茅庐，没有直接批评我，只是提醒我要注意抓住重点和知识点。从此，我认真钻研教法，注重积累，探索规律，把语文的知识结构体系、脉络梳理得清清楚楚，某一知识板块，有哪些要点，哪些题型，都摸索得透透亮亮，并创造性地发明了板块复习法，在全市推广。

当然我这里所指的"好老师"的标准仅仅从教学艺术与技巧来讲的。其实，"好老师"的标准仅仅限于会讲课还是不行的，还应有高尚的道德情操，有人格魅力，一言以蔽之，德艺双馨，德才兼备。而且教师对孩子一生的影响，往往不是教学艺术、技巧方面，而是如何做人、处世、明理方面。"亲其师，信其道"，教师首先是用渊博的知识、高尚的道德征服了学生，学生才有兴趣去领略他的教学技巧。可以说，教师一次亲切关怀，一句温馨的问候，一个习惯性的优雅动作都会给孩子终身有益的影响。有的教师课讲得好，但经常打骂学生，勒索家长，以教谋私，不能算作"好老师"。

有位记者访问一个获得诺贝尔奖的科学家，"教授，您人生最重要的东西是在哪儿学到的呢？""在幼儿园。在那里，我学到了令我终身受益的东西，比如说，有好东西要与朋友分享，谦让，吃饭前要洗手……"他是说那个时候，幼儿园老师教会了他一些最基本的做事规则和做人的道理，给了他一生的影响。

应该说，自从国家大力推行公平教育、均衡教育以来，学校的办学条件都发生了根本性变化，为什么择校热还是那么火爆，有持续升温之势呢？总的说来，择校还是择师，一些学校优秀教师、骨干教师、名牌教师太少了。

这与我们现行的教育体制有关。教育可以说是计划经济的最后一座堡垒,进了教育的门就是教育的人,生老病死都由单位和组织管着,喝的是自来水,端的是铁饭碗,于是一些教师"任凭风浪起,稳坐钓鱼台",不思进取,不钻研探索,固步自封,裹足不前。加上随着计划生育国策的落实,生源锐减,教师总量超编,年龄老化,血液不循环,教师缺乏责任感、危机感、竞争意识不强,大家都按部就班、相安无事地过日子、混日子,满足于填鸭式教育,自然也就不能英才辈出,产生优秀教师,更不用说教育家了。有些本来很优秀的教师,看到一些平庸的教师照样过日子,甚至比自己还混得好,进取心就消退了,甚至课堂上关键知识不讲,补习班上换钱,正儿八经的课堂打不起精神,补习班上精神抖擞。

最近网上炒得很热,说钱学森晚年最放心不下的是,中国的教育体制培养不出杰出的人才。2009 年 9 月 4 日,温家宝总理到北京 35 中考察时说:"我多次看望钱学森先生,给他汇报科技工作,他对科技没谈什么意见,他说你们做的都很好,我都赞成。然后,他转过话题就说,为什么现在我们的学校总是培养不出杰出人才?这句话他给我讲过五六遍。最近我去看他,我认为是他头脑最清楚的一次,他还讲这一点。"体制不顺,活力不足,怎能培养优秀人才?

因此,我们的国家要想多出优秀教师、多出优秀人才,首先必须对现行的教育体制和用人机制进行改革。要严格执行教师资格制度,拓宽教师进出口渠道,公开向社会招聘具有教师资格的"能工巧匠"进教师队伍,逐步淘汰现有不合格的教师。同时,改革现有用人制度,大力推进校长负责制、教师聘任制、结构工资制、竞争上岗制,建立合理的教师交流机制,形成"人员能进能出、待遇能高能低、职务能上能下"的激励机制,增添事业发展后劲。广大教师要珍惜荣誉,加强品德修养,精通业务知识,与时俱进,做一名能影响孩子一生的好老师。

(2009 年 11 月)

49. 这些年教育成绩不容否定

2009 年 11 月,随着教育部人事调整,社会上掀起了一股反思和评判教育的热潮,民间还出现了许多敏感的猜测。这反映了社会对教育的关注和重视,本是一件好事。但也夹杂了少数不和谐的音符,那就是对教育的全盘否定,认为改革开放以来,中国的教育是失败的教育,要全部推倒重来,建立新的教育体制和秩序。这种否定一切的态度甚嚣尘上,叫人听了很不舒坦。

最有影响的是央视曝光八条"教育潜规则",一时成为网上网下热议的话题。这八条潜规则是:"免试就近入学"异化为"争相择校";择校费"被自愿";奥数改头换面;升学率还在争第一;"重点班"改名"创新班";补习班挂名"家长委员会";"你的学生我来教",搞有偿家教;全日制培训班集体异地补课。紧接着中华社区网列举了教育八大不正常现象:教育贪腐化,教学商业化,教师商人化,知识快餐化,大学企业化,校园工厂化,学者官员化,学生商品化。

随后,社会上刮起了一股批判教育的旋风,有的甚至口诛笔伐,以发泄多年来压抑的愤懑和郁闷。一些新闻媒体和记者也跟着炒作,推波助澜,提出了八条之外的一些"教育潜规则",什么将学生分数挂在网上,进行"隐形"排名;周末补课"被自愿",而且要交补课费;学校评选"三好生"和优秀干部,或推荐上重点大学进行"暗箱操作";学校接受示范评估或督导检查,教学生弄虚作假;学校"减负"即家长"加负"等等。

实事求是地讲,这些问题和现象,在教育的确是客观存在,有的是多年"痼疾",积重难返。但我们看事情,看问题,要看主流,看大局,抓住主要矛盾和矛盾的主要方面。建国 60 年来,特别是改革开放 30 年来,教育事业与祖国共命运,与时代同进步,走过了波澜壮阔的发展历程,取得了举世瞩目的伟大成就,探索出一条有中国特色的社会主义教育发展道路,这是不容置疑和否定的。

从大的方面讲,我国建立起世界上最大规模、比较完备的教育体系,在校大中小学学生达到2.6亿。在一个发展中的人口大国实现了全面普及九年义务教育的目标,高等教育进入了大众化发展阶段,职业教育快速发展,继续教育蓬勃展开。全国文盲人口从解放初的80%下降到现在的4%以下,15岁以上人口平均受教育年限从30年前的4年多提升到现在的8.7年,实现了从人口大国向人力资源大国的转变,极大地提高了全民族的思想道德素质和科学文化水平,为现代化建设提供了人才支撑和知识贡献。这不仅在中国历史上,而且在人类文明史上都写下了光辉壮丽的篇章。我国教育已站在新的历史起点上,进入新的发展阶段。

从小的方面讲,从身边的变化来看,这几年的教育发展和成绩也是看得见、摸得着的,让老百姓得到了实实在在的实惠。首先义务教育实现了真正的免费教育,城乡义务教育阶段学生全免学杂费,农村孩子不交课本费、学杂费、住宿费,背个书包就可以上学,贫困寄宿生每天还有生活补助,因贫辍学的问题得到了解决。其次考上大学的孩子不会因经济困难在高校大门口徘徊,国家建立健全普通本科高校、高等职业学校和中等职业学校家庭经济困难学生资助政策体系,通过开辟"绿色通道",实行奖学金、助学金、贴息贷款等助学形式,让成千上万的贫寒学子圆了大学梦。特别是生源地信用助学贷款的实施,让考上大学的孩子在家门口就能获得资助。今年我哥哥的儿子、女儿同时考上大学,都办理了生源地信用助学贷款,凭一份录取通知书,很轻松地上了大学。要是前几年,仅靠几亩薄田收益,肯定是供不起两个孩子上大学的。

农村义务教育学校的面貌总体上发生了根本性变化。国家通过实施义务教育工程、危房改造工程、寄宿制学校建设工程、现代远程教育工程、初中校舍改造工程、新农村卫生新校园建设工程、中小学校舍安全工程等国家工程和项目,建立校舍维修改造长效机制,农村中小学的面貌发生了翻天覆地的变化。今年3月,我到十堰市郧县考评农村综合改革情况,这所山区县农村学校的办学条件让人耳目一新,刮目相看。所有农村中小学学生告别了木桌椅,用上了标准化的升降课桌椅;告别了砖木房,住进了学生公寓;告别了大通铺,睡上了铁架床,并做到了一人一床;告别了咸菜瓶,吃上了新鲜蔬菜,每所寄宿制学校都有五六亩蔬菜基地;告别了汗臭味,用上了太阳能,洗上了热水澡;告别了土粪窖,用上了水冲厕所。80%学校建有电子设备课室,90%教师实现网上办公,76%学生能够学习计算机课程。考评组到的居峪小学、龙门小学,学生的寝室、餐厅非常整洁、清爽、干净,文化氛围特别浓郁,每间寝室都有一个好听的名称,什么逸情阁、幸福居,给人家的温馨、美的享受。

辩证唯物主义告诉我们,对任何事物都要辩证地看待,肯定一切、否定一切都是错误的。各行各业都有成效和不足,都是在不断改正错误、纠正不足中取得新的成效,是在曲折中前进,螺旋式上升,不可能一蹴而就、完美无缺。其他行业,问题也不少。如医疗,看病难,看病贵,医生收红包;法院,吃了原告,吃被告;行政机关,门难进,脸难看,事难办,贪污腐败等等,不一而足。你不可能因这些就否定他们的成绩和对社会的贡献吧,不可能因这些就不去看病、不去打官司、不去办证件吧。大家之所以能对教育说上几句,是因为教育牵涉千家万户,与社会有千丝万缕的联系,人人都受过教育,人人都有子女或亲朋正在接受教育,对教育的情况相对要熟悉些,感受要深刻些。

值得注意的是,教育上的这些"潜规则",虽然产生的主体都是学校和教师,但是,我们没有理由都把责任推给学校和教师。因为,很多问题的发生,也是学校和教师左右不了的。如不能择校和收取择校费吧,社会上有重点学校和非重点学校之分;不以分数论英雄吧,教师职称评定、先进评比等要按升学率、分数为准;每年的所谓高考状元、升学率排行榜等,也在逼迫着学校、教师必须把"分数"作为最高目标;不要奥数等课外辅导吧,在高考、中考,甚至小升初考试中,都有各种各样的加分。这样又怎能不举办各种各样的课外辅导班呢?又怎能没有课外培训呢?

其实,教育的这些问题和现象,也不全是教育惹的祸,不全是教育的错,问题在教育,根子还在政府和社会。如不能以分数和升学率论"英雄",每年政府对教育的考核中"升学率"是硬指标,某所高中有学生考上北大、清华,不仅是教育行政部门,也是地方政府最大的政绩,如果连续两三年升学率排名靠后,校长就要考虑还当不当,组织上不撤你,舆论唾沫淹死你。家长望子成龙、望女成凤,都挖空心思选择优质学校和名牌教师,你学校升学率不高,你教师班上高分率低,家长就不情愿把孩子往你学校、班上送。社会用人单位大都追求高学历,学历高的好就业,这也是不争的事实。再者,择校热为什么经久不衰?是因为我国仍然处于并长期处于社会主义初级阶段,经济社会发展不够,穷国办大教育,优质教育资源总体不足。还有,说"教学商业化,教师商人化",全社会都在搞市场

经济,都在追求经济效益,能苛求教师不受污染、一尘不染?能苛求教师
"举世浑浊唯我独清"?望着校园围墙外那随着市场经济滚滚而来的金钱
和伴着金钱而生的灯红酒绿、劲舞狂歌,再看看校园围墙内的寂寥寒舍,
数数手里的微薄薪金,谁都不免会心浮气躁。因为教师同样也是人,要食
人间烟火。

实际上,对这些问题和现象,只要是教育自身能解决的,教育还是做
了大量工作,采取了许多得力举措,很多问题正向好的方面转化,社会评
价也向积极面延伸。早在上世纪 80 年代初期,教育行政管理部门就曾经
做出过明确要求,不得以分数论"英雄"、禁止跨地区招收择校生、不得以
任何借口举办各种培训班等等。此后,又通过立法、出台文件、召开各种
会议、检查整顿、对相关责任人进行处理等手段、办法,对这些现象进行控
制,对存在的问题进行处理。还有高校实行"阳光招生",老百姓对录取的
公平是比较放心的,"分数达到了,谁也用不着找;分数未达到,找谁也没
有用"已在社会上形成了共识。

这些年我历经多个岗位,与各行各业人打过交道,相比之下,我觉得,
教育要纯洁得多,校园要净化得多,教师的灵魂要高尚得多,教师的职业
要辛苦得多,教师的实际收入比公务员要少得多。国运兴衰,系于教育;
教育振兴,全民有责。希望社会对教育、对教师多些理解,多些宽容,多些
支持,齐心协力推进教育的改革和发展。

(2009 年 11 月)

50. 别再忽悠咱老百姓

近日,妹妹从老家打来电话,说是全垸 60 岁以上的老人都办了《老年优待证》,就是母亲漏办了。母亲很着急,找了村干部几次,村干部很是不耐烦,认定母亲没有照相,并说:"我就是不给你办,让你多跑几次,累死你。"后来,母亲又找镇民政办,民政办让她找市老龄委,市老龄委说办证时间已过,要等下一批。母亲没办法,只好央妹妹把电话打给我这个"吃公家饭"的哥哥。

母亲已七十高龄,在农村老家帮哥哥做些家务和菜园。她非常体贴我,从不轻易开口向我要些什么,说我在外工作不容易,喝口水都要花钱;乡邻托她请我办事,她能推脱的尽量推脱,说是怕给我添麻烦,会违反"公家"的纪律。这次她万般无奈,让妹妹找我,主要是听人说,领了《老年优待证》每月政府有 55 元的补贴,同垸的人都有,唯独她没有,而村干部又不肯补办,当然很着急、很气愤了。

接到妹妹的电话,我也很气愤、很着急。母亲照相办证那一天是重阳节,我正好回到了老家。当时组长(相当于大集体时生产队队长)通知垸里 60 岁以上老人去照相,说是办个什么证,将来政府有补贴。垸里老人非常兴奋,积极性很高,都放下手中的活,穿戴一新,三三两两,有说有笑地到村部去照相。我也很高兴,认为是给农村老人办养老保险,就专门开车送母亲去照相,并顺便搭乘了同垸的 3 位老人。

一路上,几位老人很开心,谈笑风生,都说现在的政策太好了,种田不交税,政府还倒贴,上学不缴费,还补生活费,住院还报医药费,历朝历代没有这么好的政策,没有这么好的"皇帝",真想多活几年,享享清福。又羡慕地说:"三女姐(我母亲的乳名),你的命真好,养了一个有出息的儿子,端铁饭碗,拿公家钱,还经常回家看你,孝顺你……"母亲的脸上一直洋溢着幸福、自豪的笑容。

到了村部,已有很多老人在排队交钱、照相。有两位镇上来的年轻小伙子在复印身份证、户口本并登记,有一位年轻的姑娘在收钱、照相。收一个人钱,照一个人相,每人19元,没有作任何登记,也没有开任何票据。农村老人很纯朴,都主动自觉地交,没有谁问这是办什么证,也没有谁要什么票据。我替母亲交了19元钱,随口问了一句:"有发票吗?收据也行。"那姑娘白了我一眼,"照相交钱,要什么收据,还赖你不成?"母亲说:"算了,村干部收钱,一般是不给票的。"

现在村干部以母亲"没有照相"为由拒不承认工作失误,让我很是后悔,要是当时坚持让他们写个收据,哪怕是便条,也不至于如此被动。于是,我调动老家的一些朋友关系,甚至找到了镇党委书记,请他们出面对村干部批评教育,并尽快帮助我母亲补办《老年优待证》。朋友们很快就回了话,说持有《老年优待证》其实并无半点经济利益,只是外出旅游、看病就医方面有些优惠,比如乘坐汽车、火车、飞机时,可以优先购票、进站、乘车、登机;到医疗机构就医,可以优先就诊、检查、化验和住院;进入风景名胜区和旅游区实行半价;免费进入公园、动物园、植物园等。如果办养老保险,才有补贴,但这项工作还只是在少数地区试点。

我一听,大吃一惊,不是说办了《老年优待证》,每月有点补贴吗?如果仅仅限于旅游、就诊方面,对长期习惯于农村生活、经济还不宽裕的农村老人而言,实在意义不大。村干部也太忽悠老百姓了,对党的政策张冠李戴,信口开河;镇里也不把政策讲清楚,还乱收费(从网上查找资料得知,按国家政策,为60岁以上老人办理优待证是免费的),收费不开票,让老人觉得很失望,很憋气,有上当受骗之感。

但不管怎样,办理《老年优待证》是国家完善社会保障制度,给予老人的一种优惠和照顾,一种享受和待遇,是维护老年人合法权益,进一步落实老年优待政策,使广大农村老年人能够共享改革开放、社会经济发展文明成果的一种体现。各级政府和部门应把好事办好,实事办实,而不是收了钱不办事,出了问题不纠正,层层推诿,敷衍塞责,伤了群众的感情,让党的惠民政策大打折扣。这其实反映的是干部作风问题,影响的是干群关系。

朋友点拨我,现在的村干部远不是儿时记忆中的"村长",在群众中具有较高威信和值得信赖,敢为群众说话,乐为群众办事,现在大都是房头户族比较大的"混混",用农村土话说是"打冲狗",素质不高,办事不牢,不用过多计较。这使我想起去年初在某县检查农村综合改革情况时,很多村干部抱怨,现在党不相信我们了,发放惠农补贴资金都是由财政所干部来发,不让我们插手;现在想为群众办点实事真难,既没有政策支持,又没有资金支持。现在看来,政府英明,不让村干部插手发放惠农补贴资金是对的,不然这"党的温暖"能否让群众感受到,还很难说。

农村大集体时流行"大毛主席好,细毛主席不好"的说法,现在农民常议论"党的政策好得很,就是被歪嘴和尚念歪了经"。要建设和谐社会,建设社会主义新农村,还得从基层干部抓起,从"村长"抓起,切实转变基层干部作风,提高基层干部政策水平,增强为民服务意识,不要再干忽悠咱老百姓的缺德事了。

(2009 年 12 月)

51. 由小姐到美女

　　不知从什么时候起，大概也就是近两年，或者准确一点地说，是从 2008 年以后，在 KTV 等娱乐、休闲场所，对年轻的女子一律由"小姐"改称"美女"了，对男士不再称"先生"，而是称"帅哥"。不知道这里面有什么渊源和讲究，但的确要好听点，最起码让听者心里舒坦多了。和谐社会，以人为本，职业有贵贱，职位有高低，但人都是有尊严的，人格都是平等的，谁乐意自己的称呼打上明显羞辱、歧视的烙印呢。

　　中国是文明礼仪之邦，对人的称呼颇为讲究，尤其是对年轻女子的称呼名堂挺多。在中国古代，对年轻女子的高贵称呼想来应该是"淑女"。《诗经》开篇《关雎》中"关关雎鸠，在河之洲；窈窕淑女，君子好逑"。此外有"侯门千金"、"大家闺秀"、"堂楼闺阁"、"富豪娇娃"之类书面称谓，用今天的眼光来看，都可以统称为小姐而不辱身份；这时候民间少女自有别称在，如"小家碧玉"、"乡里村姑"等等。但在口语称谓中称"小姐"的为多，而且随着时代的变迁有不同的含义和理解，可谓是一波几折，与时俱进。

　　"小姐"之称最早可追溯到宋元时期。当时市民阶层逐渐兴起并壮大，已经有了把年轻女子称为"小姐"的叫法，只是并不算是尊贵的称呼，而是从事低贱侍奉职司的年轻女子的专称。据清代文史家赵翼《陔余丛考》称"宋时闺阁女称小娘子，而小姐乃贱者之称"，为大家闺秀所忌。宋代钱惟演在《玉堂逢辰录》中记有"掌茶酒宫人韩小姐"。由此可见。"小姐"最初是指宫女而言。南宋洪迈《夷坚志》记载："傅九者，好使游，常与散乐林小姐绸缪。""林小姐"是个艺人。苏东坡也有《成伯席上赠妓人杨小姐》诗，此诗是赠给妓女的。可见这个时期"小姐"并非美称。

　　元末明初，"小姐"称呼逐步高雅起来。元代王实甫在《西厢记·楔子》里云："只生得个小姐，小字莺莺"。此后，大凡官僚缙绅豪门富家的未嫁少女统统敬称为"小姐"。明朝有人写了"窗前三寸弓鞋露，知是腰腰小姐来"诗句后，"小姐"才作为深闺女子的称呼，逐渐流传开来。到中国近代,最起码可延至民国时期,"小姐"则指年轻女子,或有钱人家仆人称主人的女儿,是尊称和爱称。

至于从事色情服务的女子一般称"姑娘"、"窑姐"、"野鸡",当时尚无今天所谓的"小姐"——传统小姐的贬称。解放前的上海滩,灯红酒绿、纸醉金迷,尤其是四马路(今福州路)更是秦楼楚馆林立的红灯区。每到日落西山,华灯初上,浓妆艳抹、花枝招展的卖春女站立马路两旁,献媚拉客,勾引路人,时人呼为"野鸡",而不称"小姐"。鲁迅先生在 20 世纪 30年代的杂文里曾经提到:在中国,有些事情是可以做但不能说的,比如"野鸡在拉客人",你就不能说;要说,只能说"阿姐勒浪做生意"。建国后人们忌讳使用"小姐",那时一提起"小姐"便是资产阶级的臭小姐。

"小姐"变为"野鸡"的同义语,是改革开放以后的新事物。改革开放初期,特别是 20 世纪 90 年代,"小姐"称呼再度被大家广泛使用,坐机关的、拿文件的、端盘子的、卖东西的都被称为"小姐"。"小姐"成为日常称谓词,不具贬义,大家都觉得这个称呼语温馨、礼貌、顺口,当时电视连续剧《公关小姐》就深受欢迎。后来随着桑拿、洗发、浴足、按摩、会所、"三陪"的勃然兴起,人们娱乐生活的多样化,"小姐"一词逐渐变味。人们对这一群外来从业的性工作者总得有个称呼吧,既不是淑女,又难称千金,直呼"三陪女"太露骨,沿用"野鸡"不但不敬,于嫖客自己也未免有失身份,于是,"众里寻他千百度,蓦然回首,那人却在灯火阑珊处",带有贬义的"小姐"终于应运而生。

就这样,本来正正经经的"小姐",忽然变成了卖淫女的别称和专称。人们一提起"小姐"二字,大都认为是按摩女、歌厅女、卖淫女,是"野鸡",带有严重的轻视、鄙视、蔑视的味道。故在旅店、餐厅、理发店等服务行业里,许多年轻女性拒称"小姐",特别是机关事业单位上班的女性则普遍不喜欢此称呼。如果哪天你不小心,称某机关单位的小女子为"小姐",说不定她会柳眉倒挂,杏眼圆睁,双手叉腰,粉面生嗔,怒冲冲回敬一句:"你妈才是'小姐'!"有的甚至火冒三丈,要喊保安,控诉你"非礼"。

"小姐"一词由"贬"到"褒"到"贬",如此不雅,一部分先富起来的"小姐"就动脑子,想用一个新鲜词来代替,于是乎,"美女"称谓应时而生。不管你到底美不美,对年轻的女子一律称呼"美女"。"爱美之心,人皆有之",欣赏美、享受美、创造美,是人之常情,你总不会想歪吧,总不会联想到她的职业特征吧。但"世事茫茫难自料",说不定"美女"叫长了时间,约定俗成，又成了妓女的别称、专称，也很难说。

看来，在公众场合，对大众化的女子称呼颇费脑筋。比如，在大街上，你向一位稍年轻的女子问路，就不好打招呼。称"女士"吧，太严肃、古板；称"同志"吧，有点生硬；称"太太"、"大婶"吧，把人叫老了，说不定她还是"处级干部"呢；称"小姐"更不行，使人反感。我看干脆叫"喂"省事，虽然有点不礼貌，但起码不会犯忌，犯政治错误。

当然也有一些礼仪专家开出了方子。一曰入乡随俗，比如在东北一些地方，对女性的称呼就不用'小姐'，而是用'姑娘'、'大妹子'等；二曰视实际情况而定，根据对方的职业来称呼，特别是在餐厅、酒吧等场所，"服务员"会比"小姐"更为准确。实在不行，可先让对方注意到你，然后说"你好"。至于在外交场合，那只能按国际惯例称"小姐"了，不管您乐意不乐意，反正那洋文也就是 26 个字母的排列组合，没有汉语言那么丰富多彩、博大精深、耐人寻味，使人容易产生联想。

（2010 年 1 月）

52. 乱处方拷问医德

春节前后，上高三的女儿多次反映，"有些耳鸣""耳鸣越来越厉害了""特别是夜深人静时耳朵里直轰鸣，睡不着觉。"心慌的我，于是决定：女儿学习再紧张，也要带她到医院看一看，毕竟身体健康才是最重要的。

一个星期六，恰好女儿参加完武汉市二月份联考，学校放一天假，我又在省财苑大酒店开会，就带她到财苑酒店附近的 W 医院去看看。医生是一位慈祥的中年妇女，长得像杨贵妃，面带微笑，很热情地接待了我们。

她拿一个医用小探照灯往女儿耳朵一照，就故作夸张地说："哇，耳屎好多，要掏一掏。"说完在一张白纸上，刷刷写下"掏耳，30 元"，往我手上一塞，"交钱去！"等我在三楼交完钱，返回四楼时，女儿的耳屎已掏完。"自己看看，这么多耳屎也不掏。掏空了，耳朵流畅了，应该没有事了。不过有点炎症，需要吃点药。"那女医师又是刷刷地开了处方笺。

这次全是字母，像蚂蚁，像蚯蚓，我一点也看不懂，只好老老实实地排队交钱拿药。"293 元，最好给零钱。"怎么要这么多钱？我很是吃惊，但又不好询问，只好乖乖付钱。等把药拿到手时，我几乎愤怒了，什么银杏叶软胶囊，功能主治活血化瘀通络，用于瘀血阻络引起的胸痹、心痛、中风、半身不遂、舌强语塞，冠心病稳定型心绞痛；什么头孢克肟片，功能主治慢性支气管炎、肾盂肾炎、急性胆管（囊）炎、猩红热、中耳炎、鼻窦炎；什么血塞通滴丸，功能主治活血化瘀、通脉活络，用于脑络瘀塞，中风偏瘫，心脉瘀阴，胸痹心痛，冠心病心绞痛等，一样两盒，共六盒。

这些药，就是外行，单从字面上看，也与耳鸣关联不大呀，就是有关联，也用不着那么多呀，其中银杏叶软胶囊、血塞通滴丸功能主治不是差不多吗？可钱已交，电脑已记账，哪能要得回呢，只好自认倒霉，谁叫俺水平低，不认得那"天书"呢？为了女儿的健康和安全，我不敢让女儿吃这些药，女儿也不想吃，浪费点钱是小事，万一吃错了药，影响女儿身体健康可是大事。好在女儿经这么一掏，耳鸣竟然好了。我估计是因为女儿高三学习太忙，没有时间掏耳朵，时间长了，耳屎淤积，管道堵塞，声音不畅，产生轰鸣。这清淤工程一实施，耳鸣也就好了。

后来，我跟女儿开玩笑，"你这只耳朵是只金耳朵，掏一次花了爸爸300多元。早知这样，不如让爸爸掏一下，省下300元钱，可作半个月生活费。"

本来只花30元就可解决的问题，医生故弄玄虚，花了300多元，而且那些药根本用不上，纯粹是浪费。医生为什么热衷于开高价处方？还不是药品提成，利益驱动。对于医生而言，开低价处方意味着低收入，自然手越下重越好；对于患者而言，治病心切，往往只能听从医生的摆布，一般患者即使知道低价药也能治好病，往往也无从选择。

救死扶伤，悬壶济世，古老的中华传统赋予医生多么高尚的职业性质，然而在市场经济的冲击下，圣洁的杏林并非一块净土。看似简单的一张处方，其中包含的内容非常丰富，从药品的选择和搭配当中，既能看出一位医生的医术修为，也能从中检验医生的职业道德。记得小时候，得个伤风感冒之类，顶多花几毛钱，打打屁股针；现在一咳嗽，就得打吊针，少则百把元，多则千把元，一般百姓人家如何消费得起？

可怕的是，医生乱开处方，患者被忽悠了，还要像《卖拐》小品中那样说声"谢谢啦"。为啥？不知道自己到底是啥病，到底病多重，到底吃什么药能治好病，急病乱投医嘛。例如，在一张需要抗菌消炎的处方中，有的医生会开出罗红霉素分散片＋克拉霉素胶囊的药品组合。实际上，这两种药同时使用是没有必要的。因为它们作用机制相同，联合应用也不能产生协同抗菌的作用，属于重复用药。但是对于这样的情况，缺乏医学知识的普通患者是无法看出来的，只能为不合理处方埋单。

在医德缺失为广大公众诟病的当下，原武汉市汉口医院退休医生王争艳25年坚守在基层岗位，多年来坚持给病人开"小处方"，常开两毛钱的处方，就特别值得称道。2009年9月25日，经过36 000多市民无记名投票，她从20 000多名医生中当选武汉市"我心目中的好医生"。这在"看病贵"成为群众反映强烈问题的今天，无疑具有"提神醒脑"的意义。透过两毛钱处方，我们看到的是王争艳精湛的医术和高尚的医德。没有精湛的医术，自然不知道两毛钱的药能药到病除；没有高尚的医德，不把患者放在心上，看的不是病而是钱，估计也不会开两毛钱的处方。

当然，在开大处方、"以药养医"似乎成了医院生存法规的时下，仅靠

"良知"提升医德是不能治本的。新医改提出增强诊疗服务费,提高医生收入,消除医生开大处方的利益冲动,而且将医生使用基本药物的情况纳入考核,并与职称评定、职务聘任等挂钩,是从制度与机制层面上解决问题的重要举措。2010年3月,卫生部公布了《医院处方点评管理规范(试行)》,规定医疗机构需每月对医生开具的处方进行点评。评出的不合格处方张贴上墙,院方就从医生的劳务费中扣钱。我看这种方法不错,久而久之,在又丢脸又丢钱的双重压力下,不合格处方的数量就会下降,关键是医院不能护短。

从以人为本角度讲,要开出好处方,医生需要加强与患者的沟通,把知情告知做到位。以普通的尿路感染为例,使用庆大霉素的效果很好,但是对肾脏和耳朵存在一定的毒副作用。使用头孢类的药品价格比较贵,不过安全性就好很多。医生应该把这些信息充分告知患者,如果经济条件允许并且患者愿意,可以用好一点的药。反之,医生就应该帮助病人把有限的钱发挥最大的作用。

"但愿世间人少病,何妨架上药生虫。"要不被医生忽悠,少掏冤枉钱,还得加强身体锻炼。没有病,不进医院,医生两毛钱的处方都开不出,更不至于挨宰。

(2010 年 2 月)

53. 有多少旅途让人放心

高铁还是出事了，出了重大交通事故，举国震惊，万民哀痛。

2011年7月23日20时34分，北京至福州的D301次列车行驶至温州市双屿路段时，与杭州开往福州的D3115次列车追尾，导致D301次1、2、3列车厢侧翻，从高架桥上掉落，毁坏严重，4车厢悬挂桥上；D3115次15、16车厢损毁严重。截至7月25日，事故已造成39人死亡，209人受伤，11人情况危重。

39名遇难者中，有两位是中国传媒大学的学生，是我女儿的校友。作为父亲，我深知，一个家庭为培养一名大学生要付出多大的代价；一名大学生，又承载了一个家庭多少希望和期盼。可以说，在严格执行计划生育国策的今天，失去孩子，对于一个家庭来说是毁灭性的打击。那些无辜的生命，几天前，还是那么鲜活，那么阳光，那么对生活和幸福充满期待，转眼间就化为灰烬，稍有点良知的人都会唏嘘叹息，亲者那更是从感情上无法接受这一残酷的现实。还有一些伤残者，生不如死，要花多少钱去医治，要花多长时间才能走出心灵的阴影。由此造成的人们对高铁的忌惮和恐惧，恐怕不是一朝一夕能改变的。据报道，甬温线恢复通车后，有的整节车厢只有三五人。高铁列车空荡荡绝尘而去的身影，像一个时代隐喻：中国高速发展的列车，把许多民众远远地抛在了身后。

此前，面对人们对高铁的质疑和担忧，铁道部新闻发言人道歉并表示将开展京沪高铁安全大检查，他认为当前高铁正在磨合期，高安全性不代表不出故障，列车反应敏感不是"娇嫩"。对此网上评论说：这叫不见棺材不掉泪，不到黄河不死心；不死人不承认有安全隐患，不死人就可以拍着胸脯夸口绝对安全；不出事是世界第一，出了事则归咎世界难题；出事前批评和预警是危言耸听，是杞人忧天，出事后批评是利用灾难炒作，有政治目的。

近年来，我国追赶世界脚步，大力发展高铁事业，大方向是对的；创造的"中国速度"，足以让国人骄傲。但我们不得不面对的现实是：我们正在为追求过快的发展速度付出代价。据报道,京沪高铁从开通的第 11 天起,5 天时间里,发生 6 起较大的故障。虽未造成乘客的生命财产损失,但还是让人心有余悸。京沪高铁,让我如何信任你? 投资高达 2200 亿元的京沪高铁,其安全性和服务质量仍然无法让人放心。而这一次却是血的教训,是生命的代价。

中国青年报《青年话题》编辑、东方早报评论专栏作者、搜狐星空财经评论专栏作家童大焕撰文呼吁:"中国哟,请你慢些走,停下飞奔的脚步,等一等你的人民,等一等你的灵魂,等一等你的道德,等一等你的良知! 不要让列车脱轨,不要让桥梁坍塌,不要让道路成陷阱,不要让房屋成危楼。慢点走,让每一位公民都顺利平安地抵达终点,让每一个生命都有自由和尊严,让每一位公民都不被时代抛下!"在网上引起了公众的强烈共鸣,成为人们茶余饭后的谈资。

一位朋友开玩笑地对我说:"你可是高危人士哟!"我一听不寒而栗。的确,近十年来,我四处奔波,经常是天上飞、地下跑、水上漂,几乎什么样的交通工具都坐过,一路风尘,马不停蹄。所幸老天垂顾,时至今日,还算平安无恙,连有惊无险都没有遇到过。但见过的交通事故却不少,有的还是触目惊心、刻骨铭心。

世事茫茫难自料,在现有的交通状况下,有多少旅途是安全、便捷、顺畅的呢? 谁能担保不会出现"飞来横祸"呢? 只能祈祷苍天保佑,只能凭各自运气了。

高铁不靠谱,人们在血的教训中对高铁产生了恐慌心理。那飞机呢? 这个遨游天空的"大鸟"出事的几率是相当小的。但坐飞机安检费劲,往来机场费时,也是很麻烦的事。飞机场一般在城市边缘,去机场一般得提前两小时;下飞机,到目的地至少得一小时。又过多受天气制约,遇到雷雨、冰雪天气,晚点、停飞是经常的。有一年冬天,我从吉林延边飞北京,遇到冰雪,在候机室滞留了一个晚上,又冷又饿,实在受不了,最后被航空公司拖到一家洗浴城,在又窄又脏的按摩床上休息了一会;有一年夏季,从北京飞武汉,武汉上空大暴雨,飞机只好绕道长沙,在长沙加油休整后,再飞武汉。而且坐飞机经常会遭遇空中管制,把旅客关在机舱进出不得,烦躁不安。

相比而言,倒是夕发朝至的直达列车对旅客来说比较理想。一夜的休息,第二天正好到一座新城市。如从武汉到北京的直达特快,晚上吃饭、洗漱后,9 点钟从容上车,第二天早上 7 点钟就到了。如果把夜间运行时间缩短，节约出来的时间没有任何意义，反而影响休息，又增添负担和麻烦。但这种直达列车卧铺票越来越不好买，要提前八九天。有时提前十天，刚放票，没一小时就没票了。票都到哪呢，据知情人士透露，大都让内部人士倒卖给黄牛党（票贩子）了。要急着坐车，只好花高价从黄牛党手上买了。

由此看来，多少旅途是安全、便捷的呢？要么大家都蜗居在家，不出门；要么都学会孙悟空的本领，能腾云驾雾。但这可能吗？

诚然，人生旅途，天灾人祸在所难免。问题是有些天灾是可以预测的，有些人祸是可以避免的，最起码是可以减少或减轻的。交通事故大多数与人的疏忽、麻痹、失误有关。就如"7.23"交通事故吧，从表面上看是天气原因，是动车遭到雷击后失去动力停车，造成后车追尾。但更多的资深专家认为与地面的调度失控有关，"由于采用自动闭塞，追尾这种情况一般不会出现。这次可能是调度出现了问题，命令没有发到车上，或者司机没有减速，再或者没有收到地面的指令。"西南交通大学交通运输学院副院长帅斌认为。

还有重要的一点是，公众对"中国高铁发展很快"抱有种种的担心。因为，这已经不是一般的"快"，而是那种"大干快上"的"快"，是一种不正常的大跃进，是一种浮躁。从故障"频发"到故障后的应对和服务措施不到位来看，京沪高铁的服务与航空服务差距仍然非常大。而且，京沪高铁开通前，人们普遍认为高铁较之于航空的竞争优势，就在于它不受或者较少受天气影响。如今看来，它受天气影响的后果有时可能更甚于航空。

落后就要挨打，中国要雄起于世界，必须加快发展，实现富强。但任何一项事业的发展必须是科学发展，必须是保障绝对安全情况下的发展。失掉了安全，就失掉了高铁的可信度。这些年，高铁事业有了很大的发展，但频发事故提醒我们，要更加重视安全，实现速度、质量、效益和安全的统一，把安全放在第一位。生命是无价的，任何交通工具不能拿公众当小白鼠。因为旅行要速度，更要安全，安全才能回家。

好在"7.23"交通事故发生后，党中央、国务院高度重视，有关部门全力抢救，社会热心人士广泛关注，善后工作有效处置，一些问题已经得到重视和正视，一些制度和措施也正在完善和加强。这些举措还是深得民心、大快人心的。

但愿今后人生旅途阳光普照，慈航普度，万物生灵一路平安。

（2011 年 7 月）

C. 书史赏鉴

　　书籍是人类进步的阶梯，读书能塑造人的性格。尽管人类已进入网络读图时代，但读书仍应该成为我们的生活习惯和方式。

　　历史是一面镜子。历史上的许多人物命运和现实有惊人的相似之处。以史为鉴，不仅可以知兴替，而且可以明白许多做人的道理。

　　此篇解析读书心得，点评历史人物，联系现实生活，挖掘教育意义，成为一种处世的经验、办事的谋略、为人的智慧。

Book

54. "义"是一把双刃剑

近日读《三国演义》关羽遇害那一章回，很是一番唏嘘感叹。当是时，关羽官拜五虎大将之首，攻樊城，擒于禁，杀庞德，威震华夏，正是人生鼎盛之秋；形势突然逆转，失荆州，走麦城，奔西川，身死临沮，年仅 58 岁。一个武功盖世的"万人敌"，竟然被潘璋部下的小人物马忠俘虏，实在是让人一时从感情上难以接受。

看得出，作者罗贯中对关羽之死也是万分不舍。一般大将死就死了，顶多一首诗赞扬或惋惜一番，而对关羽写了许多后续的事。他的魂魄经玉泉山老僧点化皈依佛门，显圣护民；乡人感其德，建庙祭祀；就在东吴庆贺收复荆州时，关羽附身吕蒙，揪骂孙权，吓得吕蒙七窍流血而死；关羽的首级送到曹操那儿，结果把曹操惊倒，自此，曹操头疾加剧，不久数终；后刘备出兵伐吴，张苞追杀潘璋时，关羽又显灵，助张苞杀死了潘璋。

有趣的是，关羽死后，受到民间推崇和历代朝廷褒封。由侯而公，由公而王，由王而帝，由帝而圣，由圣而神，达致"儒称圣六，释称佛七，道称天尊八，三教尽皈依"的高度，与孔子并称"文武二圣"。一般说来民间所信仰的神明，大多数可分出其所属的系统，如妈祖属道教，孔子属儒教，观音属佛教，神明的界限相当清楚。但是，儒、释、道三教均尊关羽为神灵，儒家奉为关圣帝君，佛教称为伽蓝菩萨，道家尊为武圣帝君，民间俗称恩主公。可以说到了至高无上的地位，就连江湖义士、绿林好汉结拜兄弟、聚义谋事，必先祭关公。

这么一个智勇双全、武艺绝伦、深受崇敬的大英雄怎么就死于非命呢？我看就在一个"义"字，"义"是一把双刃剑，关羽成于义亦死于义。《三国演义》第 77 回写到，关羽被俘后，孙权舍不得杀他，顾众官说："云长世之豪杰，孤深爱之。今欲以礼相待，劝使归降，何如？"主簿左咸曰："不可。昔曹操得此人时，封侯赐爵，三日一小宴，五日一大宴，上马一提金，下马一提银。如此恩礼，毕竟留之不住，听其斩关杀将而去，致使今日反为所逼,几欲迁都以避其锋。今主公既已擒之,若不即除,恐贻后患。"孙权沉吟半晌,曰:"斯言是也。"遂命推出,于是关公父子皆遇害。左咸的意思很清楚,关羽重义,对刘备忠心,"养不熟",留下会反受其害。

关羽的确是义薄云天。他始终没有忘记桃园结义时许下的誓言,对刘备及其集团的利益无限忠诚。他与刘备同甘共苦,"侍立终日,随先主周旋,不避艰险。"当年曹操攻陷下邳,关羽被困土山,曹操遣张辽劝降。关羽提出三个条件(降汉不降曹;礼待二嫂;一旦得知刘备下落,便当辞去),曹操都答应,并对他重加赏赐,拜为偏军,封为汉寿亭侯。但关羽不为所动,一心等待机会寻找刘备。曹操赠袍,关羽穿于衣底,上用刘备所赐旧袍罩之,不敢以新忘旧;曹操赠赤兔马,关羽拜谢,以为乘此马,可一日而见刘备。一旦得知刘备消息,关羽立马挂印封金,过五关斩六将,千里走单骑,终于回到刘备身边。对曹操的厚遇,关羽亦以义报之。官渡之战时,斩颜良、诛文丑,帮曹操解了白马之围;赤壁之战时,在华容道义释曹操,不然这三国的历史得改写。

但关羽的义且勇,让他深受刘备宠信,滋生骄横之气。用诸葛亮的话说:"关公平日刚而自矜,故今日有此祸。"马超降蜀后,受到刘备重用,关羽心里不服,要入川与之比试高低。后孔明写信说"孟起(马超字孟起)虽雄烈过人,亦乃黥布、彭越之徒耳,当与翼德并驱争先,犹未及美髯公之绝伦超群也。"关羽看毕,自绰其髯笑曰:"孔明知我心也。"将书遍示宾客,遂无入川之意。刘备称汉中王,封关羽、张飞、赵云、马超、黄忠为五虎大将,遣前部司马费诗来宣布任命,云长怒曰:"翼德吾弟也;孟起世代名家;子龙久随吾兄,即吾弟也;位与吾相并,可也。黄忠何等人,敢与吾同列?大丈夫终不与老卒为伍!"遂不肯受印。后费诗讲了一番大局为重的大道理,羽大感悟,遂即受拜。

导致关羽失败的导火索是和亲事件。这是孙权搞的又一次政治婚姻。前一次是将妹妹嫁给刘备,结果赔了夫人又折兵。这一次是希望关羽将女儿嫁给孙权的长子,定下的计策是"若云长肯许,即与云长计议共破曹操;若云长不肯,然后助曹取荆州。"关羽不但不应许亲事,反而大骂使者,说:"吾虎女安肯嫁犬子乎!"导致双方关系越闹越僵。结果孙权与曹操联合,夺取荆襄,关羽殒命,破坏了诸葛亮所规划的"隆中对策"。当年诸葛亮出山,与刘备"隆中对",说:"若跨有荆、益,保其岩阻,西和诸戎,南抚夷越,外结好孙权,内修政理……诚如是,则霸业可成,汉室可兴矣。"

赤壁之战的实践也证明,只有"东和孙权,北拒曹操",吴蜀才能共生共存。结果由于关羽大意,孙刘联盟解体,三国归晋。

孙刘之间有一个死结那就是荆州的所有权。荆州位于长江中游,北据汉沔,利尽南海,东连吴会,西通巴蜀,对孙、刘、曹三家均有重要的战略意义。曹操曾想占据荆州,统一天下,但赤壁一战使他美梦成空;孙氏集团一向把夺回荆州作为立国之策,因为荆州据上游之重,只要操在别人手里,自己则处于被动地位。赤壁之战结束,为了继续联刘抗曹,不得已,只好暂借荆州给刘备。可刘备取得益州后,却无归还荆州之意,于是孙权采取了先礼后兵的策略,刘备招亲,关羽单刀赴会,都是东吴讨要荆州引发的故事,结果东吴不但没有讨回荆州,还弄得很没有面子,只有使用武力收复了。关羽也知孙刘联盟不巩固,这时既要夺取樊城,又得防备孙权偷袭荆州。他再三嘱咐糜芳和傅士仁小心镇守荆州,还沿江设防,二三十里设一个岗楼,建起烽火台。吕蒙探知关羽防守严密,无懈可击,就佯称病重,推荐陆逊代替自己。当时,陆逊年少多才却无名望,到任后,派使者给关羽送去了礼物和一封信,信上极尽恭维关羽,"关公欣喜,无复有忧江东之意",并把荆州大部分军队调去攻打樊城。孙权得知时机成熟,便命吕蒙为大都督,发兵袭击关羽的后方,夺取了荆州。

关羽大意失荆州后,引起了连锁不良反应。先是张飞在阆中,闻知关公被东吴所害,旦夕号泣,血湿衣襟。诸将以酒解劝,酒醉,怒气愈加,鞭挞下属。在说动刘备出兵伐吴后,又限定士兵三日内制办白旗白甲,结果末将范疆、张达不能完成任务,责罚不过,趁他酒醉熟睡时把他杀了,时年55岁。而刘备为给关、张报仇,置国家大义于不顾,不听诸葛亮等人多次劝阻,也不准孙权多次求和,一意孤行,亲率大军伐吴。起初也取得了几场战役的胜利,杀害关、张的仇人也都死了,马良等人劝他就此罢手,与东吴永结盟好,共图灭魏。刘备硬是不听,非要灭了东吴,杀了孙权,才解心头之恨。结果陆逊火烧连营七百里,刘备损兵折将,病死白帝城,自此蜀汉元气大伤。

想当年水镜先生说:"伏龙、凤雏,两人得一,可安天下。"刘备兼有孔明、庞统两人辅佐,又有关、张、赵、马、黄五虎上将之勇,且有帝室之胄的正统名义,本可一统天下。结果因为盲目讲兄弟情义,而不顾国家大义,导致亡身灭国,壮志未酬,让志士扼腕叹息。此诚成于义亦败于义也。

(2007 年 6 月)

55. 谁共我醉明月

2008 年芳春之际，孤寂无助、万般慵懒之时，读辛弃疾的《贺新郎·别茂嘉十二弟》，生发出许多悲怆和慨叹。

此词是辛弃疾罢官居江西铅山瓢泉期间，送别其族弟茂嘉之作。其词上阕曰："绿树听鹈鴂，更那堪、鹧鸪声住，杜鹃声切。啼到春归无寻处，苦恨芳菲都歇。算未抵、人间离别。马上琵琶关塞黑。更长门翠辇辞金阙。看燕燕，送归妾。"下阕曰："将军百战身名裂。向河梁、回头万里，故人长绝。易水萧萧西风冷，满座衣冠似雪。正壮士、悲歌未彻。啼鸟还知如许恨，料不啼清泪长啼血。谁共我，醉明月？"

这首词虽为送别之作，但并没有对眼前送别对象和送别场景的描写，而是罗列古代许多别恨的典实，借以抒发悲怀，沉郁悲凉，动荡跳跃，飘荡着一股激愤不能自已的悲怨心声，如天风海雨，以极强烈的力度震撼着读者的心灵。特别是"谁共我，醉明月"一句让人产生强烈地共鸣。

词开头便用鹈鴂、鹧鸪、杜鹃三种禽鸟悲啼，采取比兴手法，营造出一种悲凉氛围。鹈鴂，说是伯劳，被视为朋友分离的象征，给人以良时易失、美人迟暮的联想。鹧鸪的叫声像"行不得也哥哥"。杜鹃传说古蜀王望帝失国后魂魄所化，常悲啼出血，其鸣声像"不如归去"。借啼鸟引出百花凋谢、春归无寻处的苦恨。但是这些都比不上人间的离别。"算未抵，人间离别。"承上启下，点明题旨。

接着用历史上五个生死离别之事以突出自己与茂嘉别离的沉痛。王昭君别宫辞国，远行塞外荒漠；陈皇后失宠于汉武帝，辞别金阙，退居长门宫；春秋时卫国庄姜望着燕燕双飞，远送休弃去国的归妾；汉代名将李陵身经百战，兵败归降匈奴而身败名裂；荆轲冒着萧瑟秋风，在易水边告别送行的宾客。这些事都和远适异国、不得生还，以及身受幽禁或国破家亡之事有关，都是极悲痛的别恨，强烈地表达了作者当时沉重、悲壮之情。

正是勇士壮别去国，慷慨悲歌无尽无歇。啼鸟若知人间有如此多的悲恨痛切,料想它不再悲啼清泪,而总是悲啼着鲜血。如今嘉茂弟远别,还有谁与我饮酒共醉赏明月?词结尾迅速地归结到送别茂嘉的事,点破题目,结束全词,把上面大片凌空驰骋的想象和描写,一下子收拢到题中来,有此两句,词便没有脱离本题,显得善于大处落墨、别开生面。辛弃疾不愧为宋代一代文豪。

辛弃疾出生时,中原已为金兵所占,他的祖父在金国任过职。辛弃疾从小目睹汉人在金人统治下所受的屈辱与痛苦,就立下了恢复中原、报国雪耻的志向。22岁时他率领2 000多家乡父老兄弟起义抗金,从此便把洗雪国耻、收复失地作为自己的毕生事业。但他豪迈倔强的性格和执著北伐的热情,使他难以在官场上立足;加上"归正人"(相当于起义投诚部队)的尴尬身份也阻拦了他仕途的发展。他曾上《美芹十论》与《九议》,条陈战守之策,显示其卓越军事才能与爱国热忱。但他提出的抗金建议,均未被采纳,并遭到打击,曾长期落职闲居于江西上饶、铅山一带。由此一腔忠愤发而为词,形成沉雄豪迈又不乏细腻柔媚的风格,以豪放为主,热情洋溢,慷慨悲壮,与苏轼并称为"苏辛"。

辛词和苏词都是以境界阔大、感情豪爽开朗著称。但不同的是,苏轼常以旷达的胸襟与超越的时空观来体验人生,常表现出哲理式的感悟,并以这种参透人生的感悟使情感从冲动归于深沉的平静;而辛弃疾总是以炽热的感情与崇高的理想来拥抱人生,更多地表现出英雄的豪情与英雄的悲愤。因此,主观情感的浓烈、主观理念的执著,构成了辛词的一大特色。他的词大多表达恢复国家统一的爱国热情,倾诉壮志难酬的悲愤,对当时执政者的屈辱求和颇多谴责,有一股强烈的苦闷和悲愤。像"落日楼头,断鸿声里,江南游子。把吴钩看了,栏干拍遍,无人会,登临意……倩何人唤取,红巾翠袖,揾英雄泪""男儿到死心如铁,看试手,补天裂""想当年,金戈铁马,气吞万里如虎……凭谁问:廉颇老矣,尚能饭否?""醉里挑灯看剑,梦回吹角连营。八百里分麾下炙,五十弦翻塞外声,沙场秋点兵……了却君王天下事,赢得生前身后名。可怜白发生!"大气磅礴,跌宕起伏,豪壮悲愤。

辛弃疾在一首《永遇乐》中曾称道茂嘉同自己一样"烈日秋霜,忠肝义胆,千载家谱"。茂嘉南归本为北伐抗金,非但未得重用,又被贬到离前线更远的广西,这使辛弃疾不仅失去一个兄弟,也失去一起戮力从事复土大业的同志,他的远离,表明抗金志士备受朝廷排挤、打击,这是最令作者痛心的事。辛弃疾在《蝶恋花·送祐之弟》一词中曾说:"不是离愁难整顿,被他引惹其他恨",正可作为此词的注脚。因此它不是一首寻常的送别词,通过借古咏今,列举历史上英雄美人辞家去国,铸成千古莫赎的恨事来抒写离恨,代茂嘉,也为自己发出壮志难酬的悲怆之情。

(2008 年 4 月)

56. 有感于谭震林当下级干部的"出气筒"

近日读《共和国十大个性高官》一书，深深为谭震林刚正不阿的凛然气节所感动，更为他勇担责任，甘当下级干部"出气筒"的宽阔襟怀所折服。

谭震林与毛泽东同是湖南人，装订工人出身，早年追随毛泽东上井冈山闹革命，为建立和巩固井冈山革命根据地作出了重要贡献。红一方面军主力长征后，留在闽西，在极端艰苦的条件下，坚持南方游击战争。抗日战争爆发后，任新四军第三支队副司令员、政治委员，是皖南抗日根据地的创建人之一。解放战争期间，参与指挥了莱芜、孟良崮等著名战役，屡建奇功。建国后，先后担任中共浙江省委书记、中共中央华东局企业工作委员会主任、中央书记处书记、中央政治局委员、国务院副总理等职。

谭震林性格刚烈，性情耿直，敢于讲别人不敢讲、不愿讲的话，凡属重大原则问题，总是旗帜鲜明，毫不含糊，人们称他为"谭大炮"。"文化大革命"中，他带头"大闹怀仁堂"，同林彪、江青反革命集团的倒行逆施进行针锋相对的斗争。他当面"顶撞"毛泽东："我不该早入党四十年，不该跟你干革命，也不该活到 65 岁！"他怒斥"四人帮"："砍脑袋，坐监牢，开除党籍，我也要跟你们斗到底！"粉碎"四人帮"后，他带头撰写文章，积极支持真理标准大讨论，并对自己的过失进行反省和检讨。他虽屡受残酷迫害，仍坚持正义和真理，表现出"反复搏斗从未停，内外妖魔要扫兴"的铮铮铁骨和宁折不弯的气节。

然而就是这样的硬汉，对毛主席一直是忠心耿耿，以至他蒙受不白之冤，身处逆境时，一直受到毛主席的庇护。毛主席说："谭大炮大闹怀仁堂是阳谋，不是阴谋。"一直活到 1983 年，81 岁高龄，这在一大批遭受迫害、被打倒的开国元老中是少有的，比起惨死的刘少奇，功高盖世的彭德怀、贺龙元帅要幸运得多。对群众、对下属，他没有官架子，爱憎分明，不徇私情，敢于为下级干部说话、撑腰，铁骨柔情，表现出高尚的人品和特有的人格魅力。

《共和国十大个姓高官》一书记载了一件令人十分感怀的故事。1948年，昌维战役打响以后，为配合作战，谭震林所部政治机关起草了《昌维战役政治工作指示》和一个瓦解敌军的电报，想尽快让昌维的敌人投降。可电报提出该地区的国民党党政军各类人员一律"既往不咎"，立功可以受奖等……电报发出时，兵团政治部还把这个内容印成了传单，在下边纵队开展了对敌广播。消息传到中央，受到了严厉的批评，中央指出：对罪大恶极分子和其他敌方人员不加区别地一概宣布既往不咎，是直接违反我党政策及人民解放军宣言"首恶者必办"规定的……最终将是一种欺骗！

兵团政治部接到电报之后，气氛顿时紧张起来了。大家很快想到了要"追究"责任。政治部门的一些同志心情十分沉重，起草电报的同志更是闷闷不乐，寝食不安；兵团政治部主任谢有法深感责任重大，立即收回传单，停止对敌广播，同时准备向中央检讨。在一次大会上，兵团各部门的首长都在场，人们沉默了一阵，提起了这份电报。谢有法说："电文是我们政治部起草的，我们当时没有考虑到'最终将是一种欺骗'，我们犯了错误，要向中央检讨。"

"谭老板"（当时人们对谭震林的戏称）此时站了起来，摆摆手说："你们检讨什么？电文是经我签发的，由我个人向中央作检讨，不要你们负责。"此时"谭老板"说话的语气是平缓的，也是沉重的。有人说："这事儿不该谭政委写检讨，是谁的责任就是谁的责任。""谭老板"说："我签发的，就是我的责任。"

此时人们还不知道，谭震林已经给中央写了检讨，电报早已摆到中央领导同志的案头。他深刻检讨了自己的错误，没有一句责怪下面的话，更没有把责任往别人身上推。

人们说："多亏了谭政委，要不，我们可是吃不了得兜着走了。"谭震林有自己的理论，他认为：上级的批评，我不承担，要下级承担，下级还怎么跟你打仗？这不是"护犊子"，这是作为一个主管干部应具备的素质。不承担责任的主管，绝不是好的主管。我承担了责任，中央无非批我一顿，像我这样久经风雨的人，挨顿批评还不像吃家常便饭。要推给他们，那他们可是真的受不了哟！

读到此，我对谭震林肃然起敬。面对批评，最能看出一个人的品格。现实生活中，多少高官、领导，有了功劳抢着上，出了问题一推六二五，甚至还倒过头来整下级的,不胜枚举。像谭震林这样的领导干部太少了,简直就是凤毛麟角。

有这么一些党政机关的干部,经常天上飞,地上跑,到处开会,整天应酬。"早上跟着轮子转,中午围着盘子转,晚上随着裙子转",哪有多少时间和精力去干点实在的事呢?大都习惯于发号施令,讲几点无关痛痒的意见。具体的事,大都是科员和借用人员在做。待事情办好了,有成绩了,都争着表现,说自己为了做好这件事,如何精心部署,如何创造性开展工作,讲得眉飞色舞,描绘得活灵活现,至于具体办事的人,只字不提。如果具体办事人员在某种场合不小心说出了真相,道出了苦衷,或在年度工作总结中作为成绩加以记述,尽管使用了"在某某正确领导和精心指导下"的公文辞令,主要领导还是不高兴,一定会找一个机会,含沙射影地予以"敲打",甚至说:不是我给你创造机会,你哪能做出这样的成绩呢?

但是,人难免会出错。特别是一些科员和借用人员,由于参加活动少,政策理论水平有限,加上领导本身没有交待清楚,本身没有考虑成熟,结果千虑一失,百密一疏,出了差错,挨了批评。领导马上就会迁怒具体办事的人,"这件事你是怎么办的?怎么这么不细心,不动脑筋呢?"丝毫没有想起,这文件或材料是经他签字,层层上报的。实际上,在具体办事过程中,具体办事的人可能看出了问题,提出了合理化建议,一些领导不学无术,不肯采纳,结果出了问题或上层领导不满意,又责怪具体办事的人:既然是正确的意见,怎么不坚持呢?反正都是下属的错。

天下太平日久,领导干部难免滋生官僚作风和流氓习气,时代呼唤更多的谭震林。"对来自上头的批评,你要敢揽起来。对来自下级的批评,你要能听下去,要当下级干部的'出气筒'。"这是谭震林的经验之谈,也是广大领导干部应该效法和奉行的。

(2009 年 12 月)

57. 严嵩的取宠之道

　　近日读明史，对严嵩把持朝政，贪赃枉法，残害忠良很是愤慨。愤慨之余，又生迷惘。这样的大奸臣，为什么在很多具有正义感的官员接连不断地抨击、弹劾之下，竟没有把他扳倒？而那些正义的官员相反地一个个被降职、流放甚至诛杀呢？后来倒了，并非正义力量的胜利，而是徐阶等人利用明世宗嘉靖皇帝朱厚熜一心修道成仙的心理，买通道士蓝道行，通过扶乩的方式，借助神仙的力量，先除掉严嵩的儿子严世蕃，再置其于死地。

　　为什么义正词严的弹劾没有把严嵩、严世蕃父子拉下马，而玩弄了权术和阴谋的所谓弹劾恰恰成功了？我看关键是他后面有皇帝在撑腰，是皇帝本人的好恶起了决定性作用。换句话说，是他投其所好，唯命是听，深得嘉靖皇帝的宠信。嘉靖皇帝放手让他去干，他就为所欲为，排斥异己，乱政专权二十年，成为中国历史上与唐朝李林甫、宋朝秦桧齐名的三大奸臣之一，《宝剑记》《鸣凤记》《喻世明言》《一捧雪》等民间戏曲多有鞭挞。

　　明代自太祖朱元璋废除丞相制，成祖朱棣设置内阁后，到嘉靖时期日益成为中国历史上君主独裁专制最为膨胀的朝代，皇帝拥有说一不二的至高权威，内阁一直是不伦不类的机构，大体只有奉诏办事、以备顾问的职责。嘉靖皇帝是明朝历史上最为聪明、心眼最多的主。别看他二十七年不视朝，成天躲在深宫修玄玩女人，却十分精通帝王之术，张璁、桂萼、费宏、夏言几进几出内阁，杨一清、李时、方献夫、翟銮、顾鼎臣由首辅退居次辅，严嵩取代夏言，而后徐阶又取代严嵩，所有朝中大员走马换将，无不被嘉靖"宏观调控"，玩弄于股掌之中，根本没有大权旁落的可能。为了防范出现权臣，嘉靖还利用宦官势力来牵制内阁，让司礼太监代行"批红"，代表皇权监督和控制内阁的施政活动。这样，既有人实质起到丞相的作用，代他处理朝政国事；而此人的权力又完全取决于皇帝对他的信任程度,掌握在他的手板心中。

但是嘉靖皇帝有一个致命的弱点,他沉迷于道教,幻想得道成仙,长生不老。他多年不上朝,不住紫禁城,住在西苑的皇家园林永寿宫,在那里和一帮道士一起玄修、炼丹。这当然与嘉靖皇帝的当上皇帝的特殊背景有关。嘉靖是他的堂兄明武宗,就是那个赫赫有名的正德皇帝突然死了,又没有儿子,才让他拥有了皇位继承权的。因此,嘉靖修道有两个目的,第一是保长生,第二是多子嗣,否则江山依旧会变成别人的。另外一个原因就是"大礼议事件"。好不容易当上皇帝的嘉靖,按照儒家传统思想,以时任首辅杨廷和为首的一班大臣们强行让他必须叫自己的伯父伯母为爸爸妈妈,而叫自己的亲生父母为叔叔叔母。嘉靖当然不肯干,他一定要追封自己的父亲为皇帝。皇帝和群臣彼此都不肯互相退让,以硬碰硬,结果两败俱伤。做皇帝的,从此选择了逃避,不愿见臣子;做臣子的,遭受了廷杖,被打死了十多人。

原本正直、孝道的严嵩在权力斗争中,慢慢地摸准了嘉靖皇帝的脾气,抓住他的长处和弱点,曲意逢迎,事事顺着皇帝的心意,成为拍马屁的高手,成为皇帝最信任的人。由于大礼议事件,嘉靖皇帝不再信任任何一个大臣,更不准许大臣拉帮结派。严嵩深深了解这个性格特点之所在,又非常善于利用这点。嘉靖自以为英明,严嵩便处处表现出自己窝囊;嘉靖死不认错,严嵩就在任何情形下都不暴露他的过失;嘉靖反复无常,严嵩就永远不提任何有建设性的建议;嘉靖极端怀疑大臣,不允许任何人结党营私,严嵩就对任何陷于危难的党羽拒绝援救;嘉靖残忍好杀,严嵩就正好利用它来清除异己。

严嵩时刻琢磨皇帝的心思,揣摩皇帝的意图,把准皇帝的脉搏,始终与皇帝保持高度一致。嘉靖皇帝信奉道教,为了显示自己的虔诚,每次上朝时都不戴皇帝金冠,而是改戴香叶冠。他还特意亲手制作了五顶香叶冠,分别赐给自己最亲近的大臣。当时的首辅夏言得到一顶,却从来不戴。皇帝问他为何不戴,他说:"我是朝廷大臣,怎么能戴那种东西!以臣所见,希望陛下今后也不要戴这种东西,君临天下者,应有天子之威仪,以正视听。"气得嘉靖脸都白了。而严嵩则不同,他不但经常戴香叶冠,还特意罩了一层青纱,表示自己时刻不忘领导的恩典。嘉靖十分高兴,特别表扬了严嵩。

严嵩非常善于伪装,尽管在大臣面前凶相毕露,但在皇帝面前,老实得就像一只小绵羊，很会表现自己。据明史记载，自嘉靖二十一年(1542)八月入阁起，严嵩就天天泡在大臣值班室(嘉靖住的西苑)，曾创下一星期不洗澡、不回家的纪录。虽然属下似乎从没看见他干过除旧布新、改革弊政的好事，但皇帝还是非常感动，特意送他一枚印章，上书"忠勤敏达"四字，并授予太子太傅。朱厚熜是"最会做皇帝"的皇帝，他玩内阁制度玩得相当精熟，根据时局需要与自己的喜好不断地变换阁臣，最终选中了"忠勤敏达"的严嵩当大管家。胆小谨慎的严嵩可比以前两个性格强悍的首辅张璁、夏言好使多了，嘉靖要的就是这样能听话、肯办事、好控制的奴仆来帮他来打理朝政。正如有一个学者所说的，"皇帝刚烈，严嵩柔媚"，"皇帝骄横，严嵩恭谨"，"皇帝英察，严嵩朴诚"，所以嘉靖皇帝认为用严嵩这个人做内阁首辅来控制中央政府的运转是一个合适的选择。

严嵩有一门特长，会写青词。嘉靖皇帝沉迷于道教，不光是炼丹，还要写"青词"，向玉皇大帝汇报他的政绩和虔诚。青词是给玉皇大帝的奏疏，它的特点是全用赋体，词句华丽，写作难度极高。因为写作时要使用专门的青藤纸，所以叫"青词"。在当时的朝廷中，会写这种文章的人很多，但能让嘉靖满意的只有两个，一个是前任首辅夏言，另一个就是严嵩。夏言秉性耿直，很不听话，不但拖稿，还动辄教训皇上几句。而严嵩这个人颇有文学才华，他和当时著名的文学家都有交往，是写"青词"的高手，态度又认真，从来是顺着皇帝的意，不说半个不字。因此，严嵩也被人讥讽为青词宰相，因为作了青词他才步步高升，成为内阁首辅而得到皇帝的宠信。

严嵩有一个得力的助手，那就是他的儿子严世蕃。到了严嵩权势显赫的时候，他已经是一个老头子了，精力有所不济。于是，他把独子严世蕃作为代理人，代行内阁首辅的权力，所以人称严世蕃为"小丞相"。别看严世蕃其貌不扬，而且瞎了一只眼。但他非常聪明，很会耍阴谋诡计。闽浙总督张经被免职后，严嵩的干儿子赵文华想让刚当巡抚的胡宗宪顶替总督的位置，这是一个十分重要的人事任命，所以奏折送上去很长时间都没有得到任何回音。突然有一天，严嵩收到一张嘉靖写给他的纸条，上面只有六个字："宪似速，宜如何?"严嵩一琢磨，理解为"胡宗宪似乎升得太快了，你认为应该怎么样?"但严世蕃却说："你错了，皇帝的真正意思是，胡宗宪似乎升得太快了，你认为杨宜如何?"杨宜时任南京户部右侍郎，从政经验丰富，对于嘉靖而言，他比愣头青胡宗宪要可靠得多。于是严嵩立即上书,推荐杨宜接任总督。在严世蕃的帮助下,严嵩始终能够在第一时间领会皇帝的意图,成为嘉靖身边不可或缺的人。

民间还传说严嵩为朱厚熜登基立下汗马功劳。相传明武宗朱厚照驾崩后,因无子继位,遵奉"兄终弟及"的祖训,是立湖广安陆州(今湖北省钟祥市)已故兴献王朱佑杬之子朱厚熜呢?还是立寿定王朱佑搘、汝安王朱佑梈呢?朝廷大臣们提议纷纷,各抒己见,一时无以定夺。最后,由孝皇张太后主传懿旨,三诏齐发,命三人"先到为君,后到为臣"。朱厚熜接到遗诏后心急如焚,因为安陆州距京城有三千多里,而德安、卫辉都距京城仅数百里,以三千之遥对数百之近,何以先到?于是,朱厚熜焦眉愁眼、茶饭无思。严嵩化装成测字先生,出了一个好主意,让朱厚熜假扮钦犯,稳坐囚车,日夜兼程,神不知鬼不觉地抵达京城当上了皇帝,由是对严嵩感激不尽,恩宠有加。

就这样,严嵩充分利用皇帝的嗜好,发挥自己的专长,牢牢地把至高无上的统治者抓在手中,迎合他的口味,博取他的欢心,给他好感觉,专横跋扈、擅权乱政二十年之久。皇帝把他看作心腹,可以高枕无忧;严嵩把皇帝当作护身符,因此权势显赫。皇帝因为有了严嵩在那里处理中央政府的具体事项,他就可以超然脱身,在西苑的永寿宫埋头于道教的修炼,还通过严嵩牢牢地控制着朝廷的政局;严嵩得到皇帝的宠信,他就擅权乱政,结党营私,贪赃枉法,把政治搞得乌烟瘴气。他可以把各种官职明码标价地卖出去,从几千到上万不等,或者把宫里面的一些珍贵的文物据为己有等等,成为首富。后来严嵩倒台,皇帝下令抄了他的家,他的家产简直令人触目惊心,抄家的清单可以写成一本书,可以与乾隆时候的那个大贪官和珅相媲美。和珅抄家,他家产的总值有人说相当于乾隆时期国家财政几年总收入的总和,可想而知严嵩的家产数量了。

但就是这样的大贪官,嘉靖皇帝一直不忍心下重手。严嵩案发之后,他的儿子被处死了;豢养的家丁重则斩首,轻则入狱,或是被发配戍边;但严嵩却没有被杀头,只是"削职为民",流落荒野,靠捡坟地供果充饥,最后自生自灭,活了八十多岁。因为自严嵩入阁以来,两个人配合得非常默契,嘉靖已习惯了他的言谈举止,习惯了他的小心伺候,他们不仅仅是君臣,还是某种意义上的朋友,是忘年交、铁哥们。

以古鉴今,现实中的严嵩大有人在。有一家职能很牛的单位,前一任"一把手"喜欢抽玉溪烟,结果全单位的大小官员都抽玉溪;现任"一把手"

喜欢抽黄鹤楼，结果全单位的大小官员都抽黄鹤楼。官场如战场，领导虽然口头上表扬能力强的，骨子里还是钟情于听话的。一些年轻人尽管每天热衷于上网、炒股、赌博，但很会察言观色，投领导所好，结果步步高升，获得利益最大化。

但毕竟严嵩遭受千古唾弃，严嵩之流也不会有好下场。推动历史进步、流芳千古的还应是那些正直无私、为民请命、有铮铮铁骨的英雄们。

（2010 年 5 月）

58. 徐阶的斗争策略

严嵩是明代嘉靖年间颇有影响力的首辅,他与儿子严世蕃狼狈为奸,乱政专权近二十年。很多仁人志士不惜以生命为代价与他作不屈不挠的斗争,最终他都化险为夷。但是最后,他还是大意失荆州,败在"没放在眼里"的次辅徐阶手下,落得家破人亡、弃尸荒野的下场。

嘉靖年间,内阁首辅权力很大,争夺首辅之位的政治斗争也愈演愈烈。嘉靖初,杨廷和执政,独揽票拟大权。张璁以大礼议倒阁,坐上了首辅的宝座。数年后,夏言又攻击张璁,当上了内阁首辅。但好景不长,严嵩以河套事件攻击夏言,使夏言惨遭弃市之刑。严嵩于是成为内阁首辅,独操相权。后来徐阶以少保兼礼部尚书的身份入阁,参预机务,严嵩、徐阶之间的政治斗争也就开始了。徐阶斗倒严嵩,并没有发生重大的政治事件,而是采取温水煮青蛙的战略,麻痹对手的斗争意志,在对手不经意间,借助玄机,将其击倒。他的斗争策略和艺术可概括为:忍辱负重,等待时机;时机成熟,穷追猛打。

史载,徐阶为人聪颖机敏,富于权谋韬略,"阴重不泄",城府很深,政治上进步很快。特别是自从首辅夏言被处死后,他小心翼翼,畏首畏尾,吃苦受累,奉承巴结,只是为了在这座金字塔中不断攀升,直至达到那最高的顶点,获得皇帝的信任,以实现自己的抱负,除掉那个他恨之入骨的严嵩。经过多年的忍辱负重,韬光养晦,他达到了次辅位置,距离击溃严嵩的目标只有一步之遥。但要跨越这一步太难了。

他的竞争对手严嵩是一个老牌政治流氓,号称明朝第一大奸臣。自嘉靖二十一年入阁以来,严嵩已经在皇帝身边度过了近二十个年头,嘉靖已经习惯了严嵩,习惯了他的言谈举止,习惯了他的小心伺候,他们之间已不仅仅是君臣关系,而是某种意义上的朋友。他们之间那一幕幕默契配合的情景告诉徐阶,或许皇帝愿意提拔他,或许皇帝愿意让他办事,但皇帝并不真正信任他。在皇帝的心目中,自己绝对无法与严嵩相比。

于是他更加小心，更加恭慎，更加处心积虑地去麻痹竞争对手。他把自己的孙女许配给严嵩的孙子做妾；在内阁事务中，一切唯严嵩马首是瞻，严嵩不到，绝不拍板；还舍弃了自己的上海户口，借躲避倭寇之名，把户籍转到了江西，成了严嵩的老乡。于是严嵩有生以来，第一次放松了警惕。在他看来，对于这样一个极其听话、服服帖帖的下属，似乎没有必要过于为难。为此，徐阶受到了同僚的鄙视和侮辱，讥笑他毫无作为，胆小如鼠，"不过是严嵩的一个小妾而已"。这在当时，大概是骂人用语中最为狠毒的了。但徐阶依然我行我素，等待机会的到来。

与此同时，徐阶竭尽全力博取皇帝的宠信。不仅精心撰写皇帝斋醮用的"青词"，还主动请求为皇帝炼丹。一次，嘉靖皇帝将五色灵芝分给严嵩等人，让他们按药方炼就仙丹，供自己服食，却没有分给徐阶，并且说："卿（阶）政本所关，不相溷也。"徐阶为人机敏，马上嗅出嘉靖皇帝对自己的不信任，惶恐奏道："人臣之义，孰有过于保天子万年者？（炼仙丹）且非政本而何？"这一番话，使嘉靖皇帝非常高兴，马上将五色灵芝分给徐阶，让徐阶参与炼长生不死之药的活动。有一年，嘉靖皇帝居住的西苑永寿宫发生火灾，一向迷信的他想重修宫殿。但严嵩没有领会他的意图，劝他迁回南宫，引起嘉靖皇帝的不满。因为明英宗自土木堡之战被俘放回后，被景帝软禁在南宫，南宫是个不祥之地。嘉靖皇帝转而询问徐阶，徐阶马上提议修建新宫，嘉靖皇帝非常满意。十旬之后，新宫建成，嘉靖皇帝立即搬了进去。这件事后，嘉靖皇帝更加亲近徐阶，疏远严嵩，朝政大事多问及徐阶，很少顾问严嵩了。

针对嘉靖皇帝信奉道教的特点，徐阶推荐以善于扶乩闻名士大夫间的道士蓝道行进入西苑。由于蓝道行串通嘉靖皇帝心腹太监，所以言事每每奇中，使嘉靖皇帝深信不疑。一天，严嵩有密札进呈，徐阶事先通告了蓝道行。蓝道行于是进行扶乩活动，预告说："今日有奸臣奏事。"一会儿，严嵩的密札送到了。这样，通过仙语道术，在嘉靖皇帝的心中严嵩有奸臣之嫌了。又有一天，嘉靖皇帝让蓝道行扶乩，问："今天下何以不治？"蓝道行装成乩仙回答说："贤不竟用，不肖不退耳。"嘉靖皇帝又问："谁为贤，不肖？"蓝道行回答说："贤者如辅臣（徐）阶、尚书（杨）博；不肖者严嵩父子。"嘉靖皇帝又问："我也知道严嵩父子贪，上帝何不震而殛之？"蓝道行机敏地回答说："留待皇帝自裁。"这番话，对崇信道教的嘉靖皇帝震动很大。

　　抓住这一有利时机，徐阶令御史邹应龙趁热打铁，上疏弹劾严嵩。嘉靖皇帝读着邹应龙的奏疏，思考着蓝道行扶乩之语，终于下令逮捕严世蕃，勒令严嵩致仕。为防止严嵩反扑，徐阶仍继续迷惑严氏父子。据史载，"嵩既去，（徐阶仍）书问不绝。久之，世蕃亦忘旧事，谓'徐老不我毒'"。放松了警惕，继续任意胡为。严世蕃未至发配之地，在家乡征集人手大建馆舍，为所欲为，受到弹劾。嘉靖皇帝大怒，下令逮捕严世蕃等人，交三法司审理。刑部尚书黄光升等人将严世蕃的各种罪过，包括杀谏臣等都写进奏疏上报。徐阶认为，这样势必激起爱护己短的嘉靖皇帝之怒，反而救了严世蕃。于是，他从袖中拿出自己早已写好的奏章，让人誊清上交。徐阶所写奏章，主要列举了严世蕃纠集亡命之徒，勾结倭寇，蓄意造反，见南昌仓地有王气大造府第，图谋不轨。嘉靖皇帝信以为真，这才下令处死严世蕃，籍没严氏家产，斗争最终取得胜利。

　　通过以上叙述可以看出，为扳倒严嵩，徐阶采取了避其锋芒，淡其斗志，出其不意，反败为胜的斗争策略。面对强敌，徐阶小心谨慎，委曲求全，逆来顺受，一直隐忍了严嵩十几年，不与严嵩正面斗争，表面上十分恭敬，暗中积蓄力量，寻找对方软肋，一旦时机成熟，果断出击，毫不留情。为了讨好严嵩，他甚至不惜牺牲自己的孙女，将长子徐璠之女许配严世蕃之子。后来严世蕃判处斩刑，徐璠怕受牵连，将亲生女儿毒杀，付出了沉重的代价。

　　由此，我想到了在电视"动物世界"里看到的一幅画面。一只丹顶鹤很悠然地站在一条鳄鱼的背上小憩。那鳄鱼很长时间一动不动地伏在水里，只露出背脊，丹顶鹤还认为是站在一块精美的石头上呢。突然间，鳄鱼猛地一跃，张开血盆大口，将丹顶鹤吞噬。这就是鳄鱼的生存哲学。鳄鱼无疑是爬行动物中最为凶猛的物种之一。按理说，它们猎食是不成问题的。其实不然，它们的猎捕机率总是失败多于成功。有时候甚至是连续几个月、半年都猎取不到食物。但鳄鱼总能非常坦然地接受这个残酷的事实，毫不沮丧，毫不气馁，以异乎寻常的平和心态养精蓄锐，耐心地等待下一次机会。当下一次猎物出现时，它们会毫不迟疑地一跃而起，去捕捉那瞬间即逝的机会。甚至当鳄鱼贪婪地吞食猎物的同时，会假惺惺地流出眼泪，这才有了"鳄鱼的眼泪——假慈悲"这句有名的西方谚语。

　　徐阶就像鳄鱼那样，一直在耐心地等待最佳时机，冷眼旁观严嵩的飞扬跋扈，忍看正义之士被迫害，忍受朋辈的误解和污辱，以成就"最后一跃"。实际上这也是一种温水煮青蛙的斗争艺术。青蛙在沸水中会立即一跃,成功逃生;在温水中悠然自得,当发现高温无法忍受时,已经心有余而力不足了,被活生生的在热水中煮死。严嵩实际上是被徐阶的"温水"(低眉顺眼,恭谨侍候)煮死的。史书记载,严嵩鉴于自己败局已定,害怕徐阶报复自己及子女,转过来乞怜于徐阶。一天,严嵩摆酒设宴,让子孙家人跪拜徐阶,并说:"嵩旦夕且死,此曹惟公哺之。"徐阶表面上客客气气地表示不敢,内心则窃喜起来:你严嵩也有今天。可惜为时已晚,严嵩最终落得家破人亡的可悲下场。

(2010 年 5 月)

59. 张居正的用人艺术

在中国封建社会并不乏起自平民而荣登宝座的皇帝，刘邦、朱元璋都以开国君主名垂青史；但少有出身寒微而力挽狂澜的宰相，张居正就是罕见的一位。他从秀才、举人、进士，官至内阁大学士，从平民中崛起，在明朝万历初年当了十年首辅，是中国历史上著名的政治家、铁腕改革派，史书上赞扬他是"救时宰相"。

为扭转明朝嘉靖以来朝政腐败的局面，张居正大刀阔斧推行一系列富国强兵的改革举措，开创了成效卓著的万历新政。在他执政的十年期间，"边境乂安""太仓粟可支十年""太仆寺积金四百余""一时政绩炳然"，使万历初期成为明代最富庶的几十年。甚至和他持不同政见的人，也赞誉他是"宰相之杰"。《明通鉴》说："是时帑藏充盈，国最完富""起衰振隳，纲纪修明，海内殷阜，居正之力也。"

张居正改革能够成功，有诸多历史背景和原因。比如皇帝年幼，当时明神宗朱翊钧只有十岁，还只是一个小学生，张居正是钦定的顾命大臣兼老师；再者皇帝他妈大力支持，年轻守寡的李太后无论是治国、教子、还是精神寄托上对他是百般依赖；再就是太监冯保通风报信，出谋献策。还有一个重要原因是他重视人才，知人善任。他曾上书神宗说："今后用人，但问功能，不可拘资格。"所以史书称他"善知人"。

"不拘资格"是张居正用人的最大特点。有为的政治家们往往都能在用人方面破除论资排辈的偏见，但像张居正那样重视从下层提拔人才，实属难得。他倡导："采灵菌于粪壤，拔姬姜于憔悴。"认为立贤无方，唯才是用，即使贱为僧道皂隶，只要出类拔萃，可以位列九卿，作为国家的栋梁。他突破成规起用行伍出身的李成梁为镇边大将，破格重用残疾小吏黄清为太仆卿高级官员，重新起用被罢官的水利专家潘季驯治理黄河。在改革走向高潮时，特许府、州、县的考生越级报考京师的国子监，把各地人才收罗到中央，组成精干的班底，形成改革的中坚力量，为建树新政作出贡献。

"多用循吏，少用清流"，是张居正用人的基本准则。他认为，贪官不能用，渎职官员不能用，这些人都是肯定要罢免的。他又加上一条，庸官也不能用。不求有功，但求无过，这也是坏官。他就按这个标准，出台了考成法，上任三个月后裁掉三千多官员。他还强调，还有一类官员不能用，那就是只认死理，不知变通的人。在他看来，用人的重要标准，一是贤才，二是会做事，宁用稳重之人，也不要过于极端的所谓人才。因此，张居正当朝十年，对开书院及借书院讲学之名议论朝政的人，极为讨厌，也曾有过封杀书院的举动。

什么是循吏？该词出自《史记》。司马迁有《循吏列传》。此体例后来亦为史书所承袭，成为记述那些重农宣教、清正廉洁、所居民富、所去见思的官员的固定体例。早先的概念之中，"循吏"和"良吏"是差不多的意思。一般而言，循吏都是好官，能够按照儒家传统的"先富后教"的政治模式，为官一任，造福一方，以民为本，注重人民利益。他们的为官风格，大致都是扎实的，稳健的。有时候，他们甚至脑子一根筋，只想把事情做好，把处事结果放在第一位，而不会考虑过多的所谓道德的约束。这些人，基本是大醇小疵，但其做事风格严谨而稳重，又不避祸咎、不阿谀奉上、不饰伪欺君。一句话，为官实在而不尚空谈。

什么是清流？清流喻指德行高洁负有名望的士大夫。陈寿的《三国志》就有"动仗名义，有清流雅望"的说法，欧阳修的《朋党论》也有"此辈清流，可投浊流"的议论，清朝的顾炎武则有"读书通大义，立志冠清流"之名句。"清流"典出东汉末年郭泰、贾彪、李膺、陈蕃等人的"清议"。东汉末年，宦官专政，用人之道，全凭宦官好恶，士人上进无门。因此，许多儒生学者，便与官僚士大夫结合，在朝野形成一个庞大反对宦官专权的社会政治力量。他们以儒家伦理道德为依据，"激扬名声，互相题拂；品核公卿，裁量执政。"是为"清议"。结果却为宦官所诬，并以"结党为乱"捕杀，史称"党锢之祸"。

宋明以来，理学被尊为儒学的正宗、统治阶级的官方思想，到明后期愈来愈走向空疏。它宣扬心外无物，不假外求，把做学问的功夫引向发掘内心世界，否认客观真理，这种完全脱离实际的学风，养育出一批文人学士谈玄说虚，好说大话、空话，鄙薄民生实事，这就是"清流"。明代以东林党人为代表的言官大都是"清流"。这些人，冲虚淡泊，谦谦有礼，遇事三省其身,经常评议时政,上疏言事。其最大的特点,虽不肯与邪恶沆瀣一气,却也不敢革故鼎新,勇创新局。

张居正是明朝比较有作为的一个宰相,为什么用循吏不用清流?他的基本指导思想是,青史留名不是主要目标,重要的是要把改革推进。他说过,天下之贤,天下用之。但他从来不用言官,亦不喜欢"清流"。"芝兰当道,不得不除。"这是他在免去好友汪伯昆官职时做出的评价:芝兰再好,碍手碍脚,又有何用?在他眼里,清流言官,大抵好议论,好争斗,唱高调,说狠话,做事极端,办不成大事。其中不用海瑞就是典型。

海瑞是明代著名的清官,曾因抬着棺材给嘉靖皇帝上书,自古传为佳话。但他罡风兀立、不事变通的性格令同僚们不寒而栗。海瑞当过南直隶巡抚。南直隶巡抚建于苏州,管辖的地方是国家粮赋重地,明朝三分之一的收入来自于这个地方。结果海瑞在这儿当了三年的"一把手",地方的财政收入少了一半,国库的税银收不起来。海瑞是一个理想主义者,实行简单的杀富济贫。他不抓生产、国民经济,这都跟他没关系,他就是抓廉政。这样一来,把国家的财税重地搞得一团糟。跟他一个班子的人都纷纷要求调动,不愿意跟他共事。结果没法干下去了,只得辞职。离别之时,还上书感叹"举朝之士,皆妇人也"。为官之人,说出这样不得体的话,也是蛮绝的。

到了张居正当首辅时,闲居海南老家的海瑞给张居正写信,希望给他一展抱负的机会。但是张居正回信道:"仆谬忝钧轴,得参与庙堂之末议,而不能为朝廷奖奉法之臣,摧浮淫之议,有深愧焉。"身居首辅之职而言位卑乏力,这是不是理由的理由,是毫不含糊的拒绝。直到张居正病逝遭清算后,海瑞再次被起用,但已是古稀之年,再也没有当年那种慷慨激昂的锐气了。

按道理说这不正常。海瑞的清廉与正直,张居正应该是清楚的。何况二人既为同僚同学,在政见上又都深感明朝中期已经积弊日众,都主张整肃朝纲,兼济法治,反对土地兼并,对百姓施仁政,都在积极思索帝国的出路。再则,严嵩、徐阶既倒,海瑞重出,也在情理之中。提携之手,理应伸援。但为何张居正弃海瑞不用呢?难道他不希望帝国的官僚中有正直风气吗?事实并非如此。

张居正对吏部尚书说:"海先生是一个好人,个人清廉而且有气节,这都是好的。但我现在要选用能臣为朝廷做事,是要选好官而不是选好人。

好人就是大节不亏,不贪不懒,做事有规矩。好官不一样,上要让皇帝放心,下要让老百姓得实惠,上下通气才叫好官。"实际上张居正要的就是能做事的。你们别给我叨叨,你们说你们的,我让循吏把我的改革思想推下去。

因为精明的张居正知道,海瑞这张牌,一旦被别有用心的政敌利用后的巨大威力。他自己也承认是"惮公刚直",以免作梗。海瑞是一座道德的碑碣,自然在同僚的眼里,也是类似"双刃剑"的钟馗,可用可弃。尽管张居正具有不言而威的胸中沟壑,有"治大国若烹小鲜"挟雷带电的政治手腕,但是要实现久蓄于胸的政治理想,出于施政效率的考虑,他并不想节外生枝。

再者,海瑞的治政理念是"复古",他认为只有洪武成宪、儒家教义才是亘古不易的真理,不管居庙堂之高,还是处江湖之远,都应该奉为行为圭臬。他无法理解官场上普遍的口头吟诵道德文章、背后大肆贪污腐化的现状。他希望圣贤典籍教谕下的文人官员表里合一,不但自己作出表率,还希望通过政治强力,来理清污迹斑驳的道德规范,来匡正浑浑噩噩的矫情世风。这只是一个永远无法企及的美妙愿望。至少张居正这么认为,故张首辅不启用他。

在后来的"夺情"风波中,证明了张居正不用"清流"是正确的。万历五年,正当改革从政治推向经济之时,张居正父亲去世。按明朝礼制规定,在职官员自闻父母丧日起,要辞官守孝三年,如有特殊情况,经皇帝特批,可以继续留任,称为"夺情"。明朝是重孝的王朝,在明中叶就已多次申令,不准"夺情",按惯例张居正也要遵守,可新政正是方兴未艾之时,张居正一离任,形势可能逆转,改革的成果就可能毁于一旦,所谓"人在政在,人亡政息"是也。

在我们现在看来,张居正留下来继续推进改革是名正言顺的,可在当时引起了一场轩然大波。翰林院编修吴中行、翰林院检讨赵用贤、刑部员外郎艾穆、主事沈思孝等门生或同乡率先挺身而出,反对他"夺情"。这些书呆子,打着维护伦理纲常的旗号,攻击他是"忘亲贪位""背公议而殉私情""亲死而不奔",是"禽彘",甚至把谩骂写成小字报贴在大街上。他的好友戚继光甚至提出让徐阶回来再干三年。这对张居正的打击非常大,他认为:"今言者已诋臣为不孝矣。斥臣为贪位矣,詈臣为禽兽矣,此天下之大辱也,然臣不以为耻也。"揭露反对派是"借纲常之说,肆为挤排之计。"为了改革大业,在皇帝的支持下,他毅然留了下来,那些攻击他的言官,遭到了残酷的廷杖处惩,受到了撤职充军的处分。

试设想,假如张居正效祖宗之法回乡守制,他的"一条鞭法"就根本无法推行下去,开局良好的改革就会过早的夭折。但也由此埋下祸根,加上他查封书院,得罪了天下读书人。万历十年六月张居正病逝,同年十二月反对派开始发难,张居正满门查抄,家属饿死十多人,凡被认为与张结党的官员,统统被削职,他本人也差点"掘棺戮尸"。至于他一腔心血建树的新政,更是付诸流水。海瑞说他"工于谋国,拙于谋身",是很有道理的。

张居正在用人方面最大的失误,是没有及时物色一个能肩担重任的后继者。他并非是没有深谋远虑之人,但他从没有想到由于他威权独揽,气势夺人,以至没有第二个能孚众望的继承人取代他的声威。刚愎自用,偏听偏信,使他自蔽视听,不能客观地考察人选。更使他万万没有想到的是,正当58岁精力犹旺之时,一场宿疾痔疮的复发,三个月即告病危。弥留之际,匆促接受司礼太监冯保的建议,保举原礼部尚书潘晟入阁,潘本是平庸之辈,还未上任即遭弹劾而辞职。

继任者是一向受到张居正垂青的张四维。此人家资万贯,倜傥有才,但品行素来不端,攀附权势,曲意奉承,"岁时馈问居正不绝",极尽逢迎拍马之能事。一朝大权在握立即转向,起用一批被张罢职的官员。首先发难攻击张居正的李植,就出自他的门下,废除乘驿之禁也是他的授意。继任的申时行也是张居正的助手,他以一手漂亮的文字博得张居正的欢心,于万历六年入阁,协理政务。但他的为人正如明末著名戏剧家汤显祖的评价:"柔而多欲",是个貌似宽厚,实则利欲熏心的伪君子。张四维回乡奔丧,他继任首辅后,拟旨宣布张居正"诬蔑亲藩""专权乱政""谋国不忠"等几大罪状。在他主政期间一切新政全都报废。

如果没有这样的两面派和伪君子窃居要职,推波助澜,新政尚可延续时日。张居正英明一世,却毁于偏好奉迎,没有洞察埋伏在身边的异己分子,以致祸发萧墙,遭此败北。倒是那个当初大骂张居正是禽兽、被廷杖致残的邹元标,拖着一条拐腿,为张居正的昭雪奔走呼号。

历史就是这样令人悲欢啼笑,今之官场何尝不是这样?官居高位要职的,大都喜欢对自己"忠诚"的人,而冷落有才能会办事的人。以致很多年轻人太注重"做人",而忽视"做事",成天琢磨的是如何迎合领导,巴结领导,打打电话、糊糊信封,见风使舵、见机行事的风气盛行。殊不知,这些人在不久将来可能就是领导的"掘墓人"呢。

张居正"不拘资格"选拔人才,大胆使用求真务实的稳重之人,值得借鉴学习,但偏好奉迎、自蔽视听之陋习当弃矣。

(2010 年 11 月)

60. 解缙的失意之谜

我对中国文人的崇拜可以说是始于解缙。那还是上世纪七八十年代，农村大集体时期。农闲时分，劳作之余，田埂上，月光下，我的父亲和叔辈们，给我讲的最多的就是解缙的故事了。

那时在我的印象中，解缙是神童，才思敏捷，性情豁达，善于对对子，敢于嘲讽土财主和达官贵人，在士民间拥有崇高的威望，简直就是"文人中的阿凡提"，是智慧的化身。

时隔三十余年，我的父亲和叔辈们大多作古，但我还清楚地记得当时他们讲故事时的那种羡慕、陶醉、得意的神态和语调，还记得许多解缙的"敏对"。印象最深的要数他妙联气财主了。

据说解缙14岁居家读书时，门前正对着一位财主的成片竹林。他在自家门口贴了一副对联："门对千竿竹，家藏万卷书。"财主看了，心里不大高兴，派人把竹子砍了。谁知解缙看了满坡的竹碴子，反倒又把对联加长了，变成"门对千竿竹短，家藏万卷书长。"财主一气之下，干脆派人把竹子连根挖起。解缙又在对联下面添了两个字，变成了"门对千竿竹短无，家藏万卷书长有。"财主看了，哭笑不得。

再就是他的一首打油诗。说解缙科举高中，接获喜报，按捺不住兴奋之情，慌不择路地去通知亲朋好友，因为天雨路滑，不慎摔倒。吉水县城里满街的乡亲，看到这位小个子大文人，满身泥水，狼狈不堪的样子，竟"轰"的一声，像春雷那样惊天动地地大笑起来。尴尬的解缙，定了定神，信口吟诵："春雨贵如油，下地满街流；跌倒解学士，笑煞一群牛。"将看笑话的左邻右舍调侃了一番。

及至长大，看了一些史书，才知解缙远不是"神童"那么简单。他号称明朝第一才子，是明朝第一位内阁首辅，历经太祖朱元璋、建文帝朱允炆、成祖朱棣三朝，官至翰林学士，34岁时曾领导3千多文人以3年时间，完成了3亿7千多万字，卷帙达2万多册的宏大类书《永乐大典》；"墙上芦苇,头重脚轻根底浅;山间竹笋,嘴尖皮厚腹中空"这副千古名对出自他手。其文雅劲奇古,诗豪放羊瞻,书小楷精绝,行、草皆佳,狂草名噪一时。

但就是这样才华横溢的大学士,治国安邦的济世之才,却一生坎坷,时而得宠,时而失宠,时而升迁,时而贬谪,直至被人迫害致死。而且死得莫名其妙,是在一个风雪交加的夜晚,被监狱的看守灌醉,埋进雪地活活冻死,时年 47 岁。

在我看来,解缙失意首先失在他不知进退,忘乎所以。解缙初入仕,因为才气过重,深得太祖朱元璋的宠爱,常侍奉左右。朱元璋是中国历史上的暴君,向来对文人没有什么好感,不知制造了多少文字狱,独对小小的解缙情有独钟,无限慈爱,曾对解缙说:"朕与尔义则君臣,恩犹父子,当知无不言。"一副舐犊情深的样子。

于是乎"士为知己者死",解缙真的"知无不言"了。一日他上万言书,剖切陈词,建议改革时弊,鼓励农耕,实施授田均田之法,兼行常平义仓之举,免去苛捐杂税,使民休养生息;尚武以固边防,崇文以延人才;治罪不株连妻子,捶楚不加于属官。奏疏呈上,太祖连连称赞解缙有安邦济世之奇才,治国平天下之大略。

解缙一发不可收拾,不久,又献《太平十策》,再次陈述自己的政治见解,历数朱元璋政令多变,一发火就除根剪蔓进行滥杀,小人趋媚,贤者远避,贪婪者得计,廉洁者受刑,吏部无贤否之分,刑部无枉直之判……切中要害,一下子惹得明太祖老大不高兴,解缙终于被罢官。

《孟子》云"士,诚小人也。"但有人对朱元璋解释这句经典论断时却说:"士诚,小人也!"也就是说,对于专制皇权来说,忠诚的知识分子是最可恶的家伙!朱元璋叫你直言切谏,你没想想,不用说天子,即令是平头百姓,有几个是闻过则喜的?明知朱元璋喜怒无常,滥杀忠良,却偏要去显显愚忠,触犯逆鳞,这不是找死吗?解缙第一次因"知无不言"受宠,又因"知无不言"失意。

八年之后建文帝时解缙又出仕。等朱棣夺了侄儿的皇位,迁都到北京时,解缙才得到重用。朱棣让他当《永乐大典》的总编修,"甚见爱重,常侍帝前",让同僚们羡慕得不行,嫉妒得不行。

但解缙并没有吸取教训,他照旧"知无不言"。说是有一次成祖问他对几位大臣的印象,解缙都如实品评。说某人诞而附势,虽有才而行不端;某人可算君子,却短于才华;某人是薄书之才,驵侩(牲畜交易经纪人)

之心；某人有德望，但不疏远小人。然而这些被他藐视的人，恰恰都是朝中一二品大员。他们听到解缙的评论，能不嫉恨么？

礼部尚书李志刚最嫉恨解缙了，这"诞而附势，虽才不端"八个字就是评价他的。后来在立太子的问题上，解缙又得罪了次子高煦。再后来，解缙反对出兵平定安南（今越南），引起了朱棣的恼怒。朱棣一动怒，骤然间对解缙产生了极深的厌恶、戒备和疏远。

永乐四年（1406 年），朱高煦进京向父皇朱棣告了一状，诬陷解缙泄露了宫廷机密，将燕将邱福所言属于"禁中语"的话传到王宫外面去。这一状非同小可，朱棣的无名火熊熊燃烧起来。解缙终于成了宫廷父子斗争的牺牲品，被朱棣逐出朝廷。

然而，朱棣对解缙的贬逐包含着复杂的情感。虽为贬谪，解缙却是从朝廷五品官阶迁变为行省从四品官。实际上朱棣是要把解缙在朝廷的官位罢黜，逐出宫廷去易地为官，让自己眼不见心不烦，以免在朝廷这个漩涡中再引发事端。于是，朝廷只以"廷试读卷不公"作为解缙的罪过，将他贬为广西布政司右参议。

可解缙来到广西布政司报到时，却被告知，朝廷已经传谕广西，命他改往交趾（安南北部，即今越南北部）去，目前的任务是先往化州（今广东化州境）督运粮饷。解缙大感惊愕，朝廷明明指令他出任广西布政司右参议，却怎么又将他遣往交趾呢？

原来，是礼部尚书李志刚在背后捅了一刀。他向成祖朱棣面奏："皇上你那么器重解缙，可他连皇上骨肉也离间。皇上出兵讨伐安南，他居然极力反对。这次皇上让他到广西，他在一些朝官面前大发牢骚，对皇上极是怨恨不满。臣以为，当前皇师正大破安南，安南不日将平，不如把解缙放去督运军饷，待交趾平定，让解缙驻守交趾算了。"

成祖听了李志刚这番话，犹如火上浇油，解缙居然敢大发牢骚，对朕怨恨！即令吏部传旨广西布政司，解缙到达广西后，马上把他改往交趾去。解缙在交趾，结交了大将军张辅，遇到了好友王偁，寄情山水，吟诗作对，传道讲学，日子倒也过得洒脱。

永乐八年（1410 年）二月，解缙的机会到了！交趾布政司派解缙上京奏事。解缙欢天喜地，先顺道回了一趟老家吉水，这才急急忙忙往北京。不料，当时朱棣亲征鞑靼，不在京城。未能面见天颜的解缙失望之余，灵机一动：当今的皇上不在，不如去拜见今后的皇上——太子朱高炽，也好为朱棣百年之后,自己重回朝班打好基础!朱高炽见到昔日的老师解缙忽然登门,自然是又惊又喜,好一番叙旧。

解缙在京城狂放了一通,最后还得回交趾。但他在京城的所作所为,被朱高炽的政敌、汉王朱高煦于永乐八年八月向朱棣举报了。《明史》记载:"永乐八年,缙奏事入京,值帝北征,缙谒皇太子而还。汉王言缙伺上出,私觐太子,径归,无人臣礼。帝震怒。"正好,解缙和王偁考察了泥沙淤塞的赣江后,兴致勃勃地上奏《请凿赣江通南北》,希望疏通河道、根治赣江、贯穿南北、有利航运。朱棣认为这是妄议朝政、居心叵测,命锦衣卫将解缙逮捕回京,下诏狱。并先后牵连了一大批文人和高干,妻子宗族贬徙辽东。

转眼到了永乐十三年(1415年)正月,朱棣吃饱了御膳没事干,命锦衣卫都指挥使纪纲把诏狱人犯名册呈上御览,看着看着,忽然眉头一皱,敲打着解缙的名字问:"缙犹在耶?"纪纲忽然回过神来,心想:原来您老早有此意啊!回到狱中,纪纲请解缙喝酒,过年嘛,解缙不以为意,喝!等解缙喝得酩酊大醉,纪纲命手下把解缙抬出去,活埋在雪堆里。一代才子,就这样在美酒白雪中了却残生!

因此,在我看来,解缙之死,就死在多管"闲事"上。这"闲事"如果是国家大事,史书上倒也落得"为人耿直,刚正不阿,不畏权贵,针砭弊政,弹劾小人"的好名声,他偏偏热衷于皇帝立储的私事。太子是国之"储君",立太子是朝廷极为重大的事件,直接关系着皇帝的一统江山交给谁来继承。在中国封建政制里,经过科举入朝的大多数官僚,都抱着儒家思想观念,把它视为社稷安危、福祉万民的维系,因而朝野的臣僚儒士甚至天下百姓,无不关心皇上的"立储"。

朱棣有三个嫡子,长子高炽、次子高煦、三子高燧。三人各有不同的个性特征,长子敦厚仁孝,次子雄武强悍。次子高煦在配合父亲朱棣夺取帝位中累立战功,当时朱棣为激励儿子奋战,曾许愿将来立他为太子。到了"立储"的时候,按照历代王朝的传统,应立长子。左右为难的朱棣决定征询大学士解缙的看法。

解缙是个受儒家正统观念影响很深的文士,自然尊崇传统的长子立储的做法。解缙说:"皇长子仁孝,天下归心。"但是,成祖听了,却默然不语。解缙似乎也在揣摩成祖的心思,点点头又说:"皇上喜欢圣孙。"他指的是朱棣喜欢孙子朱瞻基。成祖最后决定立长子朱高炽为太子。于是汉王朱高煦十分怀恨解缙,认为是解缙左右了父亲的意志,才会推翻事先的许诺,让他的太子梦落空。

汉王高煦的封地在云南,失去"立储"的愿望后,朱高煦就赖在京城不去封地就藩,整天在南京与一帮手下放鹰纵犬,残害百姓,尽干些胡作非为的事。朱棣感到非常头痛,迫不得已迁就了这个儿子,把他就近改封山东青州。为了安顿好这个在"靖难"中立功的儿子,朱棣加厚礼待,比对太子还偏重。

解缙出于维护朝廷秩序和尊严,向朱棣谏言:"这样下去,将会引发更大的争端,望皇上不要这样做。"想不到,这一次朱棣听了,竟然十分暴怒,完全撕去往日君臣之间温情脉脉的面纱,将一大股火气向解缙发泄,直指着解缙的鼻尖骂"你这是离间骨肉"。自此冷落解缙,直至把他关进监狱。

一肚子学问的解缙忘了,三国时期的杨修,怎么被曹操杀头的,不就是掺和到曹丕、曹植的继承争夺战中去吗?封建社会中的皇位更迭,从来就是伴随着血风腥雨的难产过程。狗拿耗子,用得着你多管闲事么?解缙自不量力地介入朱高炽和朱高煦的储位之争,而且卷进如此之深,分明是在找死了。

学而优则仕,仕至优则遭祸。中国知识分子大都难以逃过这个怪圈,明朝尤甚。江南奇才唐伯虎因科考案的牵连,一生坎坷失意,只能以"唐解元"的身份放浪行迹,吟诗作画;杨慎是明代中叶一个百科全书式的通才,殿试第一名,因"大礼议"事件得罪了嘉靖皇帝,谪戍云南永昌卫,居云南30余年,最终死于戍地;戏曲大师汤显祖因不附权贵,屡遭嫉恨和贬谪,最后干脆回乡讲学,醉心著述。

这三人虽然遭受磨难,但多少能"看得穿""想得开",在政治上没有多大建树,在文学上都是硕果累累,千古流芳。唐伯虎潇洒飘逸,傲世不羁,号称"江南第一风流才子",仕女画登峰造极,留有"三点秋香"的传说;杨慎在经史、诗文、书画,以及训诂、文学、音韵、民俗等方面均有造诣和贡献,《明史》称明代记诵之博,著作之富,推慎为第一,他的《临江仙·滚滚长江东逝水》成为电视连续剧《三国演义》的主题曲;汤显祖的《牡丹亭》是中国戏剧史上杰出的爱情悲喜剧,是《西厢记》之后的一部里程碑式的伟大剧作,被称为"东方的莎士比亚"。

唯有解学士,真替他抱屈,除了那部破碎残缺的《永乐大典》,他的名篇是什么,他的代表作是什么,他的文学主张是什么,除专门研究者外,大多数中国人，便无所知了。他是一个一直对皇帝抱有幻想、对政治割舍不下的官僚，希望获得昔日的荣耀，至死都没有想明白为什么皇帝不启用他。假如在朝廷他老老实实编书，不参与"立储之争"；在广西和交趾，潇潇洒洒游山逛水，不"私谒太子"，也不至于落得醉埋雪中的下场，连个司法程序也没有走；假如再多上近二十载挥斥方遒的文字，"庾信文章老更成"，也许他的文学成就，不亚于上述三人。

不知进退、好管闲事、留恋官场，造成解缙的悲剧人生，也是中国知识分子的宿命和悲哀。想起那些早早死于非命的政治天才，青冢枯草，杜鹃啼血，那是很令人黯然神伤的。

（2010 年 11 月）

61. 袁枚的洒脱之处

自古以来,人如果诗做得比较好,那么在做官方面,就差点意思。古来为人称道的清官能吏,比如狄公狄仁杰,包公包拯,施公施纶,彭公彭鹏之类,没有一个是诗人。反过来,孔融诗做得好,做太守的时候,"座上客常满,杯中酒不空",可有贼来攻城,只能城破而奔。另一位诗坛高手陈琳,为袁绍起草讨曹操檄文,骂人骂得连曹操的头风都不药而愈,但真正做事,却百无一能。接下来,竹林七贤,南朝大小谢,唐朝的李、杜,都差不多。诗人和能吏,看来很难兼而得之。不过,大千世界,例外总会有,清朝的袁枚,就是一个。他既会写诗,又会做官,更会做人。

袁枚是清朝鼎盛时期,数一数二的大才子,12岁中秀才,广西巡抚命其做铜鼓赋,提笔立就。20岁出头就登科及第,点了翰林。时人说他"身长鹤立,广颡丰下,齿若编贝,声若洪钟",一翩翩佳公子也。袁枚的诗在清代诗坛上占有极其重要的位置,与赵翼、蒋士铨合称为"乾隆三大家"。清诗自钱谦益扭转明诗风气以来,不断发展变化,直到袁枚出来,方才走上自己的道路。袁枚的诗歌腾跃着鲜活的生命气息,灵动洒脱,清新隽永,流转自如,写景诗更是飘逸玲珑,在清代乾嘉诗坛独树一帜,是"性灵派"的代表人物。他的散文代表作《祭妹文》,哀婉真挚,流传久远,古文论者将其与唐代韩愈的《祭十二郎文》并提。他的小论文《黄生借书说》选入中学课本,"书非借不能读也"的观点令人耳目一新。那个借书的黄允修经过一番苦读,果然中了进士,任邻县的知县。

袁枚的官做得不大,却做得很好。按规矩,进士点翰林,除了三鼎甲之外,一般人都属于翰林庶吉士,即见习翰林。一年后大考,如果合格则转为翰林编修,不合格则分发六部做主事,再差的则放到地方做知县。才高八斗的袁枚,居然被放下去,做了知县。做了七品芝麻官的袁枚,并没有天天饮酒赋诗,荒废政事,反倒得了能吏之名,前后做了几个县的县令,每到一处,很快就把前任的积案清理干净。袁枚断案如神的故事,在民间到处流传,老百姓编成歌谣传唱。清朝的规矩,凡是做过翰林者,即使外放做县令,也是老虎班,用不了多久就可以升上去的。可是,袁枚总也升不上去,从大县富县,做到了穷县小县,从江苏做到陕西。十年官场蹭蹬,少年袁枚变成了中年袁枚,人到中年,百事看得开,于是辞官不做,在金陵附近买了块地,修了一座随园。从此在园子里饮酒做诗,做起了职业诗人和名士。

袁枚为人洒脱,诙谐风趣,无人可及。《清史稿》说他,"诙谐诙荡,人人意满,后生少年一言之美,称之不容口。"一个朋友死了,他把朋友欠他的五千金债券,一把火烧了,还拿出钱来帮助朋友的后人。除此之外,他的美食特别有名。袁枚著有随园食单,记载了许多美食佳肴的做法。当时的随园,种菜养鸡养鸭还养猪和兔子,养法与众不同,加上园中的他自己就是厨子中的高手,率领众多高厨,做出来的菜肴,自是别具一格。当时的随园,经常高朋满座,有次开筵,客人居然达 500 人。各处达官贵人,诗人名流,只要路经金陵,没有不去随园的。

当然袁枚,也会挣钱,否则三日一小宴,五日一大宴的银子哪里来?袁枚的官运不佳,但文名远扬,四方贵人和富人,求他给死去的爹娘写墓志铭的,不知凡儿。求人历有高报酬,看在钱的份上,袁枚有求必应,来者不拒,你要什么,我写什么,反正最后胡乱写的,他都不收进自己的集子,只当是挣钱的买卖。第二桩挣钱的买卖,是收弟子。袁枚不仅能诗,而且善绘,一手文人画,也很出名。因此,四方慕名而来拜在门下者,相望于道。袁枚不仅收男弟子,还收了十三个女弟子,既教诗,也教画。这种事,在那个时代,很为人所诟病,男女授受不亲,但袁枚是名士,有大才而弃官不做的名士。这种人,历朝历代都会有所优容。因此,骂归骂,皇帝却没有问罪。

袁枚为什么能如此洒脱呢?其中很重要一点就是看得开,想得通,急流勇退。袁枚是乾隆四年的进士,按理他应得到赏识。可是,恰是皇帝本人不喜欢这位才华横溢的诗人加能吏。清朝的惯例,全国进士出身的官员,皇帝都要亲自考察,更何况是做过翰林的。袁枚太聪明,太有才情,也太能干。但是乾隆是英主,是自恃诗才和学问比所有臣子都强的"十全老人",不可能容忍一个才情和天分都比他高的全才,这样的全才,即便冒出来了,也不能让他升上来。既然皇帝不赏识,袁枚干脆辞官不做,快乐地当起了随园先生,写写《随园诗话》,研究《随园食单》,广收女弟子,过了近 50

年的闲适生活。

好友钱宝意作诗颂赞他:"过江不愧真名士,退院其如未老僧;领取十年卿相后,幅巾野服始相应。"他亦作一副对联:"不作高官,非无福命只缘懒;难成仙佛,爱读诗书又恋花。"他给友人程晋芳的信中说:"我辈身逢盛世,非有大怪癖、大妄诞,当不受文人之厄。"实际上点明了他辞官不做、归隐田园的原因。不像与他同为诗坛领袖的沈德潜那样,身前荣耀至极,死后"罢祠削谥,仆其墓碑",殃及子孙,遭遇"文人之厄"的覆辙。

(2010 年 12 月)

62. 刘备的人格魅力

在《三国演义》中，刘备既没有曹操的雄才大略，也没有吕布的盖世武功，更没有孙权的威武霸气，但他割据西蜀，终成大业，可以说是中国历史上的一个奇迹。为何？一般人都认为他会笼络人心，并得出一个结论"刘备厚似伪"，说刘备是"厚黑学"的代表，说"刘备摔孩子"是"收买人心"。

近日再读《三国演义》，我有些新的看法。说刘备是伪君子，我认为不对。一个人装一天叫伪，能装一世就不是伪君子，他离开徐州，新野的百姓都愿意追随他，这就能证明他的仁义。就连他的对手都高度评价他，袁绍说："刘玄德弘雅有信义。"曹操说："今天下英雄，唯使君与操耳。"孙权："非刘豫州莫可以当曹操者。"用刘备自己的话说是，"操以急，吾以宽；操以暴，吾以仁；操以谲，吾以忠；每与操反，事乃可成耳。"刘备能三分天下，还是与他的仁义有关，用现在通俗的话说与他的人格魅力有关。

刘备的魅力之一是长得帅。《三国演义》记载刘备的相貌是："身长七尺五寸，垂手过膝，顾自见其耳。"身长七尺五寸，在古代当属身材高大。垂手过膝，即站立着把手放下，手超过膝盖，古人认为这是一种贵相。目能自顾其耳，是指耳朵高耸，厚大垂肩，自己能够用眼睛看见自己的耳朵，吕布临死时就骂刘备是"大耳儿"。《广褴集》云："耳大四寸，高耸垂肩者，主大贵寿长。"人长得帅，有富贵帝王之相，人看得舒服，自然愿意追随。刘备招亲，本来是一个政治圈套，孙权的目的是诛杀（扣压）刘备，索取荆州。结果刘备使了个美男计，讨得吴国太和乔国老的欢心，年过半百且有一拖油瓶（刘阿斗）的他赚得美人归，而且是才貌双全的黄花大闺女，东吴这边只落得"周郎妙计安天下，赔了夫人又折兵"。

刘备的魅力之二是血统正。《三国演义》记载，汉献帝命人检看宗族世谱，证明刘备"乃中山靖王之后，孝景皇帝阁下玄孙，刘雄之孙，刘弘之子也"，是帝室之胄，正统皇家血脉。"帝排世谱，则玄德乃帝之叔也。"自此人皆称刘皇叔，有了名正言顺的头衔。这一点，在封建专制社会非常重要，远比我们现在的"官二代"有号召力。陈胜、吴广起义就是借着扶苏（秦始皇长子）和项燕（楚国大将）的名义，号召天下；朱元璋干掉小明王韩林儿，还沿用他的封号；大明灭亡后，明朝的遗老遗少们反清复明，就抬出了"朱三太子"，其实真正的朱三太子——朱慈焕隐姓埋名、东躲西藏，并没有真正从事过"反清复明"。"刘皇叔"成为刘备的一张名片，获得了很多支持他的粉丝，包括将士和百姓；鲁肃几次索取荆州，诸葛亮都以"物必归主"的名义，挡了回去，说荆州是刘表的地盘，刘备是刘表的弟弟，理应继承。

刘备的魅力之三是待人诚。《三国志》评曰："先主之弘毅宽厚，知人待士，盖有高祖之风，英雄之器焉。及其举国托孤于诸葛亮，而心神无贰，诚君臣之至公，古今之盛轨也。"封建帝王们向来是卧榻之侧不容他人酣睡的，曹操的梦中杀人正是这种想法的典型体现；而刘备则不然，与关张是"寝则同，恩若兄弟"，与赵云是"同眠伪"，与诸葛亮是"情好日密，犹鱼之有水"。特别是闻关羽被杀时，"大叫一声，哭绝于地。""一日哭绝三五次，三日水浆不进，只是痛哭。泪湿衣襟，斑斑成血。"史料记载至少有二次刘备对于刺客坦诚相见。就拿刘备摔孩子来说，我看并非完全是做戏。在当时那种特殊的情况下，仗打输了，老婆被杀了，爱将也差点赔进去了……如果我是刘备看着自己的爱将九死一生后将沾满鲜血的襁褓捧到自己面前时，也会一时冲动。这实际上也是一种强烈的感情宣泄，其中有对赵子龙的强烈的感激之情，也有对这场战争失败的愤恨和不甘。至于三顾茅庐更是至诚的千古典范。

刘备的魅力之四是处事义。刘备借曹操之手除掉吕布算不得不义，吕布本来就是夺刘备的徐州，刘备恨吕布也是自然之事；刘备受献帝衣带诏，与曹操誓不两立也是尽忠的表现；刘备因为害怕袁绍报复关羽而开溜，虽然有些对不住袁绍，但为的是兄弟情义，也无可厚非；刘备不取刘综的荆州，过刘表墓的吊唁等行动说明刘备更谈不上对不住刘表。在夺取荆州后继而攻取巴蜀本是隆中对的战略之一，但因为刘璋与刘备属于同宗，所以刘备一直无意攻取，直到庞统力劝，"备遂行"。而刘备夺取西川的过程，也很曲折。刘备和刘璋在涪聚会，庞统就进言刘备"今因此会，便可执之，则将军无用兵之劳而坐定一州也。"但刘备没有采用。有人也许会说，刘备不是依然夺取了刘璋的西川吗，他的种种作为不过是作秀而已。其实不然，刘备初进西川并没有直接鸠占鹊巢，而是到葭萌关驻守，这是当时独一无二的举动。与董卓进京，曹操进京，袁绍代韩馥等行为比较起来真是天壤之别。而刘备与刘璋闹崩以后，刘备的第一个动作是请求刘璋让其回兵，但傻呵呵的刘璋却命令关隘不许放刘备回荆州，战争由此爆发。所以与其说刘备不仁，实在应该说是刘璋不智。

刘备的魅力之五是对百姓仁。《三国演义》第41回记载，刘备被曹操从新野追到樊城，又从樊城追到襄阳，在去江陵的途中，众将都劝刘备"今拥民众数万，日行十余里，似此几时得到江陵？倘兵到，如何迎敌？不如暂弃百姓，先行为上。"玄德泣曰："举大事者，必以人为本。今人归我，奈何弃之？"百姓闻言，莫不伤感。刘备心中有百姓，百姓自然拼死追随。《三国演义》第19回记载，刘备被吕布追得无处逃生，到许都，"途次绝食"，百姓闻言，"争进饮食"。一日到猎户刘安家，刘安欲寻野味供食，一时不能得，乃杀其妻以食之。刘安的做法不值得提倡，只是说明人心所向。得民心者得天下，刘备能得天下与他体恤百姓是息息相关的。傅干说："刘备宽仁有度，能得人死力。"程昱说"观刘备有雄才而甚得众心，终不为人下。"

刘备的魅力之六是个性刚。刘备性格中还有坚韧不拔、屡败屡战的优点。刘备创业之初，艰辛异常，东奔西走如丧家之犬，依靠袁绍时，受公孙瓒节制，依附曹操时，曹操众谋臣想诛杀他。曹操两次都没有杀他，并以礼相待，后他又叛曹建蜀，联吴拒曹。他也曾依赖刘表，忍辱存身，以图称霸。可见他有坚韧不拔、锲而不舍的精神，是一个打不败、拖不垮的硬骨头。

习凿齿曰："先主虽颠沛险难而信义愈明，势逼事危而言不失道。追景升之顾，则情感三军；恋赴义之士，则甘与同败。观其所以结物情者，岂徒投醪抚寒含蓼问疾而已哉！其终济大业，不亦宜乎！"道出了刘备终成大业的缘由。因为《三国演义》有明显的尊刘贬曹倾向，后世人心理逆反，为曹操鸣不平，故有可能认为刘备是伪君子也。

（2011年2月）

63. 不会变通的海瑞

　　海瑞，号称明朝第一清官，刚正不阿，锋芒毕露，清吏留名。他抬着棺材上书，骂皇帝"嘉靖，家家干净"；骂百官，说"举朝之士，皆妇人也"。但他罡风兀立、不事变通的性格令同僚不寒而栗，大家都不敢与他共事，政治上空前孤立，最终只是留得个好名声，并没有像张居正那样实行"一条鞭法"、开辟"万历新政"的斐然政绩。史书称海瑞做官有原则，但没器量；有操守，但不灵活。因此，他只能算是有政德而无政绩。

　　传说嘉靖皇帝死后，在徐阶的帮助下，海瑞出任应天巡抚，管南京周围几个最富的州府。消息传出时，应天城出现一幅怪现象：政府机关没人办公了，从知府到知县如临大敌，惶惶不可终日，平常贪污受贿的官员自动离职逃跑。而那些平时挤满了富商的高级娱乐场所此时已空无一人，活像刚被洗劫过的。大户人家纷纷关门闭户，高级时装都不敢穿了，出门就套上一件打满补丁的破衣烂衫，浑似乞丐。等海巡抚到来之时，这里已经是一片狼藉，恶霸不见了，地主也不见了，街上的人都穿得破破烂烂，似乎一夜之间就回到了原始社会。

　　海瑞不管这些，到任之后第一件事就是张榜公布，欢迎大家来告状，还特别注明免诉讼费，并告知下属，谁敢借机收钱，我就收拾谁。告状不要钱！那就不告白不告了，于是司法史上的一个奇迹发生了，每天巡抚衙门被挤得像菜市场一样，人潮汹涌，人声鼎沸，最多一天竟收到了三千多张诉状，而"海阎王"以他无比旺盛的精力和斗志，居然全部接了下来，且全部断完，而结果大多是富人败诉。

　　这是海瑞为后人津津乐道的一段事迹。然而事实上，它所代表的并非全是光明和正义，因为在这个世界上，还有一种人叫做刁民。所谓刁民，又称流氓无产者，主要工作就是没事找事，赖上就不走，不弄点好处绝不罢休，而在当时的告状者中，这种人也不在少数，而海瑞照单全收，许多人借机占了富人的家产，自己变成了富人，也算是脱贫致富了。

他还规定在管辖的地方禁止坐轿,最高级别也只能骑驴!他自己倒是清廉异常,八抬大轿不坐,骑驴子上班,其他的官员,谁还敢坐轿子?《海瑞传》说"属吏惮其威,墨者自免去",几乎没人愿意替他干活了。结果搞得全城的富人逃跑了大半,当地的赋税减了三分之二。他推行平抑土地兼并等改革时,首先拿恩公徐阶开刀,勒令其退田40余万亩。为官一任,弄得鸡飞狗跳,不能兼顾各方利益平衡,虽说是清官,但定非好官。因为"官怨"太大,当了半年多巡抚的海瑞愤然辞官,在老家海南琼山度过了长达15年的闲居生活。

实际上,海瑞的辞奏,更多的不是真实心愿,而是意气使然的辛酸。所以,两年后,当万历皇帝登极,张居正出任内阁首辅的时候,便收到了被迫辞职在家的海瑞的来信。在信中,海瑞希望张居正帮他主持公道,也就是希望张居正能给他一个有实权的官职来继续自己未实现的抱负。而张居正认为海瑞轻率躁进而拒绝援之以手,直到万历十年(1582)张居正病逝后,又隔两年,72岁高龄的海瑞才被重招入朝。仅以道德力量治政,过于理想化,有点乌托邦了。

首辅高拱揭示了其中的奥妙:"海瑞所做的事情,如果说都是坏事,那是不对的;如果说都是好事,那也是不对的。应该说,他是一个不太能做事的人。"这是一个十分中肯的评价。面对这个污浊的世界,海瑞以为只有自己看到了黑暗,他认为,自己是唯一的清醒者。然而他错了。事实证明,徐阶看到了,高拱看到了,张居正也看到了,他们不但看到了问题,还有解决问题的方法。而海瑞唯一能做的,只是痛骂而已。

海瑞的一生体现了一个有教养的读书人服务于公众而牺牲自我的精神,但这种精神的实际作用却少之又少,至为微薄。也就是,他可以得到旁人精神上的支持,但不会使旁人成为他忠心的追随者。"忠孝"——古代传统道德标准在海瑞心里是神圣不可侵犯的。海瑞忠于大明帝国,忠于大明祖宗朱元璋的各种"复古"制度。他把毕生精力都放在按照往圣先贤的训导,以全部精力为国尽忠和为民服务上。海瑞是个很出色的清官、忠臣,但称不上是好官、能臣,政治上的无能和性格上的固执,导致他只是一个传奇的榜样,一件好用的工具。

海瑞的教训是深刻的。在很多时候,我们要学会放弃固执,变通行事,这不仅是事业发展的取胜之道,也是赖以生存的智慧,是做人做事之诀窍。

不知变通,实际上是机械主义、教条主义的一种体现。美国威克教授曾经做过一个有趣的实验。他把一些蜜蜂和苍蝇同时放进一只平放的玻璃瓶里,使瓶底对着光亮处,瓶口对着暗处。结果,那些蜜蜂拼命地朝着光亮处挣扎,最终气力衰竭而死;而乱窜的苍蝇竟都溜出细口瓶颈逃生。

这一实验告诉我们:在充满不确定性的环境中,有时我们需要的不是朝着既定方向的执著努力,而是在随机应变中寻找求生的路;不是对规则的遵循,而是对规则的突破。我们不能否认执著对人生的推动作用,但也应看到,在一个经常变化的世界里,灵活机动比有序的衰亡好得多。

只知道执著的蜜蜂走向了死亡,知道变通的苍蝇却生存了下来。执著和变通是两种人生态度,不能单纯地说哪个好哪个不好,只有二者相辅相成才能取得最后的成功。科学上要讲究执著的精神,许多试验干扰因素很多,不做上百遍效果出不来;许多问题环环相扣,如果不打破砂锅问到底,则认识难免肤浅或片面。但书呆子是不适合搞政治的,因为学术之道和政治之道截然不同。

搞学术一定要有执著的精神,盯住一个问题不能放过,钻到深处,有时难免认死理儿。这套方法拿来搞政治,可以肯定的说,是搞一个死一个。官场上讲究的是收放灵活、变通自如、进退维谷、运筹帷幄。"一条路走到黑""不撞南墙不回头"的精神用在官场上等于找死。所以历朝历代有名的政治家都是出色的投机分子。这没有什么道德上的问题,因为在这个领域里竞争规则就是这样设定的。所谓"识时务者为俊杰"。

梁启超说:"变则通,通则久。"知变与应变的能力是一个人的素质问题,同时也是现代社会办事能力高下的一个很重要的考察标准。

西方有一句谚语"上帝向你关上一道门,就会在别处给你打开一扇窗。"只要我们不拒绝变化,并且善于变化自己的思维习惯,善于改变自己的观念,我们就能走出困境,进入新的天地。

让生活多转个弯,人生不必有那样多的执著,既然前面的路行不通,那就走路边的小径吧!

有些事情不值得力求完美,有些事情必须妥协、折衷。

随机应变、灵活变通是天地间最大的智慧,是才能中的才能,智慧中的智慧。

(2011 年 3 月)

64. 政治流氓索引

从政人物不外乎三种类型：一种是被人尊为政治家的那些人，一种是被人呼为政客的那些家伙，另一种则是被人指为政痞或政治流氓的那路货色。笔者工作之余，博览史书，发现这历史上的政治流氓还真不少。

检索中国政治史，第一号政治流氓人物当属汉高祖刘邦。《史记·高祖本纪》记载，刘邦出身微寒，虽"常有大度"，然"不事家人生产作业"，虽"为泗水亭长"，然"好酒及色""无赖，不能治产业"。刘邦的家庭出身，大致是一浪荡乡里、无事可谋、无书可读的乡村混混。

元朝睢景臣所作《高祖还乡》生动描述了刘邦起身发迹的猥琐："你须身姓刘，你妻须姓吕。把你两家儿根脚从头数""春采了俺桑、冬借了俺粟。零支了米麦无重数。换田契强称了麻三称，还酒债偷量了豆斛""只道刘三，谁肯把你揪住，白甚么改了姓，更了名，叫作汉高祖。"可见，刘邦的出身即带有流氓性。

楚汉相争时，项羽抓住了刘邦的父亲，放在城头之上要挟刘邦，让他退兵。刘邦却大耍无赖，说道："我翁即若翁，必欲烹若翁，则幸分我一杯羹。"即使假定这是心理战术，也可以从中看出刘邦的无赖嘴脸，起码的忠孝之德都没有了。

由此看来政治流氓大都沾染流氓习气，即使是官居要职，乃至一国之君，仍积习难改。这是政治流氓最明显的特征。让人最痛恨的流氓特征是心狠手辣，残害忠良，为达到某种政治目的而不择手段。其典型人物要数南宋时的秦桧、明朝的徐有贞，秦桧以"莫须有"罪名杀掉了岳飞，徐有贞以"意欲"罪名杀掉了于谦。

《宋史·岳飞传》记载："狱之将上也，韩世忠不平，诣桧诘其实。桧曰：飞子云与张宪书虽不明，其事体莫须有。世忠曰：莫须有三字何以服天下？"大意是岳飞父子被秦桧以谋反罪名逮捕审讯，由于找不到证据而无审讯结果，韩世忠当面质问秦桧，秦桧说"或许有吧"。就这样，秦桧以"

莫须有"三个字把一代名将打发了。后人对此事耿耿于怀,在秦桧跪像背后岳飞墓阙上书写一副楹联:"青山有幸埋忠骨,白铁无辜铸佞臣。"

于谦在中国历史上是非常有名的,他指挥的北京保卫战,在危难时挽救了大明王朝。为于谦招来杀身之祸的是他在紧急关头所做出的一项政治决策,而在事后看来,这项决策几乎是当时所能做出的唯一正确的抉择。1450年(正统十五年)秋,瓦剌国的也先率兵进犯,明英宗朱祁镇在大太监王振的怂恿下玩了次御驾亲征。结果因后勤保障不足、军事指挥失当,全线崩溃,朱祁镇被俘。

消息传来,朝廷上下一片惊恐,徐有贞等人力举迁都南京,以避也先锋芒。时任兵部侍郎的于谦挺身而出,大声呵斥徐,说"社稷为重,君为轻。"在孙太后的支持下,于谦等大臣拥立朱祁镇的弟弟朱祁钰为皇帝,然后遥尊朱祁镇为太上皇,粉碎了也先的阴谋。军事上,于谦指挥若定、用兵有方,屡次挫败也先的进攻,最终取得了京城保卫战的胜利。一年后,经过谈判,已失去人质价值的朱祁镇被放回。至此,在于谦的运筹之下,明王朝安然度过了土木堡之变后的重大危机,重新稳定了政局。

然而,这桩旷世之功最终却成了悬在于谦头上的达摩克利斯之剑。七年之后,朱祁钰病重,一连几天都无法上朝。朱祁镇在亲信的护卫下,击破南宫,直奔奉天殿,向等候早朝的百官宣布"上皇复辟矣,趣入贺!"一场惊心动魄的宫廷政变就这样兵不血刃地轻松完成,史称"夺门之变"。朱祁镇重新执政的当天,在徐有贞的唆使下,王文、于谦等人以"迎立外藩"之罪下狱。但要杀掉这样一位有功于社稷、为官清廉的大臣并不容易,必须要找一个听起来可以服众的借口。复辟的朱祁镇也深知于谦的功劳和才干,犹豫不决。

徐有贞急了,如果留着于谦,将来一旦复起,自己必将性命不保,情急之下,他想出了另一个杀于谦的理由。大声说道:"不杀于谦,此举无名!"朱祁镇被惊醒了,他突然意识到,徐有贞是对的。因为所谓"夺门之变"是一场政变,并没有正当的名义,而照徐有贞所说,于谦等大臣都是准备立外藩王为帝的,是反对自己的,在这种情况下,如果不杀掉于谦,向举国上下表明自己行为的被迫性和正义性,"夺门之变"的合法性就不复存在。于是就下定了杀于谦的决心。

"迎立外藩"这是极为严重的罪行,不但要杀头,还要灭族。王文一听就急了,他跳了起来,为自己申辩:所谓迎立藩王,必须先使用金牌召藩王入京，而他和于谦都没有动过金牌。此案主审官最终查无实据，没有办法，只好向徐有贞请示如何办理这个难题。徐有贞不假思索地说"虽无显迹，意有之。"官员们浓缩了他的意思，将其提炼为更传神的两个字——"意欲"，并最后以此定罪，杀了于谦。徐有贞也凭借此句入选史上最无耻之辈排行榜，堪与秦桧并称，遗臭万年。

大凡政治流氓，是绝对不会按照政治常规出牌的，喜欢玩弄权术，耍两面派。这个代表当属中国近代的袁世凯。戊戌变法时，他一方面应承谭嗣同，同意出兵围攻慈禧太后所居之颐和园；另一方面向直隶总督荣禄告密，出卖维新派，致使光绪被慈禧太后幽禁至死，戊戌维新失败，"六君子"被杀。武昌起义爆发后，袁世凯一方面以武力压迫南方革命，另一方面暗中与革命党人谈判，迫使清帝退位，窃取辛亥革命果实，当上了中华民国第一任大总统。随后解散中国国民党，废止中华民国临时约法，复辟称帝，在全国一片声讨中，郁愤而死，只当了83天皇帝。

文学作品里的政治流氓典型当属曹操。《三国演义》记载，曹操因刺杀董卓不成，在逃命途中，与陈宫路过曹操父亲的结义兄弟吕伯奢的家，受到吕伯奢的热情款待，杀鸡宰猪的设置晚宴。由于家中无好酒，吕伯奢出门沽酒，结果曹操起了疑心，来到草堂观察动静，但闻人语曰："缚而杀之，何如？"曹操吓出一身冷汗说，"是矣！今若不先下手，必遭擒获。"接着与陈宫一起二话不说拔剑杀了吕家八口人，当看到厨房里绑着一头猪时才知错怪了好人。可他索性一不做二不休，把买酒回来的吕伯奢也一起杀掉，并说出了一句传诵古今的名言"宁教我负天下人，休教天下人负我。"

后来，曹操成大气候了，挟天子以令诸侯，权势行事差不多也可说是君主，经常玩梦中杀人的游戏。曹操惟恐别人会趁自己睡觉的时候加害自己，常常吩咐左右道："我梦中喜欢杀人，我睡着的时候大家不要靠近。"一次大白天，曹操在帐中睡觉，被子掉在地上，一个侍卫过来帮曹操把被子盖好。曹操跳起来，拔剑杀了侍卫，又上床继续睡觉。醒来之后，曹操故意惊问道："是谁杀了侍卫？"左右把实情告诉了他，曹操痛哭，命令厚葬侍卫。从此大家都相信曹操会在梦中杀人。但只有杨修知道曹操的真实用意，在埋葬侍卫时叹息道："丞相不在梦中，你才是在梦中呢！"曹操知道了越发厌恶杨修，后来借"动摇军心"的名义杀掉了杨修。

曹操这些流氓行为是与他小时候的流氓习气一脉相承的。《三国演义》记载,曹操还是个孩子的时候,整日飞鹰走狗,游荡无度。其叔叔希望曹操的父亲嵩严加管教。曹操闻讯,担心受到责罚,便心生一计。一日,曹操在路上遇到其叔叔,立即装出中风的样子,其叔大惊,赶紧去告诉曹嵩。曹嵩忙找来曹操,见曹操一切正常,问:"你叔叔说你中风了,怎么这么快就好了?"曹操说:"我并没有中风,只是叔叔不喜欢我,所以就诬蔑我。"以后曹操的叔叔再向曹嵩说曹操的坏话,曹嵩根本不信,于是曹操也就更加无法无天了。

当然,政治流氓所采取的流氓行为本身就带有一定的政治谋略和智慧,是流氓政治的一种体现。十五世纪的意大利思想家马基雅弗利写了一本政治学著作《君主论》,他说:"君主要像狮子一样凶猛,像狐狸一样狡猾。"他主张政治就是用力量统治人,用权术欺骗人。他认为政治就在于保持与增加国家的权力。为达此目的,采取任何手段都是对的,残酷、欺骗,背信弃义、不合法等等,不管什么手段都行。

这种政治主张在当今社会显然行不通。随着社会文明的进步和发展,国家治理的法制化和民主化,靠流氓手段是治理不好国家的。但那种不讲信义、翻脸不认账、阴险狠毒的政治流氓还是不少的。

(2011 年 7 月)

65. 落魄江湖志难酬

近日读杜牧的《遣怀》,很有些感慨。其诗曰:"落魄江湖载酒行,楚腰纤细掌中轻。十年一觉扬州梦,赢得青楼薄幸名。"从表面上看,这是作者回忆昔日的放荡生涯,悔恨沉沦的诗,实际上是对往昔扬州幕僚生活的追忆与感慨,发泄自己对现实处境的不满,有怀才不遇、壮志未酬之意。

关于本诗的主题,历来有些争议。一些文学史据此说杜牧游戏人生,轻佻颓废,庸俗放荡。后言风情者,多以"三生杜牧"比况出入歌舞繁华之地的风流才士。宋·黄庭坚《广陵春早》诗:"春风十里珠帘卷,仿佛三生杜牧之。"宋·姜夔《琵琶仙》词:"十里扬州,三生杜牧,前事休说。"清·赵翼《红桥》诗:"三生杜牧曾游处,前度刘郎再到年。"

自古才子多风流。杜牧人长得挺帅,玉树临风,风流俊俏,《唐才子传》说他"美容姿,好歌舞,风情颇张,不能自遏"。而扬州出美女,自隋朝以来,一直是烟花繁盛之地。扬州八怪之一的郑板桥谈到家乡时,说扬州在唐时最为富盛,繁华壮丽甲天下,"每夕妓馆燃绛纱灯数万,灯红酒绿,笙歌达旦,一夕灯烛之费,人得之即可致富。"出身于官宦世家,才华横溢的杜才子,到了美人堆里,干点荒唐事来,也是情理当中。但由此评论此诗完全着眼于作者"繁华梦醒,忏悔艳游",也是不全面的。诗人的"扬州梦",是与他政治上不得志有关。因此这首诗除忏悔之意外,大有前尘恍惚如梦,不堪回首之意。

从诗的内容来看,诗的前两句是昔日扬州生活的回忆:潦倒江湖,以酒为伴;秦楼楚馆,美女娇娃,过着放浪形骸的浪漫生活。"楚腰纤细掌中轻",运用了"楚灵王好细腰"和汉成帝皇后赵飞燕"体轻,能为掌上舞"两个典故,表面上看是夸赞扬州妓女之美,但仔细玩味"落魄"两字,可以看出,诗人很不满于自己沉沦下僚、寄人篱下的境遇,因而他对昔日放荡生涯的追忆,并没有一种惬意的感觉。"十年一觉扬州梦",是发自诗人内心的慨叹,好像很突兀,实则和上面二句诗意是连贯的。"十年"和"一觉",

给人以"很久"与"极快"的鲜明对比感,愈加显示出诗人感慨之深。而这感慨又完全归结在"扬州梦"的"梦"字上:往日的放浪形骸,沉湎酒色,表面上的繁华热闹,骨子里的烦闷抑郁,是痛苦的回忆,又有醒悟后的感伤。这就是诗人所"遣"之"怀"。忽忽十年过去,扬州往事不过是一场梦而已。"赢得青楼薄幸名",就连自己曾经迷恋的青楼也责怪自己薄情负心,调侃之中含有辛酸、自嘲和悔恨。这是进一步对"扬州梦"的否定,貌似轻松、诙谐,实际上诗人的精神是很抑郁的。十年,在人的一生中不能算短暂,自己却一事无成,丝毫没有留下什么。这是带着苦痛吐露出来的诗句,非再三吟哦,不能体会出诗人那种意在言外的情绪。

从写作背景来看,杜牧出身于官宦世家,他的祖父杜佑既是大官又是学者,著作甚丰。这种出身一直是小杜引以自豪的事情,他在诗中言道:"我家公相家,剑佩尝丁当。旧第开朱门,长安城中央。第中无一物,万卷书满堂。家集二百编,上下驰皇王。"这一世家传统无疑对他的影响是极大的,他常以天下为己任,经常给当政者写信议论政治、军事、经济,渴望力挽狂澜,济世安民。他在《郡斋独酌》里说:"岂为妻子计,未在山林藏。平生五色线,愿补舜衣裳。"就像梁山好汉们时常挂在口头的一句话:"学成文武艺,卖与帝王家。"他主张读书应留心"治乱兴亡之迹,财赋甲兵之事,地形之险易远近,古人之长短得失"(《上李中丞书》)。为此,他写了《原十六卫》、《罪言》、《战论》、《守论》和《孙子注》,任地方官时也给人民做了一些好事。

可惜杜牧有相才,而无相器,又生不逢时在江河日下的晚唐,盛唐气息一去不返,诸帝才庸,边事不断,宦官专权,党争延续。这一切宏图大志不过是他的书生意气,当权者并不采纳他那些纸上谈兵式的宏论。所以他的仕途也并不顺利,26 岁中了进士以后的十年时间里,大多在幕府中充当下僚,直到 40 岁才做了个州官。因而他的心里常常充斥着一种心灰意懒的情绪,无奈的将一腔悲愤交于酒肆青楼,以一咏一觞、歌儿舞女来打发生活。"十年一觉扬州梦"的放浪形骸,与"嗜酒好睡,其癖已痼"的懒散颓唐,和先前那种以天下为己任的雄心合起来,正好是一个完整的杜牧。

可以说,建功立业与儿女情长一直困惑和折磨着杜牧。一方面他渴望建功立业,主张削平藩镇,收复边疆;另一方面,政治上的不得志,才子文人自身的陋习,让他迷恋青楼,纵情声色。这些反映到他的作品中,也影响到他的创作。大和二年十月，杜牧进士及第后八个月，他就奔赴当时的洪州，开始了长达十多年的幕府生涯。其时沈传师为江西观察使，辟召杜牧为江西团练巡官。杜牧经常住沈家中听歌赏舞，对沈家的一个歌女张好好很有好感，可惜主人已将她纳为小妾，使小杜空有羡渔之情。大和八年，小杜在洛阳与张好好不期而遇，此时的张好好已经沦落为他乡之客，以当垆卖酒为生。杜牧感慨万分，写了一首五言长篇《张好好诗》，不仅文笔清秀，而且书法更为飘逸。

在此期间，杜牧另一首与歌女有关的诗歌《杜秋娘诗》，为他博得了盛名。杜秋娘本是金陵美女，妩媚动人，能歌善舞，十五岁时，一曲《金缕衣》俘虏了镇海节度使李锜，李锜将之收为小妾，让她度过一段甜蜜时光。后来李锜起兵对抗朝廷，兵败被杀，杜秋娘作为罪臣家眷被送入后宫，充当歌舞姬。杜秋娘再次以一曲《金缕衣》俘虏了年轻的唐宪宗，被封为秋妃，甚得宪宗皇帝宠信。穆宗即位后，任命杜秋娘为皇子李凑的保姆。李凑失势被废，杜秋娘也被撵回老家。一次杜牧到金陵出差，看见曾经光彩照人的杜秋娘如今又老又穷，便写下了《杜秋娘诗》。这首诗脍炙人口，传唱大江南北。李商隐称其"刻意伤春复伤别，人间惟有杜司勋"。

据《苕溪渔隐丛话》载：杜牧风流得别具一格，风流得声名远播，在繁华的扬州，杜牧的足迹踏遍青楼，宿醉不归。乃至淮南节度使牛僧孺不放心，暗中派人保护。有一日，杜牧调任回京，牛僧孺劝他切莫"风情不节"，并且拿出兵卒们发回的满满一箧平安帖，杜牧见此，又愧又羞。后来他回忆起这段经历，便有《遣怀》诗的问世。因此，本诗主旨主要写杜牧对自己放荡生活的悔恨，这是毫无疑义的。当然，杜牧这人少年即有逸才，又是高门之后，诗文兼擅，名重一时，但徒有经邦济世之志，始终未能得以施展抱负。十年幕僚，屈身下人，心中自不是滋味，故本诗中有"落魄""江湖""载酒"等语暗示僚属府吏之职实难遂心志。所以说杜牧此诗中包含了对事业无成、怀才不遇的感叹，也是合情合理的。只不过非为明写，而是隐括其中罢了。《唐人绝句精华》云："才人不得见重于时之意，发为此诗，读来但见其傲兀不平之态。世称杜牧诗情豪迈，又谓其不为龊龊小谨，即此等诗可见其概。"

(2011 年 8 月)

66. 小吏者说

　　近读史书,发现这历史上大官小吏,优秀人物不少,也不乏政瘊劣吏。这些人官不大、架子不小,能力不强、心眼特多,贡献没有、欲望挺高,为人处世常表现为双重性、两面派、几副嘴脸。这些人权且称其为"官瘊子"吧,其主要特征有八。

　　一曰道貌岸然。中国的官员从来都是道貌岸然、正襟危坐的。他们只在该说的时候说,也只在该笑的时候笑。他们的喜怒哀乐不是源自于内心的情感,而是取决于时势的需要。别人不知道他们在想什么,反正在言行上是看不出来的。口是心非、笑里藏刀,是官场的常态。要在官场上混,就必须备好面具、学会伪装,因为没有"城府",肯定没有"前途";因为只有让你"摸不透",才能树起"汉官威严"。满口仁义道德,满肚子男盗女娼,当了婊子又想立牌坊。白天在主席台上正襟危坐地大讲廉洁从政、遵纪守法等漂亮话;晚上坦然地接受贿赂,惬意地躺在情人或小姐的温床上。

　　二曰见利忘义。其未达到目的之前,未发迹得势之时,未有利害冲突之中,尚能低调处世,待人以诚,勤勉政务,努力工作。一旦有了一官半职的,马上就端架子,摆谱子,连说话的腔调都变了,"哼、嗯、啊",一般只发鼻音。本来君子为官,是修身、持家有余而谋建功立业、贡献国家、造福众人;官瘊反之,修身、持家不足谋权势而利己。出发点不同,清浊自现。官瘊跑官、要官、骗官、买官,其心之切,其情之迫,其欲之贪,不让饥狼,不择手段,不辞辛苦,不知羞耻,不要尊严,一副我是流氓我怕谁的心态。一旦得逞,必大肆敛财,中饱私囊,什么党性原则、公众利益、朋友情义都抛之脑后;还大发牢骚"为官不自由",吃西瓜甩皮子。

　　三曰媚上欺下。你莫看他形貌粗陋,满口别字,也别看他除了吃喝一无所长,他就是百事不如人,却必有一处过人,那就是有心计、会揣摸、有眼色、会来事。见了上司,比奴才还恭顺;见了百姓,比虎狼还凶暴。官瘊之诀窍不在于对百姓凶暴，而在于对上司之讨巧，此种功夫，大多数人一辈子也修炼不出来，终生也领悟不了。一些人永远也弄不明白，为什么自己智比诸葛，勇赛马超，却不如一个百无一能的官痞混得好？道理就在这儿，这就叫"有想法的人没办法，有办法的人没想法"。一位朋友讲了一件让他难以释怀的事，说是一位处长坐在转椅子上给站着的他安排工作，他可能解释了几句，招致处长一顿臭骂；恰巧一厅级干部进来，那处长马上站起来，和颜悦色，毕恭毕敬，唯唯诺诺；厅长一走，处长又坐回椅子，慢条斯理训斥他，压抑得让他不敢喘气。

四曰言而无信。极不诚实，口是心非，出尔反尔。人对其有利时，或得了好处，就信誓旦旦，拍起胸脯"打包票"，保证在什么时间把事办好；一旦觉得你没有利用价值了，或者好处拿到手，马上翻脸不认账，本符合原则和条件的事，就是拖着不办。求你办事时，要你效劳时，好话说尽，甚至不惜降低身价，与你勾肩搭背，称兄道弟；事办完了，办好了，马上像得了绝忘症似的，一概不兑现，顶多一句"辛苦了"，就把你打发了。及至你求他办事，他会很不耐烦，恼怒地说"你咋这多事呢？"

五曰趋利避害。见利就争，见害就让，"有益升官的事常为，无益升官的事不干"。干工作的出发点是为了当官，当官的出发点是为了捞钱。每接手一项工作，首先考虑的是，干这件事，是否能出政绩，是否有利于自己升迁，是否从中捞到好处。如果不能达到上述目的，就拖，实在拖不下去了，就胡乱应付一下，敷衍塞责。一个"拖"字，实际上是很多公务人员的为官奥秘。有的人，忙碌时，看不到他的身影；危难时，听不到他的声音。一旦事情搞定了、摆平了，任务完成了，有成绩了，他也就及时出现了。报刊上发表文章，要署他的名字；总结时，要写在他的精心指导下。实在找不出"揽功"的理由，就会说："如果我不提供平台，不创造机会，你哪能做到这样呢？"厚颜无耻至极。

六曰妒贤嫉能。见不得别人好，见不得别人比他更好；别人不进步，他冷嘲热讽，别人进步又像是夺了他的功劳。你糟糕、倒霉、处弱势，他可能热心快肠帮助你、施舍你；一旦你时来运转，有些方面比他好，他就会妒火万丈，想办法给你使点绊子、下点套子。你能力差，活干得不好，他嫌弃、蔑视、批评，随心所欲，动辄嘲弄一番，以求感觉痛快；你能力强，活干得漂亮，他又压抑、打击，生怕你出了风头，占了他的彩头。有的人，开会不让你去，总结不让你参加，只给你布置工作。等事情办好了，他拿去炫功请赏。反正,他是你领导,你只能不如他,有功劳都是他的,黑锅你得背。"只要你过得比我差",这就是他的宗旨。

七曰扶强凌弱。"天之道,损有余而补不足;人之道,损不足而益有余。"官场不相信眼泪,你越弱小,越遭人欺负;你越强大,越受人尊重,被人扶持。君不见,公众场合、公益活动,乘车、吃饭,大都是弱者掏钱;逢年过节,大都是弱者给强者进贡送礼。官痞子们,尽管自己在大官面前是弱者,但见了比他更弱小的,他就有优势,就可指使你、欺负你,你越困难越要你放血。遇有工作,哪怕是再急的事,也是"君子动口不动手",大笔一挥,厅长签到处长,处长签到科长,科长签到借用人员,层层下放,层层推诿;事办好了,都来抢果实,成绩都有份,就是没有具体办事的。有些官痞子、官油子,为官到了一定时间、一定程度,潜意识中就不存在自己掏钱的概念,连上厕所5毛钱都不愿掏。什么都要公家出,什么都要别人送,甚至不愿跟比他官低的人打照面、说话、走路,除非你是漂亮的姑娘、性感的小姐。

八曰唯利是图。"有权不用,过期作废"。这是千古颠扑不破的真理。这个世道可谓是世态炎凉呀,你今天在这个位置上把屁股一挪开,立即就是人走茶凉。现官不如现管,即使你升迁,你也没有在这个位置上办事方便,毕竟别人的地盘别人做主嘛。于是"一朝权在手,便把利来谋",有酒有肉皆兄弟,党性原则全抛却。有的人官不大,所处的位置和岗位又没有多大利用价值,自然也就门前冷落鞍马稀。于是他就采取启发式教学,诱骗别人给好处;或设圈套,敲打勒索。

看到此,有人会说笔者是吃不上葡萄反说葡萄酸,是拿起筷子吃肉放下筷子骂娘,可能有这么一点。但正因为不在其位不谋其政,不受其利,也不受其害,相反还坦然,还能保留那么一点浩然正气。

(2011 年 8 月)

67. 古来名士皆寂寞

近来再读《红楼梦》,很是感叹不已。《红楼梦》是一部封建女性和爱情的颂歌,内容丰富,思想深刻,艺术精湛,把中国古典小说创作推向最高峰,在文学发展史上占有十分重要的地位。可曹雪芹写作《红楼梦》时,已是家道衰落,贫困如洗,到了"满径蓬蒿""举家食粥"的地步。就在这种艰难困苦中,他以坚韧不拔的毅力,"披阅十载,增删五次",完成了《红楼梦》前80回,为后世留下了宝贵的文化遗产。

"古来名士皆寂寞"。假如曹雪芹还像年轻时那样,生活在"秦淮风月"中,过着锦衣玉食的生活,那他就没有时间专心从事写作;假如他没有经历重大的家庭变故,深感世态炎凉,就不会对封建社会有如此清醒、深刻的认识,最终只能是《红楼梦》里形容贾宝玉那样"富贵不知乐业,贫穷难耐凄凉;可怜辜负好时光,于国于家无望。""字字看来皆是血,十年辛苦不寻常",《红楼梦》可谓是曹雪芹在孤寂中的愤世之作。只可惜,在他生前,全书没有完稿。今传《红楼梦》120回本,其中前80回的绝大部分出于他的手笔,后40回则为他人所续。80回以后他已写出一部分初稿,但由于种种原因没有流传下来。

"古者富贵而名摩灭,不可胜记,唯倜傥非常之人称焉。盖文王拘而演周易,仲尼厄而作春秋;屈原放逐,乃赋离骚;左丘失明,厥有国语;孙子膑脚,兵法修列;不韦迁蜀,世传吕览;韩非囚秦,说难、孤愤;诗三百篇,大抵贤圣发愤之所为作也。"司马迁在给其好友任安的回信中,所列举的圣贤行为实行是对自己心迹的一种表明。他因替被迫投降匈奴的李陵说了几句解释的话,触怒了汉武帝,受了宫刑。宫刑是个侮辱人格的刑罚,污及先人,见笑亲友。司马迁在狱中,又倍受凌辱,几乎断送了性命。他本想一死,但想到自己多年搜集资料,要写部有关历史书的夙愿,就忍辱负重,苟且偷生,终于完成了我国第一部纪传体通史《史记》,被鲁迅称为"史家之绝唱,无韵之离骚"。

"此人皆意有所郁结,不得通其道,故述往事、思来者。乃如左丘无目,孙子断足,终不可用,退而论书策,以舒其愤,思垂空文以自见。"自古以来,失意的政客、落魄的文人,遭受挫折,无缘名利,觉于寂寞,但又不甘于寂寞,他们有属于自己的反抗方式和抒发方式,那就是握紧手中的笔,将名山大川的优美风景和对人生社会的洞悉,以及壮志未酬的政治抱负完美的融合在一起,向世人散发出耀眼的光芒。

李白应该是一位在寂寞中追求洒脱的文人,号称"诗仙"。自 25 岁起,他"辞亲远游",仗剑出蜀。天宝初供奉翰林,因遭权贵谗毁,仅一年余即离开长安。安史之乱中,曾为永王璘幕僚,因璘败系浔阳狱,远谪夜郎,中途遇赦东还。晚年,他的生活相当窘迫,不得已只好投奔在当涂做县令的族叔李阳冰。正因为有这段特殊的经历,他才把封建官场看得特别清晰、透彻,发出了"大道如青天,我独不得出"的呐喊,抒发"安能摧眉折腰事权贵,使我不得开心颜"的襟怀,痛快淋漓,正气凛然,成为有骨气、腰杆硬的文人。也正因为不被君王待见,不被权贵容纳,远离繁华,他才得以有时间游览祖国名山大川,写出《望庐山瀑布》、《望天门山》、《早发白帝城》等千古名篇,形成了豪放奔涌、雄奇飘逸的浪漫主义诗风,具有令人惊叹不已的艺术魅力,为中华诗坛第一人。

李白一方面有"大鹏一日同风起,扶摇直上九万里"的政治抱负,有"天生我材必有用,千金散尽还复来"的洒脱;另一方面,天性狂傲,蔑视权贵。传说他喝醉酒,曾在玄宗面前让高力士给他脱靴。高力士认为这是很大的耻辱,就摘取李白诗句激怒杨贵妃。玄宗每次让李白做官,杨贵妃就加以阻止。李白知道玄宗的亲信对他有意见,于是恳求还家。玄宗赐给他财物,放他离开京城。假如李白投杨贵妃所好,结交高力士,就可能一直留在长安,过着上流社会的优裕生活,但他绝对写不出那么多雄奇飘逸的诗句,顶多只是歌功颂德、粉饰太平的宫廷诗人,在《霓裳羽衣曲》的美妙旋律中化为平庸。

明朝著名戏剧家汤显祖算是在寂寞中扬名天下的人物。早年他拒绝与当朝首辅张居正的儿子陪读,一直名落孙山。34 岁中进士,在南京先后任太常寺博士、詹事府主簿和礼部祠祭司主事。到万历十九年,他目睹当时官僚腐败愤而上《论辅臣科臣疏》,弹劾大学士申时行,触怒了皇帝而被贬为徐闻典史,后调任浙江遂昌县知县。一任五年,政绩斐然,却因压制豪强,触怒权贵而招致上司的非议和地方势力的反对,于万历二十六年愤而弃官归里,干脆潜心于戏剧及诗词创作,写出了《牡丹亭》《紫钗记》《南柯记》和《邯郸记》(合称"临川四梦")等剧作。这些剧作不但为中国历代人民所喜爱,而且传播到英、日、德、俄等很多国家,被誉为"东方的莎士比亚"。传说有个叫俞二娘的女子,酷嗜《牡丹亭》,在读了《牡丹亭》以后,用蝇头小楷在剧本间作了许多批注,深感自己不如意的命运也像杜丽娘一样,终日郁郁寡欢,最后"断肠而死"。临终前从松开的纤手中滑落的,正是《牡丹亭》的初版戏本。

真正甘于寂寞的当属东晋的陶渊明。他41岁时,为彭泽县令,因不愿为五斗米折腰,上任八十余日就解印挂职而归。从此,他结束了仕途的努力和曾经的彷徨,义无反顾地走上了22年的归隐田园之路,确确实实享受了一段"暖暖远人村,依依墟里烟。狗吠深巷中,鸡鸣桑树颠"的田园乐趣。然而书香门第出来的他毕竟不是稼穑的好手,"开荒南野际"的辛勤也未必能使他过上衣食无忧的小康生活。44岁时,诗人笔下洋溢着生活气息的"方宅十余亩,草屋八九间"被一场无情的大火烧光了,全家只好寄居在船上,靠亲朋好友的接济过活。即使这样,他还是固穷守节,老而弥坚,写下了"晨兴理荒秽,带月荷锄归""采菊东篱下,悠然见南山"等许多优美的田园诗,开创了田园诗一体,为我国古典诗歌开创了一个新的境界,被称为"隐逸诗人之宗"。

从田野重重稻浪中走来的袁隆平,是一代科学大师,也是一座精神富矿。他以科学精神与人文情怀、专业素养与道德操守、事业追求与社会责任、祖国情节与世界胸怀完美结合的风范,赢得了社会的普遍尊重。为了杂交水稻事业,袁隆平几十年如一日,矢志不移,默默奉献。刚开始研究时,许多人说他是自讨苦吃,他坦然回答:为了大家不再饿肚子,我心甘情愿吃这个苦。研究条件的简陋艰苦、滇南育种遭遇大地震的威胁、文革期间的政治冲击、上千次的试验失败……都动摇不了袁隆平研究杂交水稻的决心。他几十年像候鸟一样追赶着太阳南来北往育种,攻关的前10年有7个春节是在海南岛度过。他始终坚信真正的权威来自实践。"我不在家,就在试验田;不在试验田,就在去试验田的路上。"无论是烈日炎炎,还是刮风下雨,他和他的助手们都坚持下田,用自己的消瘦换来稻种的饱满,将水稻产量从平均亩产300公斤左右先后提高到500公斤、700公斤、800公斤。先后获得10多项国际大奖和"杂交水稻之父"的美誉,我国发现的国际编号为8117的小行星就是以他的名字命名的。

　　由此看来，无论是文学家、诗人、戏剧家、科学家大都是在一种特殊的环境中，耐得寂寞，默默坚守，潜心钻研，才得以成名、成家，成为后世景仰的巨匠泰斗。古来名士皆寂寞，唯有青史留其名。

（2011 年 9 月）

68. 学而优则仕的伤痛

"学而优则仕"语出《论语·子张》:"子夏曰'仕而优则学,学而优则仕。'"意思是说:"做官的事情做好了,就更广泛地去学习以求更好;学习学好了,就可以去做官以便更好地推行仁道。"

"仕"的本义乃是"士"在其"位"(即士人),而恰恰只有"不在其位",才有"仕"的问题。人们本能地把"仕"等同于"为官"(仕宦),这多少是中国历史内部权力异化后的印象,"仕"被简单地理解为"如何获得其位",而"位"又进一步成为权力的象征。"学"与"仕"便如同一根不断拉紧的橡皮筋,"仕"成为异化的权力;而它的异化,同时也改变着"学"的最终目标。也就是说,让"学"成为致"仕"的最为有效的手段,"仕"成为"学"的终极目标。

这也是几千年来,那群叫做"士",叫做文人的知识分子阶层要入仕的主要缘由。用孔子的话说:"学也,禄中其中矣"。对这句话,宋真宗赵恒写过一首《劝读诗》,形象地予以阐释:"富家不用买良田,书中自有千钟粟。安居不用架高堂,书中自有黄金屋。娶妻莫恨无良媒,书中自有女如玉。出门莫恨无人随,书中车马多如簇。男儿欲遂平生志,五经勤向窗前读。"

自从孔子的高足子夏提出"学而优则仕",孔子及其弟子身体力行地在列国间的仕途上长期奔走之后,仕途与中国古代文人便结下了不解之缘。他们中的绝大多数人,心灵深处,对于权力,有一种亲和性;对于长官,有一种趋迎性;对于统治阶层,有一种依附性;对于名利场,有一种竞逐性。矢志不懈,奔走终生,一息尚存,斗争不止,悬梁刺股,囊萤映雪,以书为砖,敲开仕门。这种与生俱来的,不教自会的本能,如蛾趋火,如蝇逐臭。

于是,凡文人当官者,或想当官者,无不处于这样的蝇营狗苟之中。没做到官者,内心空落落地,惶惶不安,做到了官者,生怕坐不稳当,惴惴不安;做了不大的官者,要往上爬往上攀,怵怛不安;官做大了者,又怕高处不胜寒,忐忑不安。总而言之,那按捺不住的"入仕"情结,那百折不挠的"为官"情结,既痛苦,又追求,既煎熬,又贪恋,既战战兢兢,又屁颠屁颠,既清高不屑,又乐此不疲。

然而,"学而优则仕",谈何容易?这一句话,包含着"学"、"优"、"仕"三个层次,它们不是必然的步步登高的阶梯,而是残酷无情的,不断淘汰的过程。由"学"而"优",犹如蚂蚁上树,能爬到树顶的"学而优"者,少之又少。由"优"而"仕",更是千军万马过独木桥,掉进湍急的河流中成落汤鸡,成溺死鬼者,多之又多。因此,能够过桥的"优则仕"者,每朝每代,也就是屈指可数的几个。

但是成为"仕"后又会怎么样呢?学而优则仕,仕至优多遭祸。中国文人的政治情结,说来也是一种痛苦的自虐。明知是杯苦酒,但端起来总不撒手,而且喝起来总是没够的。于是,纵使满腹经纶,才气横溢,纵使禀赋优异,天资卓越的文人,只要玩政治,最后,无不被政治玩死,这也是一个规律,是中国文人的悲哀。

因此,文人搞政治,面对这杯苦酒,大致有三种饮法。一种,聪明一点的,浅尝辄止,见好便收,激流勇退,金盆洗手,像李太白那样,流连名山大川,寄情自然风光。又一种,不那么聪明的,越喝越多,越饮越乱,不能自拔,无法收场。再一种,觉得自己聪明,其实并不聪明的,进退失据,内外交困,搭上脑袋,血本无归。

倒是那些"学而优未仕"或"学而优不仕"的人青史留名的比较多。一位备考副厅级的领导感慨地说,四大名著的作者都没有当过什么大官,却给后人留下了宝贵的精神财富,仅研究这些书就出了许多名人,养活了不少文人。

我上网一查,嘿嘿,还真是。这四大名著的作者,除了写《水浒传》的施耐庵外,其他都不曾为官。施耐庵博古通今,才气横溢,曾中进士,当过三年县尹,因替穷人辩冤纠枉,遭县官训诉,愤然辞官,从此一边教书,一边著书,行医济世。罗贯中自号湖海散人,是与倡优、妓艺为伍的戏曲平话作家,当时被视为下流人,正史没有他的传记。吴承恩生于一个由学官沦为商人的家庭,自幼聪明过人,颇有大志,但科考不利,至中年才补上"岁贡生",后流寓南京,长期靠卖文补贴家用。至于曹雪芹更惨,由于家庭衰败饱尝人世辛酸,晚年移居北京西郊,到了"满径蓬蒿"、"举家食粥"

的地步。

由此我想到了柳永，北宋时专门为歌妓填词的浪荡文人。他出生官宦世家，幼负才学，第一次参加科考，自认为考中进士、拿个状元没有问题，别人在紧张的复习备考，他流连于京城的歌楼妓院，结果没有考中。一气之下，写了一篇《鹤冲天》的愤世之作，认为是"黄金榜上，偶失龙头望""忍把浮名，换了浅斟低唱"，由此惹恼了皇帝。至仁宗初年再考，文化成绩过关了，可政审时，仁宗把柳永的名字从榜上划去，并批示"此人好去浅斟低唱，何要浮名，且填词去。"于是，柳永干脆高举"奉旨填词柳三变"的大旗，自称是"白衣卿相"，无所顾忌纵游于妓馆酒楼，相反成就、成全了他，他的艺术天赋在词的创作领域得到充分发挥。

据史载，当时教坊乐人、歌姬每得到新词新腔，都请柳永为之填词，供他们在酒肆歌楼里演唱，由此获得一定的经济收入。于是柳永写作了大量的幔词、俚词，在词史上产生了重大影响，到了"凡有井水饮处，即能歌柳词"的地步。但他放荡不羁的性格导致他终身潦倒，到死时一贫如洗，靠歌妓捐钱安葬。出殡时，东京满城名妓都来了，半城缟素，一片哀婉，演绎了一曲"群妓合金葬柳七"的凄美悲剧。

"学而优则仕"，书读得好就可以当官，选拔成绩优秀者为官，从哲学上讲，这个命题是正确的。能够成为"仕"，有了施展的舞台和机会，在某种程度上，"修身齐家"之余，可以"治国平天下"，体现人生的价值，像范仲淹那样"先天下之忧而忧，后天下之乐而乐"；但不能理解为"读书就是为了当官"，当官就是为了当权，当权就是为了发财。近年来高学历、高智商犯罪的"仕者"越来越多，越来越隐蔽，越来越为害无穷，这就是教训。

（2012 年 2 月）

69. 皇帝的衬衣不好洗

　　清初诗坛盟主沈德潜是一个传奇式人物。他的第一"奇"在于令人无法想象的"大器晚成"。热衷功名的沈德潜从 22 岁参加乡试起,总共参加科举考试 17 次,直至乾隆四年(1739 年)才中进士,时年已经 67 岁,也就是别人早已退休的年龄他却刚刚登上仕途。他的第二"奇"是生前极其荣耀。风流皇帝乾隆称他为"江南老名士",倍加荣宠,官至内阁学士兼礼部侍郎,77 岁才辞官归里。他的第三"奇"是寿命长,活了 95 岁无疾而终。退休后依然与皇帝酬唱不断,乾隆每有得意之作,必用邮筒驰送江南沈德潜,而沈也必有和诗。他的第四"奇"是死后风云突变。乾隆把原先封给沈德潜的所有荣誉全部"追回",命人把沈德潜的坟墓铲平了,遭遇明朝万历首辅张居正同样的厄运。

　　为什么会出现如此冰火两重天的现象呢? 多数人认为与"文字狱"有关。沈德潜去世 9 年之后,江南东台县民评告已故举人徐述夔的《一柱楼集》诗词悖逆。乾隆帝审查此书,发现内有"大明天子重相见,且把壶儿搁半边""明朝期振翮,一举去清都"等"反动诗句",而沈德潜曾为徐氏做过"传记",称其品行文章皆可为法。乾隆帝不禁勃然大怒,以为这是"故人"背叛,恼羞成怒,大骂沈"昧良负恩""卑污无耻"。因此,沈德潜被追夺阶衔,罢祠削谥,平毁墓碑。真正是"伴君如伴虎",盖棺未必论定。

　　但是民间传说,沈德潜获罪的另一原因,是他曾替乾隆帝写诗,后又将这些诗收进自己的诗集。沈德潜去世后,乾隆帝搜其遗诗读之,发现其中确有代作御诗。乾隆帝一生诗作甚多,有史以来首屈一指。其御制诗共 5 集,4 万多首,洋洋大观,令人惊愕。尽管他声称自己才思敏捷,但身居帝位,政务繁忙,要写出如此海量诗作是很有难度的。有些由臣下代笔,或由他乘兴开篇,词臣续就,也在情理之中。他初登帝位时,在《乐善堂全集》的序文中也曾坦率而言:"自今以后,虽有所著作,或出词臣之手,真赝各半。"但是,作为臣下,公然将代作御诗收入自己的诗集,终究难逃违逆之责。

时下的流行语，不怕流氓，就怕流氓有文化。套过来，不怕皇帝，就怕皇帝爱写诗。皇帝要写诗，得有人给他修改润色，做这个活计，用德国大诗人歌德的话来说，就是给皇上洗脏衬衣；用现在流行的话，就是给领导当枪手。沈德潜，凭借一手好诗，以及低调而且善于迎合圣意的老道功夫，为皇帝洗衬衣，深得乾隆的赏识和信赖。

皇帝的脏衬衣不好洗，首先你得有绝活，能出活，能投皇帝所好。沈德潜的诗专主唐音，以温柔为教，对维护和加强清王朝的统治有利。乾隆帝执政初期，一改其父的严酷作风，实行了较为宽松的政策，加之本人又爱好诗文，因此，沈德潜得以享受殊荣。传说沈德潜被任命为翰林院编修后，新官轮班引见，乾隆帝令沈德潜和《消夏十咏》，沈德潜很快和就进呈，乾隆帝阅后十分满意。不久，沈德潜又奉命和《柳絮》《落叶》等诗，都得到乾隆帝的欢心。从此，乾隆帝每有诗作，便命沈德潜和，多有激赏。沈德潜由此开始了晚年的飞黄腾达。因此，有人认为，沈德潜其实就是乾隆帝的枪手，乾隆的诗，实际上是沈的手笔。不过，看过一些乾隆御制诗之后，一般人都觉得沈给乾隆的诗修改润色应该没错，清史稿也说，他曾为乾隆校正《御制诗集》，但捉刀代笔好像不确。因为乾隆的诗实在太差，有的像张打油，有的像散文码齐了押上韵，实在不大可能出自一个诗坛老将的手笔。

皇帝的脏衬衣不好洗，你得有奉献精神，严格保守秘密。大凡是皇帝，就不想承认自家的衬衣也脏过。因此，洗衣妇的活儿，只能悄悄地干；干了之后，还不能让别人知道。老名士兼老大臣的沈德潜，当然明白这个道理，十几年伴君如伴虎，小心翼翼，如履薄冰，如临深渊，没有透露半点"给皇帝改文章"的得意，他常感叹："君恩稠叠，不知何以报称，窃自惧也。"他也由此挣来了逐年增加的恩遇，功名利禄，死了之后谥美号，立祠堂祭祀。可是人算不如天算，老名士活的时候总算安然渡过，但翘了辫子以后，还是出事了。

出事的原因，是老名士虽然已经变成了老大臣，但虚荣心却并没用真的丢到长白山或者爪哇国去，无论如何，给皇帝改文章都是难得的荣耀，当时不敢说，却不想从此被湮灭掉。因此，沈在自己的遗稿中，还是留下了表明自家荣耀的明确痕迹。不想，老名士想传之后世的，恰是皇帝所格外忌惮的。沈德潜死后，乾隆帝借故从沈的家人那里骗来了沈的遗稿，这下老名士的馅儿露了。皇帝被气了个半死,公开发作不方便,就找了一个茬,"夺德潜赠官,罢祠削谥,仆其墓碑",就差掘坟鞭尸了。这个茬,有人说是沈德潜题诗黑牡丹中有"夺朱非正色,异种也称王"之句,上纲上线,牵强扯成不满"本朝"的悖逆言论。

不管怎么说,反正沈老名士死后没有保住名节,骸骨都不得安宁,其真正的缘由肯定不是这种牵强附会的罪过,还是跟那倒霉的诗、倒霉的洗脏衬衣有关。用乾隆的话来说,就是"朕于德潜,以诗始,以诗终。"皇帝和名士虚荣心都强了一点,互相较劲的结果,最终,皇帝最不希望别人看的脏衬衣,以及如何找人洗的事,都让人知道了。沈家丢了皇家给的好处,而皇帝则丢了人。

其实呢,写诗,平仄不协,压错了韵脚,找人修改,本是寻常之事。然而,这种百姓的平常事,到了皇帝那里,就一定有麻烦,因为皇帝是圣上,一生下来就不能有错,有了错,需要改,也得悄悄地进行,假装从来没改过。臣子们也一定要咬紧牙关,坚持捧臭脚到底。比如乾隆给灵隐寺题字,把个"灵"字(繁体)上面的云字头写大了,下面不够写了,于是臣子就出主意,干脆改题为"云林禅寺";再如乾隆近视,把"浒墅关"看成"许墅关",把"西川"看成"四川",臣子们就把地名都改了,一直沿用到今天。

由此看来,不是皇帝的衬衣特别脏,而是衬衣的主人是皇帝。算起来,中国最喜欢作诗的皇帝有两个,一个是隋炀帝,爱诗爱到臣子有佳句者,嫉妒得要取他的性命;另一个是清朝的乾隆皇帝,属于高产诗人,保留到现在的就有四万余首,编成集子,可以卖到几万元一套。隋炀帝有没有人给他洗脏衬衣于史无证;但乾隆确实有,比较有名的一个,就是沈德潜。沈德潜正是因诗受到乾隆帝的荣宠,因诗受到乾隆帝的批评,死后又因诗受到乾隆帝的惩罚。反正,皇帝是不能有错的。

由此看来,给皇帝洗衬衣是一把双刃剑。洗得好,无上荣光;洗得不好,脑袋搬家。沈德潜生前,乾隆给了他极高的礼遇,官职由少詹事升詹事,再升值书房副总裁,80多岁退休以后,还封给礼部尚书衔,甚至到了90岁还晋阶为太子太傅、太子太师。而且沈德潜年老归乡后,乾隆多次下江南,几乎每次都要他来陪护,都要唱和几首诗。乾隆十一年(1746年),沈德潜任内阁学士,一次他夜梦夫人,醒而成诗。乾隆帝阅后为之感动,命给三代封典,并赐诗宠行,声称:"我爱德潜德,淳风挹古初。"此诗在文坛宦海引起反响,侍郎钱陈群和道:"帝爱德潜德,我羡归愚归(沈德潜号归愚）。"一时传为佳话。乾隆十六年（1751年），乾隆游幸江南，沈德潜赶到清江浦迎驾，乾隆赐诗曰："玉皇案吏今烟客，天子门生更故人。"这简直是光荣到极致了。

但获得荣耀的前提是必须咬紧牙关，严守秘密，任何时候不能透露半个字。沈德潜没有做到这一点，只落得名节不保、骸骨不安的下场。但话说回来，怪沈德潜也不全对，保护知识产权是文人的本能，怪只怪"伴君如伴虎"，皇帝的衬衣不好洗。

（2012年3月）

D. 山水流连

　　青山行不尽，绿水去何长。中国人自古就崇尚澄怀山水，道法自然。面对青山绿水，人们慨叹造化神奇之余，品性也会受到影响。

　　仁者乐山，智者乐水。仁者在山的稳定、博大中，积蓄和锤炼仁爱之心；智者涉水而行，望水而思，以碧波清流洗濯自己的理智。

　　此篇记述游赏经历，描绘自然风光，抒发流连山水的愉悦，人文、自然交融，情趣、理趣并存，给人以美的享受和理性的启迪。

70. 返朴归真趣无穷

三角山,地处大别山脉南麓,湖北省浠水县东部,方圆 64 平方公里,大小山峰 28 座,因其三柱奇峰,状如兽角,突兀苍穹而得名。2002 年 6 月,我参加某报社在三角山避暑山庄举办的教育与科技通讯员培训班,有幸目睹了她的雄、奇、幽、秀,切切实实感受到了那种回归自然、返朴归真的意境与情趣之美。

那是一个久雨初霁、春光明媚的好日子。早上就被阵阵鸟儿的欢唱闹醒。推开门窗,一股新鲜而略带寒意的空气扑面涌来,顿时神清气爽。远眺,云雾缭绕,云蒸霞蔚,连绵起伏的山峦肩并肩,手挽手,像少女挺拔的乳房,又如童话里的城堡;近看,青松修竹饱蘸雨珠、露珠,格外青翠碧绿,仿佛要流出来。山坳处,烟雾蒸腾,如炊烟袅袅,如柳絮飘舞,一缕缕、一簇簇、一团团,轻悠悠的、软绵绵的,那么的细腻、白嫩、轻柔、风情万种,仿佛对大地万般留恋,又仿佛对高山万般昂仰,对美好境界无限向往。

上午 10 时左右,开始登山。从水晶宫沿林间小石道一路拾级而上。初,林荫夹道,特感清凉,兼好奇与信心做伴,双腿矫健,一口气登到听涛石,始觉浑身热气腾腾。路两旁林木参天,修竹摇曳,满眼葱俊,有说不出的畅快。继上,双腿如灌铅,说话上气不接下气;再上,气喘吁吁,有点寸步难行。正当我们磨磨蹭蹭,想打退堂鼓的时候,道旁一峭壁上"无绿不来此地,有勇必登此山"的石刻,给我们增添了力量,一股不到主峰非好汉的豪情激励我们前行。在一线天处,只容一人攀登。两旁磐石耸立,中间凿出几只脚窝,后人的鼻子几乎贴近前人的脚跟,这时才切切实实感受到什么才是爬山、爬山的真正滋味了。

时陡时缓的山道,移步换景的惊喜,把我们引到了卧仙峰。站在卧仙石上,任山风吹拂,听松涛阵阵,真有点羽化而登仙之感。向下瞰望,层峦叠嶂,大小山头星罗棋布;静卧峡谷的湖泊如蓝色宝石,系在玉女裙带上;蜿蜒的山道如白色飘带一头缠着那座山头,一头挽住那座山腰;琼楼玉宇掩映在青松翠柏之中,仿佛是安徒生笔下的童话小屋。向上远眺,奇峰凌云,巍峨峥嵘;悬崖绝壁,沟壑纵横;怪石嶙峋,似人状物,真是无限风光在险峰。

美好的风光增加了我们的信心和兴致,一鼓作气,我们上了望江峰。一棵巨大的迎客松定格了我们的目光。据导游介绍,这棵迎客松足有 1 000 年历史,主干粗壮,虬枝遒劲,覆盖面 10 平方米开外,真想爬上去,寻找一下感觉。这时,几朵白云从头顶流过,好像硕大棉球,一伸手就可扯下来;又好像仙女临凡,偷窥这人间仙境。

主峰迎面,壁立千仞。一群小学生从松影石罅处冒出,我们眼前一亮。他们背着小包,挥着小旗,那灿烂的笑靥、雀跃的身影、天真的戏闹,使人看到了另一幅更加美丽动人的风景。自然是伟大的,充满着崇高精神生活的人类乃是伟大之中尤其伟大者。及上主峰(海拔 1 055 米),虽有一种"会当凌绝顶,一览众山小"的感觉,周围的景致反倒不觉得怎么新奇了。

上山易,下山难。下山时,由于难以把握重心,总有点不踏实的感觉,好像不是走,而是不自觉的往下冲、往下飞,一脚一个台阶,像是部队接受检阅时的大跨步,什么问天石、青蛙石、飞来石、棋盘石等景点在眼前匆匆掠过,来不及细细欣赏、品味。只是浑身的汗渍不知什么时候已荡然无存,有说不出的爽快。

由于时间关系,还有许多人文景观、名山古寺、战争胜迹来不及参观游览。同时,由于三角山正处在开发和建设时期,很多景点还没有开发出来。但却保存了原始质朴之美,让人有一种回归自然的超尘脱欲之洒脱。我到过黄山,也上过峨眉山。黄山的雄奇、峨眉山的俊秀那是坐环保车、乘电缆车匆匆欣赏,如过眼烟云,来不及细细品味;加之,人工斧凿过多,过于完美,相反印象不深。三角山的青秀(满山尽是青色,少有杂色)是用脚板丈量出来的,是用双手攀登出来的,是发自内心感受出来的,有种返朴归真的纯情美。

(2002 年 5 月)

71．一树樱花一树春

早在学生时代,就听说武汉大学的樱花很出名,只可惜每次到武汉都是来去匆匆,失去了观赏、品鉴的机会。自 2002 年来湖北教育报刊社,一直埋头工作,虽与武汉大学近在咫尺,也没有抽空去看看。2003 年"三八"妇女节,经一位朋友提醒,下午一下班,我就骑着自行车出发。

沐浴着金色的夕阳,乘着和煦的春风,我几乎是迫不及待地想一睹樱花的英姿和风采。就好像是去见一位久闻大名的朋友,平时并不在意,真的要去见他,心情特别激动,甚至有一股冲动。

正是下班放学的高峰期,一进入武汉大学就感觉到不同寻常的热闹,一股股人流朝外涌,分不清哪是学生哪是游客。那些提着照相机的,一个个满面春风,笑意荡漾在脸上。

突然,一股香气扑面而来,精神为之一爽,初疑是迎面而来女士的香水味,仔细一品味,这香气十分清幽,沁人肺腑。对! 应是樱花的清香。诱着清香,循着香气,不自觉地来到了樱花园。

就仿佛是一个大冬天,一觉醒来,推开门窗,眼前一片雪白的世界,银装素裹,分外妖娆,樱花开得正艳! "疏影横斜水清浅,暗香浮动月黄昏"。一树树的樱花在一片翠绿丛中分外耀眼。樱花既具有梅花的高雅,又承袭梨花的洁白,难怪这个日本的国花,为中国人所钟爱。

开得最带劲的是"樱花大道"两旁的樱花。这里的樱花树比樱花园要大要高,樱花旁逸斜出,一束束,一簇簇,一眼望去,就好像是湛蓝的海洋上浮起的一朵朵白云,又好像是一条白色的飘带把葱茏的珞珈山缠住。樱花树除了花,光秃秃的,一片绿叶也没有,真是纯得可爱!

樱花园里,樱花大道上,樱花树下,大多是天之骄子。他们或一人坐在石凳上,凝视、深思;或二三人一起,赏景、拍照,游兴正酣;或七八人一起,围成一圈,谈笑风生,特别开心。我真的很羡慕他们,那么无拘无束,那么天真无邪,那么充满着浪漫与理想。功名利禄于我已淡化了许多,唯有子女读书进学有出息,才是我最大的满足。

久居大都市,满眼的车水马龙,满眼的高楼大厦,对季节的感觉特别迟钝,往往只是从气温的升降才感觉季节的变化。就如对春天的感觉吧,只是从气温上感觉到她的温和,感觉不到春天的气息。看到一树树繁花似锦的樱花,嗅着一股股沁人心脾的清香,仿佛是春潮在涌动,仿佛是春意在萌发,才的的确确感受到春天已来临。

武汉大学正门有两重校门,一重是孙中山先生亲笔题写校名的牌坊式老校门,体现纪念意义和欣赏价值;一重是现代化的电动门,起防守作用,可谓古今结合。把日本的国花移植中国校园,也是中外合璧。正因为兼容并蓄,才成就了武汉大学世界知名学府的美誉。

(2003 年 4 月)

72. 洪湖泛舟

"洪湖水,浪打浪,洪湖岸边是家乡。"一部《洪湖赤卫队》电影和一首《洪湖水浪打浪》的赞歌曾经风靡全国,影响海内外,勾起多少人对洪湖的向往和仰慕。2003年季夏,我慕名踏上了这块红色的土地,采访这里的教育风云人物,有幸游览了百里洪湖,见识了其壮观的景象,也深深为现实中的洪湖距理想的遥远而感到遗憾。

一大早,我在洪湖市文泉中学教导主任的陪同下,租一艘游艇,向湖中心飞驶。持续二十多天的高温,使得这里的早晨都感觉不出丝丝凉意,游客甚少,游船甚少。好在借助游艇的飞速,耳边尽是呼呼的风声,丝毫没有岸上的热浪灼人,特感清凉。这时,眼前是浩瀚的湖水,波浪相拥,水天相连,水天一色,一排排竹栅栏、一艘艘渔船一掠而过;游艇激起雪白的浪花,不时沾湿衣襟,钻进怀里,特感清凉。

在湖心茶岛,十里凉棚令人流连忘返。由钢筋、水泥、竹排、芦苇构建的凉棚,既有古典的清雅,又有现代的气息,一座连一座,把一片湖整个地圈起来,游客可尽情地饱览湖光湖色。碧波荡漾的湖水、清香四溢的荷花,还有嬉戏的水鸟、冲浪的鱼儿,不时撩起你的情趣,多想把自己融进这美妙的自然中。这时,支一鱼竿,垂钓于凉棚的任何一个景点,收获与否,都有姜太公之乐;泡一杯酽茶,临风细品,物我两忘,其喜气洋洋者矣。

在水上渔寨,过竹排浮桥,就像是武打片侠士那样,踏浪而行。这时,摘菱赏荷,游泳冲浪,倒另有一番情趣。这里湖面开阔,湖水清澈,波平如镜,是游泳、冲浪的好处所。我这个出生水乡、熟识水性的一介书生,不免跃跃欲试。一下水,扎一个猛子,特感清凉,无比舒畅。然而,毕竟多年未在水里舒展拳脚,不及 10 分钟,就感觉体力不支。上浮桥,欣赏游船上的几位渔民小子,一个个浪里白跳张顺似的,跳水、戏水、扎猛子,就像在平地捉迷藏。"近水知鱼性,近山识鸟音",大概就是这个理吧。

然而,这里根本没有想象中的那种"横无际涯,朝晖夕阴,气象万千"的壮观情景,号称百里的湖面,被人为的用竹栅栏切割成一块块鱼池,破坏了生态自然美,"不见洪湖浪打浪,只见竹竿打竹竿";也不见"接天莲叶无穷碧,映日荷花别样红"的情景,只有零星成块状地分布,荷叶大都伏在水面,荷花也只是零零星星。据渔民讲,主要原因是今年水大,把荷花都淹死了;更不见"晴早船儿去撒网,晚上归来鱼满仓"的田园牧歌景象,这里水面大都被人承包,发展网箱养鱼。因此,作为生态旅游景区,洪湖则难以吸引游客眼球。至于发展水产养殖业,这里真正的养鱼人大都是来自安徽、山东、江苏,当地人不是技术不行,就是缺乏吃苦精神,钱都落进了外乡人的口袋。有一个很令人深思的细节,洪湖市面上卖的莲蓬都是从湖南"进口"的。

或许是受《洪湖赤卫队》的影响吧,在我的想象中,洪湖应是典型的"鱼米之乡",是十分富裕的地方,洪湖人应是十分精明的。想起那些"土雷当作炸弹摔,鞭炮代替机关枪"的游击队员,想起女英雄韩英监狱中同南霸天机智勇敢地斗争,我就为现在的洪湖人鸣不平,这么好的"水文章"怎么不能做大做强呢? 这么好的人文资源怎么不能好好地利用呢? 虽然,湖中有几艘号称"韩英号"、"刘闯号"、"黑古号"的渔轮,大都是餐馆、茶馆之类,没有一点人文底蕴,没有一点革命传统教育的内涵,不免让人希望而来,失望而归。

当然,我作为局外人,对洪湖说了一些大不敬的话,或许"忠言逆耳",但对洪湖痛定思痛、发展经济有所裨益。

(2003 年 7 月)

73．金沙风韵

　　流火的七月,我到湖北省咸宁市崇阳县采访,有幸领略了号称崇阳四宝之一的金沙风韵。

　　豪华空调车从"火炉"之称的武汉出发,一进入崇阳避暑山庄,满眼掠过的是层峦叠嶂、云海茫茫、竹林森森、怪石嶙峋。蜿蜒的山路像一条白色绸带一头揽着这座山腰,一头挽着那座山头,动辄300多度的急转弯,把人带入一个又一个别有洞天的境界。

　　山重水复疑无路,柳暗花明到金沙。金沙宾馆位于崇阳县东北之毛票岭,海拔725米,距崇阳县城29公里,距武汉市132公里。周围群山环绕,面临一泓清澈湖水。一下车,一股清新甜润的风扑面而来,使人顿觉神清气爽。没有滚烫的热浪,不见火辣辣的阳光,听不见隆隆的轰鸣声,天高云淡,绿意荡漾,除了此起彼伏的蝉鸣声外,一切都显得那么幽静安谧,出神入化。

　　金沙的风总是那么轻悠悠的,软绵绵的,颤巍巍的,缠绵悱恻,多情多姿。

　　一路颠簸随梦去,一夜酣眠不觉晓。站在水榭阳台上,早晨的风凉兹兹的,轻吻着你的脸。这时,一轮旭日从山坳上冉冉升起,热情而不火爆。湖面上一边波光粼粼,像雍容典雅的贵妇,浑身闪烁着珠光宝气;一边波平如镜,如小家碧玉般,躺在青山翠竹丛中睡懒觉,岸边整齐的塔柏在深情地注视着她,为她站岗放哨。

　　到了下午时分,太阳垂直照在湖面上,风和日劲,波澜不惊,上下天光,一碧万顷。瘦削的湖水像一块蓝宝石镶嵌在湖心;湖滩层层有规则地裸露,鹅卵石斑驳纵横,在展示着岁月的沧桑。远处的山、近处的树都静静地伫立着,只有蝉儿在执著地歌唱。这时的风热情地拥抱着你,温柔地咬着你的肌肤,痒酥酥的,三万六千个毛孔无一不畅快,像熨斗熨过似的。山腰上挂着朵朵白云,山顶托着蓝蓝的天;湖面上涟漪阵阵,波光闪烁,虽不是瞬息万变,气象万千,也算是风情万种,多彩多姿。

　　黄昏时分,天气骤变,湖面上霎时像盖上一层厚厚的毛玻璃。一阵山风吹来,激活的一池湖水在兴高采烈地舞蹈。雨,淅淅沥沥的,击打着澄清如碧的湖面,朵朵浪花像鱼儿吹起的小泡泡,充满着无限的诗情画意。雨中的风像个多情的少女主动牵着你的手,直往你怀里钻。骤雨初歇,一群天真活泼的少年嬉戏水中,逗乐的湖水不时激起浪花去应和;几位垂钓老者,神采奕奕,神情专注,尽管收效甚微,但忘情于山水,也算是钓胜于鱼了。

夜晚的湖水倒映着座座灯塔,像酣睡的婴儿那么恬静、安详。撒欢的鱼儿不时激起一声脆响,应和着蝉的清唱,给静寂的山庄平添几番情趣。这时的风如三月的春风轻轻滋润着从事各种活动的客人,不需要电扇,也没有空调,一切都仰仗于大自然的赐予。到了深夜,清凉中还夹着丝丝寒意,不知不觉把毯子卷紧。

人类总是不那么和谐协调。难耐喧嚣、酷热的城里人不失时机地走进大山,寻求心灵栖息的圣地;不满足现状的山里人拼命走出大山,背井离乡,为生活而奔波。我想,不可能人人都能享受到金沙的神韵与清爽,真正的纳凉还要靠自身的情感状态和心灵境界。俗话说"心静自然凉",暑热中保持一份乐观开朗的情怀,保持心静如水,笑对生活,宠辱不惊,从而遍体生凉,这才是纳凉的最高境界。

(2003 年 7 月)

74．九畹溪漂流记

公元 2003 年仲秋，湖北教育报刊社在三峡新县城——秭归举行特约通讯员研训班，特地安排通讯员进行了一项新的旅游项目——漂游九畹溪。这是我这一生中旅游观光所到景点中最惊险最刺激最有意义的一次，以前大多是跑马观花，浮光掠影，这次是亲身体验，亲身感受，其乐无穷，其趣亦无穷。

那天，天公并不作美，一大早，雨就淅淅沥沥地下个不停，可一个个血气方刚、风华正茂的小伙子高声叫嚷："没问题，没问题，快走吧！"涌动的激情与久待的渴望将学员们推上了由秭归县大自然旅行社承办的旅游观光车，冒雨朝九畹溪进发。

一路上，汽车沿长江西陵峡南岸奇峰下行驶，峰回路转，境界迭出，尽在山峦里奔驰，在云雾里穿梭，一边是深峡，一边是奇峰，风光秀美，烟雾缭绕，看不清山有多高，峡有多深。沿途的村庄房屋大都比较整齐光鲜，听导游小姐讲，这里是国务院定点的三峡移民示范新村，是享了政策的福，沾了三峡建设的光。

山重水复，柳暗花明，汽车实际上是沿九畹溪绕了一个大圈子，才到目的地。山高路远，空气稀薄，不少同志感到胸闷。幸有导游小姐一路上又说又唱的，大吊胃口。导游小姐那动人的解说，韵味悠长的龙舟号子、山歌，使一车充满了笑声与掌声。

上午 10 点左右，于槐树坪段，开始漂流。我们自选合作伙伴，穿好救生衣，戴好救生帽，套上护膝，换上布（球）鞋，急不可耐的去探索她神奇的魅力。编辑部叶芬主任，短裤，球鞋，汗衫，雨衣，武装到牙齿，俨然一名专职漂流运动员。我们不由感叹，生姜还是老的辣。

我与仙桃市教育局办公室主任李吉雄合伙推一皮划艇下了水。我与李年轻气盛，个头、块头都差不多，操作起来比较平衡，可谓黄金搭档。本认为这一路，定会中流击水，浪遏飞舟，勇当先锋。可一旦下了水，就顺不得你"美好愿望"。舟随溪漂,横冲直撞,冷不防进入一个险滩,遇上一股急流,跌进一个漩涡,一个浪头扑来,我们潜意识地双眼一闭,一声尖叫:"哇!完了。"待睁开双眼,人还在皮划艇上,只是浑身湿透,艇上也灌满了水,这时人坐在水里,分不清是溪水,还是雨水、汗水。

就这样,一路颠簸,一路搏击,一路尖叫,一路欢笑。艇在水上漂,在浪花里钻,在礁石上撞,时缓时急,有惊无险。缓的时候,我们用小木桨划,边划边欣赏两岸雄奇秀丽的景色。但见奇峰耸立,林木叠翠,怪石嶙峋,鬼斧神工,壁立千仞;山坳处烟雾蒸腾,袅袅婷婷,风情万种,气象万千;间或神秘的石悬棺洞在眼前掠过,一展巴楚文化的神韵。遇到急流、险滩,我们按照导游小姐事先告诫地那样"船动人不动,流急心不急",紧紧抓住皮划艇两舷的筋带,历尽惊涛骇浪,饱尝惊险刺激,尽情地体验这份惊喜与快感。还不时地回过头来,欣赏后面的伙伴与游客,看他们出没烟波里,嬉戏浪花中,简直就是一幅美妙的风浪搏击图画。

九畹溪漂流,实际上由两种截然不同的形式组合而成。上段 6.8 公里,惊险刺激,在于漂,怪石林立,跌宕起伏,相对落差 90 余米,急流险滩中搏击,尽显勇者风采;下段 6.4 公里为休闲观光漂流,奇峰秀水争艳,畅游期间,惬意无限。这两种漂流以九畹溪电站为分水岭。这时,经过一路颠簸,坐上皮划艇,才觉疲惫,正好可以休整一下,欣赏两岸风光。一不小心,溪水沾湿衣襟,一摸,挺温和,热的。原来,溪水汇入潭水,而潭水又与江水交融,两水相汇,形成一股暖流,大自然真是奇妙无比!

九畹溪漂流,带动了当地第三产业。特别是溪流两岸山民大发漂流财。几乎在每一个险滩的下游区域,就有一家或几家销售点。他们搭着凉棚,摆起桌案,用一根竹篙,拉船呼客,兜售土豆、熏肉、小鱼等烧烤产品。而且都开的是一元店,一串土豆、两三片熏肉、两三条小鱼、一杯姜汤、一颗红辣椒,都是一元钱。正好人乏肚饿,吃上一点烧烤,喝一杯姜汤,尝一颗红辣椒,驱寒充饥,胜似人间美味佳肴。正好应了那一句"只买对的,不嫌贵的",反正一元钱,吃得津津有味。我拿起一串小鱼,咬了一口,得意洋洋地说:"三毛三。"咬了第二口,可惜地说:"六毛六。"咬了第三口遗憾地说:"一元到位。"引得周围游客哈哈大笑。

"余既滋兰于九畹兮,又树蕙之百亩。"伟大的爱国诗人屈原曾在九畹溪开坛讲学,植兰修性,留下了宝贵的文化遗产。距三峡大坝仅 20 公里的九畹溪风景区地处坝区库首,川鄂咽喉,区位独特,正在开发、建立集探险、休闲、观光于一体的立体旅游圈,九畹溪漂流只是其主体旅游项目。九畹溪将以其独有的内涵和神韵吸引世界更多游客关注的目光。

　　人生如漂流,有时起有时落,说不定什么时候一下子由波峰跌入深谷。正因为这样才有奋争,才有欢乐,才有人生价值;否则,贫僧喝稀粥,也太平淡无奇了。

(2003 年 8 月)

75. 拜谒神农

2003年隆冬,我到湖北随州采访,怀着无比崇敬的心情拜谒了人类始祖——炎帝神农。

那是一个凄风冷雨的日子,风雨中我们驱车40余里来到随州北部的厉山镇——炎帝神农故里。

穿过巍峨的牌坊,一座高大的汉白玉人物石雕就矗立在我们面前。这就是人类始祖神农氏。他长发披肩,精神焕发,一手拿着麦穗,一手握着灵芝,像是辛勤劳作后满载而归,又像是为部落操劳中风雨兼程。

传说中的神农氏是我国远古时代(母系氏族向父系氏族过渡时期)一个强大氏族部落的代表人物。他肇兴随州,北张中原,重返江汉,殡葬陵县。他在位140年,制耒耜,教耕耘,尝百草,疗民疾,训禽兽,创编织,兴贸易,制历时,功勋卓著,被尊为华夏医药和农业的创始者。他的创造、奋进与献身精神乃中华民族之瑰宝,是永远立于不败之地的精神支柱,令炎黄子孙世代敬颂。

每年的4月26日,是神农的诞辰,遍布世界各地的华夏后裔,成立世界烈山宗亲总会和30多个国家及地区的烈山宗亲会,纷纷组团来随州烈山(厉山)朝祭先祖。随州自1991年举办首届"中国湖北烈山炎帝神农节"之后,连年举办炎帝神农氏生辰庆典活动,其空前盛况在纪念馆里得到展示。

纪念馆里还展示了歌颂神农氏的字画。"华夏同始祖,天下共烈山""巍巍烈山,华夏宗源,神功圣绩,是敬是瞻"……琳琅满目,瀚墨飘香。尊重先祖,热爱中华,弘扬民族精神之情溢于字里行间。

纪念馆正中,挂有一幅神农画像。他穿棕衣,裹兽皮,慈眉善目,盘膝而坐,神采奕奕,栩栩如生,特别安详,与广场上的神农雕像很有出入。这正好说明,人们对先祖的敬重,他们根据各自的想象,描绘出心目中的神农、心目中的圣人,并以此作为激励自己和后世子孙的榜样。这幅画像据说是一位华裔花大价钱从大英博物馆买下赠给随州市的。这种认宗归祖情结正是中华民族千百年来生存不息、团结奋进的精神动力。

出纪念馆依山而上，就到了神农洞。传说神农的母亲上山砍柴采果，常在此山洞小憩。一次梦中与一位英俊小伙相会，就怀上了神农。此后，这山洞也成了神农的居住地。

神农洞的左上建有"神农碑亭"，亭内立有"炎帝神农遗址"石碑。石碑高约 3 米，宽约 1.5 米，原来在厉山镇粮食加工厂当门槛踏脚石，被人发现后，移至管理区。因其字迹模糊，有人"别出心裁"地重新镌刻，有人指出缺乏古迹色彩，又把新镌刻的字磨掉，恢复原貌。可谓饱经风霜，历尽磨难。

石碑乃明朝四川长寿人杨敬忠立。杨任随州太守，接到第一宗案子就是两家宅基地之争。杨打听到两家都信奉神农，于是在所争之公地立下此碑，促使两家和好，敦亲睦族，永世昌盛。后人在立碑处建立宗祠，四时祭祀，香火旺盛。

碑亭背面大梁上刻有"碑亭"二字，只是"碑"字右边一撇没有了。这不是书法家的失误，而是有一段典故。说是书写此匾的乃一获罪高官，因其在位时多有政绩，百姓拥而戴之，及至罢官归乡，百姓们强烈要求其书写此匾。民意难违，高官欣然题字，但考虑到自己已失去乌纱帽，就有意将"碑"字右边的一撇给省去了。

碑亭的正上方，也就是厉山的最高处，建有日月门，飞檐斗阁，气势恢弘，吞吐日月。其北正在大规模建设大宗祠、功德殿、归宗阁等多处景点，融自然景观与人文景观、祭祀先祖与观光游览于一体，可惜目前尚未对外开放。

游览神农故里，我心里一直有一谜团，炎帝神农怎么扯在一起呢？据历史教材，炎帝生活在黄河流域；神农钻燧取火，在陕西渭河流域。及至购买旅游画册，翻阅有关参考文献，才有所解。战国《世本·帝系篇》云："炎帝即神农，炎帝自号，神农代号"；西汉《史记·补三皇本纪》云："神农……故称烈山氏，亦曰厉山氏"，又将神农氏、烈山氏、炎帝合三为之，即同一血缘氏族三个不同历史时期的氏族部落首领。画册还列举春秋以来的《国语》、《左传》、《礼记》、《吕氏春秋》、《史记》、《汉书》、《水经注》、《淮南子》、《荆州记》等数百部文学典籍，佐证"炎帝即神农"，神农"起于随州烈山（厉山）"。

　　正如因苏轼的《赤壁赋》而引出文武赤壁之争，诸葛亮的《出师表》而引出南阳、襄阳之争一样，人们仰慕名人，开发名人资源，促进地方经济发展的美好愿望是可以理解的，所谓"文化搭台，经济唱戏"，其出发点都是好的。我想，不管炎帝是不是神农，神农是不是诞生在厉山，随州市委、市政府修复、扩建炎帝神农故里名胜区，以纪念华夏始祖，弘扬民族精神，促进祖国统一，扩大对外开放，聚海内外华夏儿女之力量，以开拓新的经济增长点，这种做法是值得肯定和提倡的。

（2003 年 12 月）

76. 东湖漫游

2004 年 6 月 13 日，星期天，偷得片日清闲，骑单车，沿湖堤，看武汉东湖风景。风云变幻，移步换景，境界迭出，多姿多彩，好一派迷人的风光。

早上 6 点，天灰蒙蒙的，湖边比较冷清。沿风光村瞭望，整个湖面被烟雾笼罩着，烟波浩渺，水天相接，微波逐浪。东湖就像一位贪睡的小伙子，那么恬静，那么甜蜜，那么安详。近在咫尺的磨山就像一位害羞的少女，披着朦胧的面纱，在脉脉含情地注视着东湖。远处几条游船，就像画家素描时，不经意间漏下的墨点，看似败笔，却恰到好处地取到了画龙点睛的作用。湖边一些刚刚睡醒的鱼儿，翻过身，打个呵欠，激起一片浪花，给这宁静的清晨增添了无限的情趣。这时候，风轻悠悠的，十分的凉爽。

正留恋间，风光村右边的湖面，不知什么时候冒出一队划艇训练员，一个个打着赤膊，穿着短裤，古铜色皮肤，浪里白跳似的，十分的强壮、精干。没有激越的鼓点，没有昂扬的号子，在一位年轻女教练小喇叭的指挥下，一字儿排开，一声令下，像一群水鸟张开翅膀，从水面迅速掠过，留下一溜窄窄的水道。一会儿变成几个点，一会儿成了一条线。正惊叹中，划艇又像大雁回归似的，以排山倒海之势，来不及反应，就已经到了眼前。

风乍起，吹皱一湖清水。6 点半钟，湖面上泛起了一阵微风，波浪醒了，激动得手舞足蹈，你追我赶，互相嬉戏。赶热闹的鱼儿，追逐着波浪，"哗啦"，激起一片浪花。这时，湖堤上，花圃间，骤然热闹起来。公汽一辆接一辆地疾驶而过，赶趟儿似的；早锻炼的，或跑或跳，或做着自娱自乐的节目，大都是中老年人，那些"早上八九点钟的太阳"不到八九点钟是懒得升起来的；难得的是那些读英语的，握着书本，踱来踱去，口中念念有词，神情特别专注；令人敬重的是那些流动保洁员，推着自行车，带着垃圾篓，随时捡拾废弃物。还有钓鱼的，早早地支起鱼竿，设备大都比较齐全、高档，我疑是"职业杀手"……大自然是伟大的，人类更伟大，充满了崇高精神生活的人类仍是伟大之中尤其伟大者。

　　沿湖路随山顺水，平整光洁，绿意荡漾，给秀气的东湖镶上了绚丽的花边，每段有每一段的特色。有的是一排如烟的垂柳，千丝万缕，婀娜多姿，风情万种，轻吻着水面。有的是一排参天的水杉，间杂婆娑的夹竹桃，相映成趣。夹竹桃的花正开得艳，红的像火，白的像雪，粉的像霞。这整段的湖堤，高树与低树，俯仰生姿，错落有致，疏影横斜，暗香浮动，大自然的奇妙与人类的独具匠心相得益彰。有的是一排高大的梧桐，亭亭如盖，旁逸斜出，为整个路段架起了一条绿色的苍穹。有的在水边搭起一条人行长廊，凭栏处，高楼耸立，青山倒映，千帆竞渡，鱼欢浪涌，满眼风光。有的以整片树林作屏风，穿梭其中，鸟叫虫鸣，特别清脆悦耳。有的是碧绿的草坪，草坪上的绿化树被人工修剪成各种动物造型，无不因势象形，栩栩如生。

　　沿东湖有许多景区和景点，他们共同构成东湖风景圈。磨山风景区是东湖风景圈的桂冠，它三面环水，六峰逶迤，既有优美如画的自然风光，又有众多的奇花异卉，其中梅花、荷花享誉全国。这里以楚城、楚市、楚天台、楚才园为内容的楚文化，在某种程度上是楚文化的缩影和集大成。疑海沙滩浴场同八一游泳池一样，是人们理想的消暑休闲场所，不过，它更开放一些，更开阔一些，各种沙雕惟妙惟肖。露天汽车影院采取的是高科技，坐在汽车里，看电影，听涛声，沐清风，那是何等美妙的享受。

　　九女墩林区是夜鹭的天堂。这里的夜鹭成千上万，既增添了自然的乐趣，也带来一定程度的危害。走进九女墩，地下白茫茫的一片鸟粪，林中叽叽喳喳的一片鸟鸣，树上密密麻麻一片鸟窝，有一棵樟树上的鸟窝，居然达 37 个，行人不敢仰视，恐遭鸟粪袭击。这里的树枝叶稀疏，有的光秃秃的；地上的草坪并没有得到鸟粪的滋润，相反比较枯萎衰败。据管理员介绍，夜鹭要在这里生活 8 个月，要消耗数十万斤鱼类，抢了同食物源的白鹭食物，影响其他物种，造成生态失衡和环境污染，专家建议对其适量捕杀。

　　梨园广场是游人的乐园，休闲观光，络绎不绝。最有趣的是漫天飞舞的风筝，几乎全都是鸟类，如果不是小孩的叫声在提醒你，你会认为是无数的白鸽在蓝天飞翔，在广场上空盘旋。海洋世界、鸟语林是孩子们向往的地方，在和有灵性的自然亲密接触中陶冶性情；听涛宾馆、东湖宾馆有许多美妙的传说和动人的故事，一代伟人毛泽东在这里留下了宝贵的旅游资源……

一花一世界,一树一菩提,花树得山水滋养而充满灵性。水是眼波横,山是眉峰聚,山水因人类的活动而荡溢情趣。

绕东湖沿湖路,走走停停用了3个多小时,这只是东湖主要景区,还有大大小小的湖泊未能一睹风采。不过,一滴水能折射太阳的光辉,窥一斑而知全貌,东湖的美妙景致尽揽心中。这一路观光,一路休闲,无限的舒畅,十分的惬意。

(2004年6月)

77. 宜城大虾

2004年6月底,正是伏旱初起,天气酷热,我同湖北省教育厅领导到襄樊与省人大代表就有关提案问题进行沟通,有幸吃到了天下闻名的宜城大虾。

正是日落时分,在宜城郊区的一所农家小院里,围绕水井摆了几张矮桌子。两大铝盘通体透红的大虾被端到桌子上,热气腾腾,辣味飘香,忍不住咽咽唾液,就要动手。主人告诉我们别猴急,吃大虾得有讲究。先用井水洗手,然后戴上薄尼龙手套,离桌子远点,张开两腿。吃的时候,得把嘴伸长一点,尽可能把虾渣吐在两股之间,偶尔虾汁喷到脸上,切忌用手去摸,特别是眼睛部位,那样会受不了。如果嫌戴手套不方便,可以赤手上阵,但隔一段时间,得去用香皂洗一次,否则,大虾好吃,手痛难忍,吃时痛快,吃后骂娘。

宜城大虾最大的特点就是辣,辣得你满头大汗,汗流浃背,痛快淋漓,一盘大虾吃完后,盘底尽是青椒、红椒、麻辣子。但宜城大虾又不是一般意义上的辣,肉质细嫩,味道非常鲜美,勾人食欲,越辣越想吃。吃的时候得花一番功夫。先折断虾钳,吸其骨髓,细细品味;再双手捏住头尾,中脊扯断,食头部虾黄,吃尾部虾仁,此乃虾之精华。特别是虾仁,白嫩细腻,柔韧兼容,软硬相宜,咀嚼回味,别有风味。

吃宜城大虾,配的是农家小菜,有豆角、丝瓜、黄瓜、茄子等四时鲜蔬和土鸡、野兔、小鱼等野味,都是真正的绿色食品。还得喝点啤酒,有这种液体面包解辣助兴,特别来精神,心底陡生一股豪气,一股英雄气。这时候,辣得满头冒汗,喝得汗水直淌,浑身毛孔大开,那才叫舒畅,才叫境界。当然,美酒虽好,可莫贪杯,狂饮滥喝,"中部崛起"是小事,"喝坏了党风,喝坏了胃,喝得老婆背靠背",那才是大事。

其实宜城的虾子并没有什么特别,就是农村常见的龙虾,个头比较大。这种曾一度遍及湖汊、沟壑,横行农田,损害庄稼,让农民防不胜防的

"害虫",被精明的宜城人开发成美味佳肴,做出了品牌和特色,成为当地经济增长点和旅游亮点。宜城大虾已是遐迩闻名,不仅是宜城,整个襄樊城区,大街小巷,到处挂的是"宜城大虾"的招牌,而且已爬向京城,爬出国门,在北京一只虾可卖2—5元,十分火爆。

据说宜城本地的虾子都让人锐利的牙齿消灭光了,得从外地"进口"。靠进口虾源的宜城人把寻常百姓家的家常菜变成备受城里人钟爱的"座上宾",做成了品牌和特色,的确是一项了不起的创举。

(2004 年 6 月)

78. 显陵幽思

"神秘钟祥,帝王之乡。"这句在武汉城区好几路公汽上可以见到的广告词,一直在我脑海里烙下了很深的印记。没想到,终于有机会去钟祥,拜谒我心仪已久的明显陵了。

那是 2005 年初夏一个明朗的日子,我同湖北教育厅的领导到钟祥市同省人大代表见面,答复省人大代表的提案,应主人盛情邀请,顺便游览了明显陵。

明显陵位于钟祥市城区东北 7.5 公里的纯德山,是明世宗嘉靖皇帝的父亲恭睿献皇帝朱祐杬和母亲章圣皇太后的合葬墓。始建于明正德十四年(公元 1519 年),讫于明嘉靖三十八年(公元 1559 年),历时 40 年建成,围陵面积 183.13 公顷,是全国重点文物保护单位、世界文化遗产。

强烈的好奇,涌动的渴望,驱使我们来到了显陵。显陵坐落在纯德山中一条宽阔而平坦的盘地上。放眼瞭望,左右绿树环抱,前后青山护卫,所有的建筑排列在一条中轴线上,呈梯状分布;山脚的内罗城,山顶的外罗城,犹如两道翠绿的花环把整个陵园镶嵌。真是一块风水宝地!真是一副独具匠心的杰作!

我们从陵墓的南端新红门进入。新红门的前侧建有敕封纯德山碑亭一座,亭已毁,内供一汉白玉石碑,上书"纯德山"三个大字。纯德山东侧天子岗建有龙首龟趺碑亭一座,俗称"山曲碑"亭,记载着陵区的范围及管理要求。新红门有券门三洞,门前有下马碑两座,上书"官员人等至此下马"。新红门右侧依原有天然池塘建有外明塘,外明塘后为三道御桥。过御桥为正红门,正红门红墙黄瓦,歇山顶式,有券门三洞。进正红门神道正中耸立着高大的睿功圣德碑亭,汉白玉台基,下设石须弥座,上为重檐歇山顶,正中立龙首龟趺睿功圣德碑。碑亭后设御桥三座。过桥便是陵区最主要的墓饰建筑,迎面为汉白玉望柱。望柱后排列着石像群,有狮子、獬貂、卧骆驼、卧象、麒麟、立马、卧马,武将、文臣,造型生动,排列有序。

石像的后面为龙凤门,设计精巧,金碧辉煌。从龙凤门再越御桥便是一条很长的神道,神道一反左右对称和通直的原则,作弯曲龙行状,是为龙形神道。接龙形神道是最后三座御桥,过最后一道御桥为内明塘。内明塘为圆形,周边砌有青石护岸。塘两边各设有碑亭一座,分别为"纯德山祭告文"碑亭和"瑞文碑"亭。内明塘后,为祾恩殿。祾恩殿已毁于兵火,从其磨状的石基可见其庞大、雄伟。祾恩殿后为陵寝门和方城明楼。方城明楼内供"大明睿宗献皇帝之陵"圣号碑,是显陵的最高处,雕栏画栋,气势雄伟。站在明楼南望,碑亭依山间台次布列,疏密有间,错落有致;向北望,瑶台相连,呈 8 字型、哑铃状的双茔城,绿树掩映,肃穆雅致。到这时,有一种超尘脱俗,羽化而登仙的感觉。

返回时,我们特地乘坐便捷的旅游专车沿外罗城绕陵一周。整个陵园双城封建。外罗城红墙黄瓦,金碧辉煌,蜿蜒起伏于山峦叠障之上;内罗城地处盘地,移步换景,各有洞天。在这广阔的区域内,所有的山体、水系、林木植被都作为陵寝的构成要素来统一布局和安排。陵区后部的自然山丘为祖山,作为陵寝的依托,两侧的山体作为环护,中间台地安排建筑,九曲河蜿蜒其间,前面山丘为屏山,构成前朱雀、后玄武、左青龙、右白虎的风水格局,体现了"陵制与山水相称"的原则,显得那么天造地设,浑然一体,不愧是建筑艺术与环境美学相结合的天才杰作。

大自然是伟大的,然而充满智慧的创造乃是伟大之中尤其伟大者。明显陵的规划布局和建筑风格在明代帝陵规制中具有承上启下的作用。其陵寝建筑中呈"金瓶"状的外罗城、九曲回环的御河、龙形神道、琼花双龙琉璃影壁和内外明塘等都是明陵中仅见的孤例,尤其是"一陵两冢",为历代帝王陵墓绝无仅有。

显陵是明嘉靖初期重大历史事件"大礼议"的产物。朱祐杬是明武宗朱厚照的叔父。1494 年就藩于湖广安陆州(今湖北省钟祥市),1519 年薨逝,享年 44 岁。明武宗朱厚照赐谥为"献",在松林山(今纯德山)按亲王规制坟园。1521 年,朱厚照无嗣崩殂,根据太祖朱元璋"兄终弟及"的遗训,袭封为兴王不久的朱厚熜被迎往北京入继大统,是为明世宗。朱厚熜即帝位后,不顾朝臣反对,追尊生父朱祐杬为皇帝,原有兴献王坟也相应按帝陵规制升级改建,是为显陵。后朱厚熜的生母章圣皇太后病逝,朱厚熜准备将显陵北迁天寿山,遭到朝臣反对,遂护送母后灵柩南祔,同朱祐杬合葬在显陵新玄宫内。朱厚熜尊生父为皇帝,并大规模改建显陵,曾遭到朝臣的普遍反对,但朱厚熜一意孤行,不少大臣被廷杖至死。这就是很不光彩的"大礼议"事件,没想到给后世留下了一笔宝贵的世界文化遗产,留下了一笔宝贵的旅游资源,成就了钟祥市"帝王之乡"的美誉。

历史就是这样的辩证,"祸兮福之所依,福兮祸之所伏"。朱厚熜私亲推尊,大兴土木,劳民伤财,制造冤案,可谓昏君。但显陵作为风景名胜,提高地方知名度,构结经济增长链,成为后世享用不尽的财富,对朱厚熜又该如何评价呢?明末,显陵遭到破坏。据谈迁《国榷》记载:1642年(崇祯十五年十二月)"李自成至承天……攻显陵,焚享殿",地面建筑木构部分几乎全部焚毁,甚至有些石像也遭到刀砍斧削,残缺不全。到清代,显陵在地方官员的干预下,得到了一定的保护。李自成作为农民起义军领袖,对结束明末腐败政治,推动历史进程立下了不朽功勋,但摧毁显陵,破坏古迹,又该如何评价呢?

青山依旧在,几度夕阳红。无论是帝王将相,还是草莽英雄,早被历史的滚滚红尘所湮没,显陵毕竟是古代劳动人民汗水和智慧的结晶,如何保护好、利用好,使之反哺于民,造福于民,才是后世子孙要办的正事。

(2005年6月)

79. 草原壮行

"天苍苍,野茫茫,风吹草低见牛羊。"这优美豪放的诗句,曾激起无数草原儿女对家乡的自豪和思念,也勾起了无数域外人对草原的向往和遐想。2006 年仲夏,我受教育部派遣,到内蒙古调研中小学生冬季取暖资金使用情况,终于有机会去亲身体验这大草原的苍茫、雄壮和粗犷。

从内蒙古的首府呼和浩特到呼伦贝尔市的政府所在地海拉尔,飞机足足飞行了两个多小时。当飞机即将到达海拉尔机场,低空飞行时,我抑制不住内心的激动,不时向下俯瞰,希望能看到梦寐以求的草原。可惜只看到一片片零星的草地,就像仙女随手抛下的绿色手绢,隽秀有余,苍茫不足。及至走出海拉尔机场,天空下着蒙蒙细雨,地面温度只有十几度,人禁不住打了一个冷颤,那种渴望见到草原的激情也就慢慢冷却下来。

然而,这的确又是草原上最美的季节,是欣赏草原的最佳时机,第二天的牙克石之行就印证了这一点。一路上,汽车在宽敞的柏油公路上疾驰,两边是广阔无垠的草原,绿波千里,牛羊成群,风光极为绮丽。间或可见一大片一大片紫蓝色的土豆花,还有一座座连绵的山峦,一片片翠绿的森林,特别的赏心悦目。这里地处蒙古高原,没有黄土高原的深沟、墚、峁等地貌,大部分是平缓的原野。天空十分的明净旷远,在地平线处与草原融为一体,蓝天白云把草原映衬得特别娇美。

有草原必有水源,正因为几千条大小河流的滋养,才使草原每到夏季,草长莺飞,牛羊遍地。位于牙克石市东南的凤凰山庄背山临水,水草丰美,风光特别旖旎。这里三面环山,中间一块盆地。盆地的下方就是一条潺潺流淌的小河,而小河从远处绿草茵茵的山峦蜿蜒而下,九曲八弯,把草地滋润得特别肥美。走进草地,满眼绿意荡漾,连苍蝇都感觉是绿色的;脚下是高可没膝的野草,微风吹过,翻起层层绿浪;头顶的天空十分湛蓝,白云朵朵,仿佛一伸手就可摘到。这时,真想躺下来,打几个滚,尽情地享受这大自然赐予的阳光和空气、花香和鸟语。

　　然而,陪同调研的海拉尔教育局领导告诉我们,这还没有到草原的深处,只有到草原的腹地才能更鲜明地感受草原。位于呼伦贝尔市陈巴尔上贡旗境内的呼和诺尔可称作是呼伦贝尔草原风光的代表。从海拉尔乘车沿 301 国道北行,在茫无边际的草海里,迎着车窗外扑鼻的花香和悦耳的鸟鸣,视野里满目碧绿,愈走愈会感到绿的色彩愈重,远山绿得滴翠。车过陈巴尔虎旗旗府巴彦库仁镇 10 公里,一个明镜般的湖泊便闯进了你的眼帘,这就是呼和诺尔湖。

　　湖面碧波荡漾,野鸭成群,大雁结队,雌雄相伴,游水嬉戏。湖岸牛群悠闲甩尾,骆驼昂首徜徉,蒙古百灵在空中自由飞翔,婉转歌唱。岸边草原绿茵如毯,鲜花烂漫,蒙古包点点,犹如绿海中的白帆。正是旅游旺季,旅客特别多,活动项目也丰富多彩。有的穿着民族服装,骑着骏马奔驰,有的骑着双峰驼漫步,有的乘坐原始的勒勒车漫游,有的划着小舟在呼和诺尔湖中垂钓。我是南方人,从没骑过马,但经不住诱惑和怂恿,还是在紧张和恐慌中,让牧马人牵着马遛了两圈,感觉非常悠闲。

　　呼伦贝尔大草原是中外驰名的天然牧场,是内蒙古自治区草原中草场质量最好,草原风光最为绚丽的地方,因其旁边的呼伦湖和贝尔湖而得名。中国历史上许多游牧民族曾在这里繁衍生息。十二世纪末至十三世纪初,一代天骄成吉思汗曾在这里秣马厉兵,与各部落争雄,最终占据了呼伦贝尔草原。作为蒙古族发祥地之一,其传统习俗保存得较为完好。吃草原风味的"全羊宴",最能体现游牧民族的独特风情了。

　　在呼和诺尔湖西岸的山冈上,有一片由蒙古包型高大建筑为主组成的蒙古包群,如同圣洁的白莲花开放在绿野上,这便是接待中外游客的呼和诺尔旅游点,也是近年呼和诺尔草原旅游节和那达慕的会场所在。我们品尝"全羊宴"就在主体建筑的一间多功能大厅里。大厅宽敞明亮,以 4 根色彩艳丽、金碧辉煌的蟠龙立柱支护,显得高贵、宽敞,气度不凡。正对厅门处摆放成吉思汗画像,四壁镶嵌成吉思汗版画组合系列,制作精美,图案古朴,色彩明快;还摆有牛、马、羊、野鹿等标本造型,栩栩如生。家具、茶具极富民族特色。

　　在这里吃"全羊宴"真是难得的好环境。在一张桌子中间,摆了两大盘热气腾腾的羊肉,都是一整块一整块的,号称"手把肉"。旁边摆满了炒羊肉、爆羊肚、烤羊腿、烤羊肉串、炒心肝肺、炸肉丸、溜羊尾、羊肉汤等。大都原汁原味,很少用作料加工。吃时,洗净手,拿一把锐刀,一块块割下，蘸酱吃，很有点梁山好汉那种"大碗喝酒，大口吃肉"的豪爽之气。据陪同的地方教育局长介绍，这时的草原水草丰茂，中药材特别多，羊肉特别肥嫩、鲜美，不仅可充饥裹腹、怡情爽口，还具有药用价值，是地地道道的绿色保健食品。当地这样形容草原上的牛羊：喝的是矿泉水，吃的是中草药，尿的是太太口服液，拉的是六味地黄丸，喊的是"我从草原来"，唱的是《爱的奉献》。经她这么一说，我们胃口大增，吃得更带劲。

酒兴正酣时，来了一队年轻的蒙古歌手，身着民族服装，怀抱马头琴，唱祝酒歌，献哈达。这是蒙古人招待客人的最高礼节，被敬者得一口气把一碗酒喝干，否则歌手就会一直唱个不停。这歌声特别舒缓、轻柔，热情洋溢，韵味悠长，感染力强，桌上当地的蒙古人都情不自禁地跟着唱起来，其他的客人也随声附和，气氛很是融洽。这时，我无意中发现，随行的一小伙子，没有喝干歌手的敬酒，而是用右手的中指蘸点酒，向上弹弹，向下弹弹，再在敬酒姑娘的脑门心点点，姑娘满怀喜悦地向他献了哈达。一打听，原来这是蒙古族的习俗，表示敬天敬地敬人，姑娘一高兴放了不能喝酒的客人一马。

游牧圣地，蓝天白云，弯弯河水，茵茵绿草，群群牛羊，点点毡房，袅袅炊烟，还有丰富多彩的餐饮文化，给人带来返朴归真的感受，领略到繁华都市从未有过的情趣，留下许多绿色的、富有生命力的记忆。

（2006 年 7 月）

80. 延边印象

"江山如此多娇，引无数英雄竞折腰。"2006 年仲夏，因工作关系，我来到了中朝边境的吉林省延边朝鲜自治州，得以有机会领略到边境的自然风光和民族风情。

那是一个天高气爽、风和日丽的日子。一大早我们乘车从延边自治州的州府延吉市出发，约莫一个小时，就到了图们市。图们，因濒临图们江而出名，满语意为"万水之源"，1965 年从延吉县划出设立图们市，归延边朝鲜族自治州管辖。在这个人口只有 14 万的小县，却有朝鲜、汉、满、蒙古等 11 个民族，其中朝鲜族人口占 59.8％。更主要的是这里设有海关、边防检查站等涉外机构，中朝图们江大桥和清津铁路，是通往朝鲜和来图们入境的必经之路。

图们江岸边的图们市海关如今已是旅游景点。站在江岸远眺，对面就是朝鲜人民民主共和国，隐约可见连绵的群山下，一个小镇规模的一片建筑群。如果从望远镜瞭望，可见居民房屋的窗户、街道和走动的人群。图们市海关与图们江大桥紧密相连，海关高高的门楼上，江泽民同志亲笔题写的"中国图们口岸"几个镏金大字特别醒目。横跨在图们江上的图们江大桥，桥身比较雄伟，桥的面貌有些陈旧。游客经允许可在武警战士的监护下，走到桥长一半的位置，去欣赏异国风光。桥面上有一块铜板，上书"中朝边境线"几个黄色的大字，向前跨入一步就到了另一个国度。当然这一步一般不是那么能轻易跨出的，尽管朝鲜是我们的友好邻邦，唇齿相依，源远流长。

图们江和鸭绿江、松花江都发源于长白山，是图们市的母亲河（境内流长 32 千米），也是中朝两国的界河。据史书记载，早在明清时期，朝鲜高句丽民族为避战乱和自然灾害，往往涉江潜越到延边一带居住。他们大多数被当地政府缉拿遣返，受到严厉惩罚；幸存者繁衍生息，逐步形成一个少数民族聚居地，诞生了今天的延边朝鲜自治州，成为这块土地上的主人。本来朝鲜族深受中国大唐文化的影响,他们的文字、服饰及风俗都有汉族的影子,民族大融合的步伐相当快。但作为有着独立语言和文字的民族,他们在饮食文化诸方面烙上了鲜明的少数民族地方特色。

"男人嘴里有一股酒味,女人脸上有一股粉味,家家户户有一股辣味,人人身上有一股狗味。"这首顺口溜是对延边朝鲜自治州风俗的生动写照。延边男人大都嗜酒,陪同我们一起调研的延边教育局财务处谢处长为人非常厚道、豪爽,干工作也兢兢业业,可就是爱酒如命,自称是"酒仙"。一日三餐离不开酒,吃饭时,先喝一瓶啤酒开开胃,再喝七八两白酒壮壮肚,最后还喝一瓶啤酒漱漱口。要是有人闹酒,喝得兴起,一斤白酒不在话下,而且是红、白、啤一齐来,只要有酒精味就行,而居然没看他醉过。据说他的父亲八十高龄了,每餐还要喝几口粮食酒,身板很硬朗;他的儿子也很能喝,一般几两白酒当矿泉水喝。

延边朝鲜族的女人不仅能歌善舞,喜爱音乐,而且注重衣着打扮,讲究仪表,非常爱整洁,历史上喜欢穿素色衣裳,因此有"白衣民族"之称。他们传统服装最鲜明的特点是斜襟,无纽扣,以长布带打结;随着时代的发展,早已汉化,甚至比汉族人还要赶潮流。延边朝鲜族的女人非常的贤惠、勤劳、能干,是家里的主要劳动力。历史上朝鲜女人给人的经典印象就是一袭白色长裙,头顶一个盛东西的容器。现在的延边朝鲜女性大多出国打工,每年为家里挣了不少的外汇。可以说朝鲜族是中国各民族中最快、最好地利用打工经济,改变自身命运的。奇怪的是,他们根本就没有随波逐流地加入到人头攒动的"民工潮"大军中去。而是大举地向俄罗斯、韩国、日本、美国、新加坡等地进军。据权威人士估算,改革开放以来,在延边朝鲜族自治州至少超过 30 万人次出过国,或是短期访问,或是倒包贸易,或是长期打工。1995 年以来,每年通过官方银行汇回来的外汇都在 1 亿美元以上,这其中以年轻女性打工收入为最多。

朝鲜族过去生活在滨海多山地带,因而在饮食中"山珍""海味"所占比重很大,而调和山珍海味的主要原料靠辣味。辣白菜是朝鲜族世代相传的一种佐餐食品,在延边州朝鲜族的家庭之中,不论粗茶淡饭,还是美酒佳肴,都离不开辣白菜佐餐,没有这道味道鲜美的小菜,总会觉得有些缺憾。以至,我们在延边州调研的一周内餐餐都有辣白菜。还有其他咸菜等佐餐食品,多以桔梗、蕨菜、萝卜、黄瓜、芹菜等为原料,切成片、块、丝,拌以芝麻、蒜泥、姜丝、辣椒面等多种调味品,吃起来清脆爽口,咸淡适中。还有辣椒酱,味道辛辣、香美。

汉族中有一句谚语"狗肉上不了正席",在朝鲜族却倍受青睐。朝鲜族中有一句俗语"三伏天吃狗肉如同吃补药"。如今,不论寒冷的冬天,还是炎热的夏季,狗肉和狗肉汤经常摆在朝鲜族家庭的特色餐桌上。在延吉市的大街小巷不经意间都能闻到狗肉的飘香,很多店专门经营狗肉,生意出奇的好。汤是朝鲜族日常饮食中不可缺少的,而狗肉汤则是各种汤菜中的首选食品,由煮得非常烂的狗肉丝、辣椒面、香菜、酱油、食盐、韭菜花、葱、蒜等调味品组成,既辣且香,异常开胃。据说,狗肉富含蛋白质,低脂肪,营养价值很高,对人体有一定的滋补保健功效。当地教育局曾请我们吃了一桌狗全席,烤的、炸的、烧的、熬的狗肉、狗杂、狗汤摆了一大桌子,琳琅满目,让我们足足过了一把"狗瘾"。

延边朝鲜族还有一种著名的风味小吃,叫"冷面",味道独特,甜辣爽口,清凉不腻,深受人们的喜爱。朝鲜族自古有在农历正月初四中午吃冷面的习俗,说是这一天吃上长长的冷面,就会长命百岁,故冷面又被称作"长寿面"。在一家冷面馆里,下午 5 点钟左右,上下两层楼,已是顾客盈堂,人头攒动。正在我们惊愕生意如此好之时,服务生端来了冷面。好大的一碗面!比一个成年人的巴掌还宽。薯条色状的面条一叠子垒在碗中央,上面放有香油、胡椒面、辣椒面、味素等调料,还有牛肉片、鸡蛋丝或切成瓣的熟鸡蛋、苹果片或梨片,吃起来格外开胃、爽口。

朝鲜族酷爱足球早已举世闻名。从竞技体育的角度看,他们的水准也许尚待提高,期间也没有多少身价不菲的大牌明星。然而,若是论起足球在一个民族内部的普及程度,朝鲜族在全世界都应该位居前列。在延边朝鲜族自治州,只要是男人,只要腿脚没有多大障碍,大凡都会踢上几下子。从州到县、从县到乡、从乡到村,年年都举办体育运动会,而足球比赛则是必不可少的项目。我们去的时候,州教育局从局长到普通教师都在积极准备一年一度的教职工运动会节目,陪我们调研的谢处长,快 60 岁了,还在学习运动操。

朝鲜族对文化教育的看重程度,亦是非同一般。在延边,我们所到过的村、镇,最漂亮的建筑一定是学校;最受尊敬的人,一定是学校里的老师。在这里,"普及九年制义务教育"根本就不是什么"艰巨任务",因为即使在偏远的山村,未读过初中的孩子也很难见到。多年来,延边的几所朝鲜族高中的高考升学率,一直比较高。像延边一中这样的学校,几乎是百分之百的升学率。在延边州这样一个"地级行政单位",而且是在经济实力不很雄厚的情况下,竟然有五所大学(为适应国家"211"计划,于1998年合并为新的"延边大学"),由此可见朝鲜族教育的发达。据统计,朝鲜族人口中,每千人拥有大学生43名,是全国平均数的两倍。

各民族都有其不同的生活方式和风俗习惯,正是这些构成了我们中华民族五彩缤纷的大家庭,靠近国门的延边朝鲜族应该是民族大家庭中的一朵瑰丽的奇葩。

(2006年7月)

81. 凤鸣九巅看远安

　　2007 年初秋,因拍摄农村义务教育经费保障机制改革电视专题片,我和省教育信息技术中心三位摄影师有幸到湖北远安——中华民族之母嫘祖的故里采风。

　　这是一片绿色的土地,森林覆盖率高达 74%,是湖北省绿化达标第一县,全国生态示范区。所到之处,满目苍翠,绿意荡漾,仿佛到了陶渊明笔下的世外桃源。

　　当地教育局盛情,邀请我们游览代表远安形象的鸣凤山——与武当齐名的道教圣地。

　　未曾出发前,陪同一起的装备站同志就讲起了鸣凤山名的由来,更勾起了我们对鸣凤山的向往。相传,在南北朝梁武帝年间,从西天飞来一只金凤凰,落在山巅,俯视群山,喜出望外,顿时放开金喉玉嗓,久歌长鸣"仙山在此!"鸣凤山美名由此而来。

　　品味着这么一个美丽的传说,我们来到了鸣凤山风景区。路随水曲,蜿蜒深入。一进入风景区的大圆门,就看见山崖上两个 5 米见方的石刻大字——鸣凤,这是我国当代著名作家王蒙先生的墨迹。山崖下是鸣凤河,河上有一拦河大坝,人造的落差让水流产生巨大的轰鸣,在山涧回响。高山出好水,好水润绿山。鸣凤河是远安人的母亲河,流入沮河,汇入长江。

　　再走几步,便是刑部苏爷爷遗靴处,于石壁之上刻了一个偌大的朝靴。相传苏爷爷只是明万历年间刑部的一个中层官员,相当于如今的处级干部。游玩时,丢了一只靴,也要勒石纪念,真是好一派官气,也可见他对此山的钟爱。

　　复前行,迎面又见一人形巨石,酷似观音。在观音石的对面,隔着鸣凤河有一酷似鲶鱼嘴的石岩,名曰"打子岩"。再往前,便有烟霞洞、云霞洞、环蓬岛、永圣宫、仙人钓矶诸景。未曾上山,便让你移步换景、应接不暇,真是一个山洞一个神话,一块石头一个传说。

行至山脚,豁然开朗,一大片平坦的开阔地,就像是一座美丽的园林,民宅商铺掩映在翠绿丛中。中有一个直径约 60 米、高 1 米的巨大道教标志——太极图,由碎石碾成。人言站在高处,对太极中心喊话,可闻其声,如同北京的回音壁。我曾在二天门处,向山脚喊一位懒得上山的摄影师,隔一会就听到了回响。

欣赏完太极图,过鸣凤河上的风雨桥,就到了登山入口处——头天门。头天门上有一座金碧辉煌的庙宇,供奉着真武祖师、无量佛和头天王爷的塑像。由此正好说明,这是一座道教仙山,与武当山全真教一脉相承。

过了头天门,沿天梯登山,石级陡峭狭窄,几乎是一步一身汗,一步一声叹,双腿如灌铅,气喘如累牛,不得不上几级就坐在石阶歇一会儿。这些石阶不似其他名山,由石板(块)铺砌,而是依山顺势,在坚硬的花岗岩上,一点一滴,一级一级的雕凿而成,台阶与山浑然一体。遥想当年,先民们凿此天梯是何等不易,而登山朝圣者又是何等虔诚。

及上,刚一抬头,见一寺庙,甚喜,疑是山顶。及至,乃文昌祠,供奉着文昌帝张亚子的神像,盖文曲星在此消受香火。有一朴素农妇在此打点。见我们到来,农妇忙搬出小矮凳,热情地招呼我们休息一会儿,她告诉我们这还只是到半山腰。她还告诉我们,山上准备修金顶,但只要表达一点心意就行,不必过多破费。这是我所到风景区,唯一不引导我出钱的。先前也到过不少名山大川,最烦的就是"沿途处处是真人,个个真人只要钱。"导游或和尚、道士之类变着法子,让你掏冤枉钱。

稍作休息,感觉汗干气爽了,我们又兴致勃勃地开始登山。过了一段比较平缓的山路,就到了一个极峭的山坡,有十几米高,几乎成垂直状。在坚硬的花岗岩上,先民们雕刻出一个个脚窝。憋足一鼓劲,顺着脚窝,弓着身子,有时不得不脚手并用,才至坡顶。

迎面一巨石突立山巅,上书"鸾凤常鸣"四个隶书大字,落款为"邑人简而可",乃明代大书法家。传说,鸾为雌,凤为雄,真武大帝在武当山得道升天时,前有九鸾,后有八凤、五龙捧送升天,它象征道家阴阳合一,万物滋生。

绕石而上,有一块开阔地,正好稍作休息。这时,坐在松荫匝道的石阶上,清风随来,日影斑斓,蝉鸣阵阵,人的心情特别的恬静,就像小时候,躺在自家门前的竹床上纳凉那样惬意。"红树枝头悬日影,碧沙洞里隔尘埃。徘徊不尽登临趣,回首东风一快哉。"如果不历经爬涉攀登之苦,那能体验到如此之美妙呢。

对面那块巨石成龟形，龟背上刻有一蟒蛇。传说这龟蛇二将是真武大帝的腑脏，也就是肚子和肠子变化而成的。真武大帝当年修行时，不食五谷，把肚子和肠子饿得直闹腾，闹得真武大帝心烦，便将其掏出来扔在脚下。后来真武大帝成仙后，这肠子和肚子沾了灵气，变成龟蛇二将，成为二天门的门将。

穿过一段山势稍缓的石阶，攀一段稍陡的山崖，就到了二天门。一般高山是愈上愈陡，而鸣凤山是时陡时缓，移步换景，诱你前行。过二天门，经几段梯级开发的神道就到了鸣凤山顶。但见楼宇错落有致，场面气势恢宏。

峰巅耸立着紫皇宝殿，供奉着玉皇大帝、真武祖师的巨大塑像，四周站着800灵官——真武祖师的御林军。紫皇宝殿东为之鹤楼，殿上供奉着雷公菩萨；西为长春楼，殿里供奉着观音菩萨。三大殿皆红石墙、琉璃瓦，雕梁画栋，飞檐斗拱，金碧辉煌，雄伟壮观。

紫皇宝殿下又分两级，有厢房、商店、天井和活动平台。几只小鸟在院墙上嬉戏；几位年轻的道长在商店里打牌聊天，怡然自乐，有尘世的乐趣，抛却了人间的烦恼，实在是一种很超脱的生活方式。再往下是坡地，种有蔬菜和果木，一只蓝色的孔雀在寻食。我想，凤凰只是传说中的灵鸟，谁也没有见过；孔雀在此栖息，与道众们和平相处，容易使人生长出许多遐想，才有了"鸣凤"之传说。

"凝眸远鉴乾坤小，索笔分题雅颂来。"站在鸣凤山顶，鸟瞰四周，层层叠翠，千岩竞秀，云海蓬莱，给人险峻秀美之感，难怪有"武当远，鸣凤险"之说。极目远眺，远安县城如一幅素雅的水墨画，静卧在一块盆地上，沮河一衣带水，如一飘带从县城面前穿过。好一座美丽的县城，钟灵毓秀，世外桃源。

及下，汗爽气通，感觉比较轻松。但陡峭处，要侧着身子，一步一挪，小心翼翼。人们常说："上山易，下山难"，是因为下山时，人的心里容易松懈，容易出问题。

鸣凤山两面朝阳，三面环水，四面断崖，五龙拱顶，从地形山势上呈现出中国传统文化所强调的名山气质。明朝公安派代表人物袁中道曾形容鸣凤山"如凤之将啸。"我衷心地祝愿远安这只绿色的雏凤早日腾飞，成为最适合人类居住的地方。

（2007 年 8 月）

82. 风雪高速路

雪,好大的雪,我有生以来从未见到如此大的雪,如此长时间的雪,如此大范围、长时间的低温雨雪天气。公元 2008 年初,自元月 11 日我从北京回到武汉起,雪就断断续续地下个不停,前前后后达二十余天,整整下了五场大雪,局部地区是暴雪。元月 25 日,我亲历和见证了这场大雪。

我是星期五下午随四望中心学校的同志一起回武穴。经过武昌东湖时,平时汹涌澎湃、激情荡漾的湖面,此时显得如此平静安详,一眼望去,就像是一片原野,白茫茫的一片。原来,浩瀚的东湖有史以来第一次结冰了,冰上尽是积雪,像是给秀美的东湖盖上了双重被子。一路上广袤的原野,尽是白皑皑的一片;一些山坡和山岭黄白相间,像是穿了一件花衣;一些庄稼地露出星星点点的黑土,像是一块白色棋盘上点缀的黑棋子。汽车都穿上了白色的棉袍,除了驾驶室前面的玻璃窗外,都被厚厚的积雪掩盖,变得像臃肿的甲壳虫,车前的挡风栏杆坠满冰凌,随行的唐校长开玩笑地说:汽车都长胡须了。

由于雪大低温,路面结冰,汽车行驶的速度都非常慢,一般只跑二三十码,就连平时非常骄横的奥迪等名车也不得不放慢速度,谦逊地迈着方步,小心翼翼地行驶,而且只敢在行车道和超车道之间压着黄线走,根本就不敢在硬路肩上行驶;平时只需个把小时的武黄高速公路,这次走走停停竟花了 4 个多小时。路上不时可看见受了伤的车子,有的骑在绿化带上,有的横在路中间,有的车前面惨不忍睹,或灯撞陷了,或挡风玻璃撞碎了。

好在我们此行开车的是四望镇法庭的金厅长,开的是警车,技术过硬,又特别谨慎,一路上还算安全,没有出现任何岔子。但是由于车速慢,5 点钟从武汉出发,9 点多钟才到黄石,中间因为交通事故,断断断续续停了几次。本认为,到了黄石应是万无一失了,因为平时经过黄黄高速的车相对要少些。可刚出收费站不远,就被警察告知,黄石长江大桥封了,晚上过不了江,插翅也难飞。这时,我才注意到,黄石大桥前面,黑压压一片全是车,在风雪中默默挺立着,一眼望不到头,一片白茫茫的世界。

因为一路上的低速行驶,大家事先都有强烈的预感,有充足的心理准备,以致被堵在大桥前,很少有怨言,也没有听到骂娘声。一时间,黄石旅馆俏了起来。像金花酒店这样的好旅馆住不起,太差的个体小旅馆我们又不愿意住。众里寻它千百度,终于在黄石饭店对面的一家中档旅社住了下来,吃过晚饭,已是深夜十一点多钟。

我和唐校长、金厅长三人住一间房,虽然开着空调,还是感觉冷飕飕的。唐校长先洗了一个澡,尽管水不是很热,还算顺畅,能完成基本程序。到了金厅长,可就不那么客气了,刚涂了一身肥皂,就停水了。找服务员,说是水管冻裂了,水供应不上。在这种恶劣的天气下,无奈,大家只得互相体谅一下,将就一下了。我大概是平时出差住的条件还算可以吧,四星级、五星级住的比较多,一看这小旅馆的条件,就不抱任何指望,袜子未脱,倒头就睡。而此时,风雪中,不知多少司机、乘客蜷缩在车厢里,忍冻挨饿,在期盼中煎熬。

第二天早上8点左右,一起床我们就下楼观天,只见鹅毛般的雪花纷纷扬扬、飘飘洒洒地下个不停,有时觉得这雪不是从空中往下降,而是天公随手抓了冰屑一把一把地往下撒。昨晚还有一点泥浆的路面,此时尽是一片雪白,积雪约有3—4厘米厚;我们的车也被天公漆成了白色,很厚的白色,反正老天爷的白色涂料很丰富,不要钱。刮开积雪,车身上全是冰,发动机被冻得发不动。只好从旅馆里借来开水,边浇边用毛巾搓,好不容易把车开动了,顾不上过早,我们就直奔大桥收费口。远远就见一大片车停在那里,车身上都背着厚厚的积雪,像是一层白色的棉被;登高望之,像是切成一块块的蛋糕;又像是一块块方格田野,阡陌纵横,非常有规则。有两位高个子警察,铁塔般站在那里,毫无一点表情。收费站前的警示灯显示的全都是叉。一看这形势,金厅长大叫一声:完了,今天恐怕还要在这儿呆一天了。

先填饱肚子再说。掉转车头,我们来到了黄石有名的金饭碗早餐店,每人要了十元钱的早餐,大大饱食一顿,并每人买了一袋黄石港饼和一瓶绿茶,作好打持久战的准备。随后又去维修厂对车身进行了化雪处理,对个别零件进行了更换;再到加油站,让车子吃饱喝足。唐校长出了一个主意,如果大桥到十点钟还未解禁的话,就走陆路到阳新县富池镇,把车子寄存在富池，人过江先回武穴，等天晴了，再来取车。我们都认为这是一个好主意，不管怎样，先回家，比困在这冰天雪地的黄石要强。

苍天有眼，就在我们做好一切准备工作，做好最坏的打算时，黄石大桥收费站进口处一绿灯闪烁起来。"通了，通了！"最先发现绿灯亮了的唐校长禁不住兴奋地叫了起来。金厅长赶紧将车开到一个有利位置，通过一个出口缓缓地上了长江黄石大桥。大桥上虽尽是积雪，但已经做过撒盐处理，过了几辆车，就碾压出泥浆。有几辆车还装上了防滑链条；有一辆挂有很长拖斗的东风车，上不去，司机还在后车轮下设置防滑墩，通过防滑墩的反弹，让车勉强上桥，实际上潜伏着很大的危险，也看出人们在战天斗地中所体现出的智慧。

过了黄石大桥，上了黄黄高速公路，本认为现在可以安全、顺畅地回家了。没想到黄黄高速比武黄高速积雪更厚，路更滑，车速更慢。坐在车上，我们明显感觉车子在晃、在滑。而且由于车速慢，车里温度非常高，空气非常干燥，我们不得不脱下外套，不停地补充水分。由于收费站控制车流量，一路上车很少，前后间距也比较大。车窗外，尽是白茫茫的一片，很少看见裸露的土地，似乎一切都被白雪覆盖和包容，正如《红楼梦》中所写的一样"落了片白茫茫大地真干净"。高速路上的立交桥坠满了冰凌，像刀、像剑、像棍，琳珑剔透，晶莹多姿。这只是上世纪六七十年代见到的奇景、奇观，现在又回光返照了，我有一种回到儿时的感觉。

但儿时经历的冰雪，虽有这么冷，这么厚，但没有这么长时间，一般三五天，顶多十来天，就是艳阳高照、冰融雪化。在我印象中，在我们南方，在全球大气变暖的今天，我已三十多年没有见到这么大的雪，这么冰冷的天气了。"瑞雪兆丰年"，每年难得见到一次下雪天气，好不容易盼到下雪了，大家都无比高兴，都用美好的词语去赞美它，很少与"灾"联在一起。而今，2008年的初春，在中国南方，巨大的雪灾，已给人们的生产、生活带来了严重的影响。据电视报道，在广东火车站，数十万民工滞留，无法回家过年；在受灾最重的湖南，有三名电力工人因工殉职。

正午1点多钟，我们一行5人终于回到了家乡武穴，好像历经了一场大灾难，有一种劫后余生的感觉。毕竟到家了，踏实！

（2008年1月）

83. 一池春水漾温泉

记不清楚什么时候,好像是 2005 年、2006 年的样子,穿梭在武汉大街小巷的公汽上刷上了"一湾流水中玉女飞天"标志的汤池温泉广告,朋友酒酣耳热之时,总嚷着什么时候去体验一下。机会终于来了,2008 年的阳春三月,我到应城调研农村综合改革情况,主人盛情,将食宿安排在汤池镇,我们得以体验、享受这心仪已久的温泉了。

汤池镇位于应城市西 22 公里。我们的车队到达汤池时,已是黄昏。由于一下午跑了三个乡镇,人很是疲劳,很想立即泡泡温泉,解解乏。可主人说:饭还没有吃呢,先体验一下我们应城的风味小吃和风俗民情吧。于是来到西街一家最热闹的酒店,没有来得及看清店名,只记得是两层的仿古建筑,走廊和影壁挂满了红灯笼和中国结,古色古香,格调雅致。至于吃了什么菜,叫什么菜名,现在也没有多大印象,反正都是些田园风味小吃、时令鲜蔬,蛮合口味的。

期间,来了四次唱歌的,很有情趣。其中有三个姑娘叫什么姐妹组合的,按照主人的介绍,挨个给客人唱歌,什么《三个老婆》《我是你的情人》《我只在乎你》等,全是名曲改编的歌词,雅俗共赏,带黄不黄的,边唱边做些调戏的动作,引得客人捧腹大笑,气氛相当活跃。大家兴高采烈,情不自禁地用手指叩起桌子,合起拍子,唱起歌子;来敬酒的,毫不推辞,一饮而尽。据应城市领导介绍,这些唱歌的,大都是从汉口吉庆街来的,是当地政府招商引资引进来的,也算是文化下乡吧。三个姑娘给我唱的是《三个老婆》,边唱边推我的肩膀、摸我的耳朵,以至在洗温泉时,一位副厅长老是开我玩笑,说:"小朱,耳朵千万别洗了。"

趁他们闹酒之际,我假装接手机,悄悄地溜了出来。楼下建有喷泉池,池对面影壁上书有李太白的一首诗:"神女殁幽境,汤池流大川。阴阳结炎炭,造化开灵泉。"我想应城汤池应是由此诗而得名的吧。李白是站在盛唐诗坛高峰之巅的伟大诗人,25 岁时开始漫游全国,走过湖北、江西、河南、山东等地。从公元 730 年起,李白在湖北安陆,古称云梦泽的地方定居,"酒隐安陆,蹉跎十年"说的就是这个时期。期间,他听说了一个在当地流传已久的玉女汤传说,于是来到了安州应城寻访踪迹,并留下了传世佳作《安州应城玉女汤作》。广阔的祖国疆土、浩荡的长江大河、瑰丽的自然景色激发了他的创作灵感,他豪放、飘逸的诗词又增添了名山大川的灵气和名气,成为众多景区吸引游客的亮点。

只可惜,由于当时交通条件的限制,汤池温泉不能很好开发利用,李白只得感叹"可以奉巡幸,奈何隔穷偏。"现在,连寻常百姓都可享受了。据有关资料介绍,汤池先后投入 1.5 亿元,占地 560 亩,是按国家四 A 级景区标准建造,集温泉沐浴、休闲保健、生态、红色旅游以及完善的住、餐、娱、购配套于一体的旅游度假休闲景区。汤池温泉储量丰富,水温高达 72—79℃,日产量 10 400 吨,属国内已发现的产量最大的温泉资源。其水中含有益人体健康的矿物质 48 种,平均每吨水矿物质含量 35 千克之多,尤以对人体最有益的氡和氢含量最多。

温泉尚未体验,但胃口已吊得老高,简直有点跃跃欲试了。可主人还泡在酒池里,我正好借机看看西街的风景。出这家酒店往西,是一条麻石条铺砌的街道,两旁全是仿古建筑,明清式,青砖灰瓦、格子窗,各式店铺标牌也全是仿古式的,有画像、看像、古玩、特产、卡拉 OK 厅,据说还有跳钢管舞的。可能是刚刚开发不久吧,或许人们来此目的主要是泡温泉,购物的愿望不是很强烈。因而,这里店铺名称很多,但真正开张的没有几家,生意也很清淡。

嬉戏中酒足饭饱,匆忙中浏览完街景,才开始了泡温泉。据服务生介绍,汤池温泉设有 108 个风格各异、大小功能不一的温泉池,包括动感、养生、异国风情等风格的池区。我们一行六人先就近在一个比较宽敞、呈圆形、中间建有小岛的一个大池子热身。池水不冷也不热,特别温和。在水里来回走动一下,活动活动一下筋骨,在大喷头下冲刷一下,洗去一路风尘,人就像换了一个面貌似的,显得特别轻松。于是又挨近来到具有民俗特色的桃花池。形似桃花,池中放入桃花粉,在温泉水的作用下慢慢渗出三奈粉、三叶豆威等有机化合物,疏通经络,扩张血管,滋润皮肤,人身的毛孔在逐渐扩张,浑身有说不出的舒畅,一天的疲劳不知不觉中消失。

随后,我们又浸泡了大大小小十几个池水,印象比较深刻的有:八色汤(八种功效不同的池子)、佛泉、人参池、灵芝池、玫瑰池、按摩池、冲浪池、听蝉池等。温泉池的大小不等，大的可容纳几十人，小的仅容纳四至六人左右。温度也不相同，从 20℃ 至 45℃ 均有，据称还有 70℃ 的池子，可直接在里面煮鸡蛋，但我没找到方位。

有三处感觉很不错。一处是矿盐浮浴池。人躺在水边一瓷椅上，任从瓷椅中喷洒出的强有力的气泡冲击，进行人体周身穴位按摩，感觉特别刺激。一处是热带鱼池。人坐在池子里，任小鱼儿啃你的肌肤，痛痛的，痒痒的，像针扎，如按摩，又盼望，又害怕，又酸痛，又舒畅。明明看见一群鱼儿在摇着尾巴，攒足劲儿地咬你，吃你的腐肉，你想抓住它，几乎不可能的，因为你稍一晃动，这个敏感的小精灵就会倏尔远逝。一处是沙滩冲浪。沿着斜坡式的游泳池慢慢向前探进，愈往前，池水愈深，稍一不留神，一个浪头向你扑来，把你冲向岸边，呛你几口温水，有惊无险，又尖叫，又欢笑。

由于时间和精力限制，我们不能一一尝试所有池水，大型泊浪池、温泉滑道、环状漂流河等由于是夜晚也不能开放，歌舞表演和舞台秀我们也没赶上那个时间段，听说广场上还举行篝火晚会。经过 2 小时、十几个池水的浸泡，感觉有点松弛和疲劳。这时，在一个凉亭里，惬意地躺在一排烫板上小睡一会儿，感觉妙极了。说是"烫板"，是因为我找不出合适的词语来形容，温泉设计者将一块块石板铺成躺椅的形状，温泉水就从下面流过，石板上导出来的热度刚刚好，泡过温泉后比较疲惫，再躺在这种温热的石板上休息，浑身像熨斗熨过，无一处毛孔不畅快。还可边休息边看电视，边休息边按摩、足疗。如果你有闲情逸致且运气较好的话，还可欣赏美人出浴的美景。

温泉池里水汽蒸腾，薄雾迷漫，朦胧氤氲，穿着各式浴衣（特别是红色比尼基式）的女孩出入期间，总会吸引许多欣赏目光，引发无限遐想。

温泉是一个最容易产生美丽爱情故事和桃色新闻的地方。相传"回眸一笑百媚生，六宫粉黛无颜色"的杨玉环，就是在陕西西安华清池温泉被老眼色迷的唐玄宗李隆基看中，于是违背伦理纲常，蛮不讲理，父纳子妃，演绎出一段缠绵悱恻的千古爱情悲剧。当然也不能责怪唐明皇没有定力，18 岁的杨玉环太深谙诱惑的艺术了，懂得如何用自信和气质，将美丽的功效发挥得淋漓尽致。"春寒赐浴华清池，温泉水滑洗凝脂"。贵妃出浴，叹为观止。海棠池中间有一进水口，温泉水从莲花喷头四散喷出，水雾四起，飞珠走玉，贵妃娇体如置云雾之中。那时没有比基尼，贵妃可以袒胸露乳，表露无遗。性感、丰腴的外表，在一颦一笑中，在举手投足间，释放出诱人的魅惑，摄人心魄，任何男人都无力抗拒，何况是风流成性的皇帝老儿李隆基。于是"三千宠爱在一身""从此君王不早朝""此恨绵绵无绝期"也就正常了。

还有汉朝的赵飞燕妹妹赵合德，生得一身好皮肤，光滑如凝脂，沐浴温泉站起来，人起水落，浑身上下不留一滴水珠。人们大都知飞燕身轻若燕，能作掌上舞，却不知其妹有如此魅力吧。姐妹俩是一对双胞胎，相传其姑妈有以麝香缔造人体的独门功夫，使姐妹俩腰骨纤细，异香扑鼻，令女人堆里厮混的汉成帝都把持不住，如痴如狂的迷恋，将两位美人宠得不像话，就连刚刚坠地的两个亲生儿子被她们害死也没减少宠爱。野史的说法，皇上就是在她们的床上精脱而死的。

洗过温泉，一夜酣眠。第二天一早起来，感觉神清气爽。这时，欣赏周围景致，别有韵味。但见景区环境优美宁静、空气清新，名贵树木轻舒嫩芽，花草初露生机，丘陵起伏，流水潺潺，景色秀丽。住宿区，各式别墅参差错落，洋溢着欧陆风情；餐饮区，可供您品尝各系菜肴及别具特色的山间田园风味小吃、时令鲜蔬；休闲区，小桥流水，亭台楼阁，芳草萋萋，玉树摇曳，令人流连忘返。广场上，白色的李太白塑像高高耸立，临风飘逸；座碑刻有太白的《安州应城玉女汤作》，"池底烁朱火，沙傍敲素烟。沸珠跃明月，皎镜函空天。气浮兰芳满，色涨桃花然。精览万殊入，潜行七泽连。"把一个温泉渲染得如人间仙境，美奂绝伦，能不引人入胜？

景区人文底蕴深厚。李白在此隐居自不必说；前国家领导人陶铸于1937年在此举办农村合作事业训练班（简称汤池训练班），培养了大批抗日军政干部，李先念称其具有战略意义；著名数学家陈景润也曾在汤池休养度假，并与汤池女护士由昆相恋、结合，又为游客提供了文化亮点。陶铸纪念馆、陈景润纪念馆，是各大机关企事业单位和在校学生进行红色教育的理想场所。

"独随朝宗水，赴海输微涓。"相信汤池温泉的美名会流向五湖四海，流向全球各地。

（2008 年 4 月）

84. 一柱擎天磬锤峰

2011 年 8 月，我同教育部几位领导一起到河北承德消暑观光，看了避暑山庄和外八庙中的普乐寺、普宁寺、小布达拉宫和班禅行宫，还有当地人称为棒槌山的磬锤峰。这是我第二次来承德。第一次是 2002 年，和武穴市几位编教育志的老同志来游玩。那次由于太仓促匆忙，没有留下什么深刻印象。这次时间相对宽容一点，玩得还比较痛快，尤其是磬锤峰给我留下深刻印象。

磬锤峰位于承德市区东部的国家森林公园内，无论是在承德市区，还是去避暑山庄的路上，不同角度，一不小心即可见到这一雄奇景观。一柱擎天，挺立山巅，傲视群峰，形似棒槌，让人心驰神往，如果不去看一眼，简直白到承德走一遭。但远望看得见，近观却不易，很得走一段路程。好在现在开通了索道，可以晃悠悠地上磬锤峰。一路上，一根铁索牵着你，一把铁椅托着你，一顶敞棚罩着你，依山顺势，忽高忽低，云涌风随，满眼葱茏，很是惬意。这时，山下的丛林、绿草清晰可见，有的距脚下只有米把高，有时可与松枝亲密接触。为保证安全，不少松林被砍了树梢。

下索道，穿回廊，上山坡，就见一汉白玉镶砌的山门巍然屹立，正上方行书"磬锤峰"三个金色大字，据说是康熙皇帝亲自赐名。山门两旁有一对联，右联"千古精灵擎天一柱齐日月"，左联"亿年神针定海万顷转乾坤。"过山门，右侧石崖上嵌有汉白玉石块，上面用汉英两种文字简介"磬锤峰，俗称棒槌山，海拔 596.26 米，峰柱高 38.29 米，上部直径 15.04 米，下部直径 10.27 米，重约 16 200 吨，被誉为上帝的拇指。""上帝的拇指"简直是太形象了，让游客充满了期待，加快了脚步。

于是与几位年轻人比赛，一路小跑，直达峰脚下。大自然造化真是鬼斧神工，那么一座棒槌似的山峰，一柱擎天，亭亭玉立，挺拔坚韧，与避暑山庄内的"锤峰落照"亭遥遥相对。而且是从悬崖边突兀而起，上宽下窄，旁无依靠；山体也不像恩施大峡谷的日天笋（独峰傲啸）那样，由花岗岩石组成,全是沙砾混合。一群蜜蜂正围着它寻寻觅觅,让人担心它一捏就碎,一啃就化,一推就倒。可它历经数千年风雨剥蚀,岩崩砾洒,竟然还保留这般神韵,令人心惊胆颤又肃然起敬。更奇怪的是,本是光秃秃的峰腰上竟然长着一棵桑树。她扎根于石缝间,枝繁叶茂,迎风招展,笑看日月。

导游给我们讲了一个很动人的传说。说是很早很早以前,承德一带是一片汪洋大海,磬锤峰处是海眼,岸边人以捕鱼为生。有一个海怪经常出来吃人,一个小伙子为民除害,用鱼叉扎瞎了海怪双眼。龙王大怒,将小伙子擒入龙宫绑在后花园,准备剖腹挖心。年轻貌美的龙女路过,见小伙儿眉清目秀,威武不屈,遂产生爱慕之情,决心搭救。于是就盗取了龙王的定海神针,带小伙子逃出龙宫。龙王派兵追赶,龙女便甩出定海针,将海眼堵住,这里就渐渐变成了陆地,龙王无奈,就逃到别的大海去了。龙女和小伙子结了婚,日子过得很美满。玉皇大帝知道以后就派天兵天将来抓龙女,龙女宁死不屈,被点化成桑树,栽在定海神针即棒槌山半山腰上。现在这棵桑树还年年结出桑葚,色儿白,个儿大,味甜。老人们说,若是能吃到它,年轻人长生不老,老年人返老还童,有情人终成眷属,蜜月夫妇能白头偕老。

位于磬锤峰南约 400 米处的山崖边,是一块高约 14 米、长约 20 米的巨石。远远望去,巨石犹如一只金蟾,正跃跃欲起,当地人称之为蛤蟆石,真是形态逼真、惟妙惟肖。这只蛤蟆也有一番来历。说是龙女派它来守护定海神针的,它日日尽心,不敢稍有懈怠,日久天长之后,竟和定海神针一起化为石头。巨石底部有纵深 9 米的溶洞,最窄处只容 1 人匍匐而过。洞内地势平坦,夏季山风穿洞而过,可以一避外界的暑热。

秀丽的风景总是伴着美丽的传说,给神奇的自然景观一个神秘的解说。实际上,早在 1 500 年以前,北魏地理学家郦道元已把"石挺"(即今日磬锤峰)写入《水经注》中,"濡水(今滦河)又东南流,武列水入焉,其水三派合……东南历石挺下。挺在层峦之上,孤石云举,临崖危峻,可高百余仞……"据考证,棒槌山形成已有 300 万年以上的历史,它的形成归功于地质运动,数百万年以来,随着地壳运动,承德渐渐形成许多千奇百怪的岩石,在长期的风化剥蚀作用下,构成了千岩竞秀的"丹霞地貌"。

离开磬锤峰,坐上索道回望,落日余晖的映照下,磬锤峰就像是一个侧写的 L,又像是一把大靠椅。如果抛却人世烦恼,坐其上,看云卷云舒、潮起潮落,于人生何尝不是一件快事呢?由此我想起一位诗人的诗句:"你本已远离喧闹的尘世,只留下弯曲的径,似血脉般连接着人间/是急功近利的子孙,架起一缆通途,出卖了你的孤独/游人的亲近和抚摸,送走你久远的恬静和寂寞/你浮躁驿动的心,还能静静地思考吗?"实在是问得情趣盎然。

(2011 年 8 月)

E. 亲情有痕

　　亲情是世上最弥足珍贵的感情，美好的亲情能够使人感受生活的甜蜜和生命的美好。一个人如果没有亲情，也就没有灵魂。

　　岁月无声，亲情有痕。亲情如春风化雨，润物无声；亲情如夏花秋日，绚丽灿烂。纵时光飞逝，山河易色，亲情永不泯灭。

　　此篇是温馨感人的"心灵鸡汤"，有对生命、情感的领悟与回味，有对家庭的眷恋、亲人的思念、成长的追溯，都是真情实感的流露。

85. 可怜慈母心

　　母亲从乡下来，提了一电饭煲炖熟的白木耳汤，扒开两层塑料包装袋，还挺温热。母亲昨日听妻说我因火气旺洗脸时爱出鼻血，就非常着急，往坏处想，今天一大早熬好白木耳汤就风尘仆仆地赶来问个究竟。陪同来的妹妹告诉我，母亲晕车得厉害，可始终要亲自搂着电饭煲，生怕有所闪失。喝着柔滑、甜润的白木耳汤，感受着母爱的慈祥和光辉，聆听着母亲的叮咛和唠叨，那刻骨铭心的往事一幕幕展现在记忆的门里。

　　母亲出生于一个贫穷的农户人家，外祖父、外祖母因生了四个女儿没有儿子常遭人嘲讽。就在母亲5岁那年，想不通的外祖母、外祖父先后上吊自尽。从此，母亲姊妹过继给二公二婆，上水利、扯水草、挑粪、挑稻等男劳力干的活儿，母亲常干着。后来远嫁给出身不好、为人憨厚的父亲，吃尽了千辛万苦。在那种男尊女卑的时代，母亲几乎没有受到什么教育，没有读过书，甚至连社戏也很少看，不可能懂得什么大道理。但特殊的环境和处境锤炼了她精明泼辣、吃苦耐劳的品性，爱护儿女、和睦乡邻、公私分明也是远近闻名。

　　记得我读小学五年级那年，一个秋老虎最猖獗的时节。一天正午我偷偷钻进杨柳湖摘莲蓬吃。母亲利用歇凉时间和父亲在农场割野蒿子回家没有发现我，就连忙到港边湖畔寻觅。不知喊了多少声我的乳名，也不知用竹篙捞了多少水域，我躲在湖心硬是不敢应声。后来我悄悄溜回家，被母亲揍了个够，大腿的肉都被拧紫了。晚上我正睡得香，仿佛有人抚摩的感觉，睁开眼，朦胧中见是母亲提着煤油灯在验看"伤情"，眼中闪烁着泪花和慈爱。我佯装睡熟，尽情享受着这份独特的母爱。多少次母亲就是这样，白天情急之下打了儿子，晚上总要看看是否打重了。

　　母亲一生中最大的愿望和贡献就是把儿女读出书来。当时正值大集体，生活十分艰难，家里住的是一间前瓦后茅的旧房子。遇到下大雨，我和哥哥、妹妹盖尼龙（塑料薄膜）睡觉，母亲和父亲戴着斗笠坐守到雨停。

可就在这样的情形之下,母亲坚持供儿女读书。好几次队长要求哥哥回生产队放牛,母亲硬是没答应。为供我读书,母亲勤扒苦做,烧香许愿,熬碎了心。记得初三那年,母亲到校送菜,看到我用一块红砖当枕头,当时就难过得流下了眼泪。第二天就冒着刺骨的冰雪在杨柳湖里和父亲挖了二十几斤野藕,换六七元钱,扯几尺粗布给我缝了一个枕头。

高二那年,我捎信给家里要求送米来。信是下午托人带去的,没想到晚上挑着 60 多斤米的母亲担着一路星月和一腔希望匆匆赶来。从家到龙坪高中有十几里的路程啊!母亲一听说我丢了饭票就非常着急,赶忙轧米、筛米,又连夜送来。母亲没有责备我,相反安慰我要安心读书。望着匆匆消失在夜幕里的母亲,我当时就有一种决心,要发愤读书,以优异的成绩来报答母亲的深恩。

1986 年,我在武穴镇中学(现在的实验中学)读文科班,母亲送钱给我。为了节省当时 4 毛钱的车票。母亲沿长江大堤步行了 30 多里的路程。为了不影响上课,母亲在楼梯口坐了一个多小时。现在每每听说一些家长直冲教室,直呼儿女名字,我就为虽是文盲而深明大义的母亲骄傲。

在母亲的眼里,再大的儿子仍是孩子。尽管我已是而立之年,担负着养育儿女的使命,可花甲之年的母亲总为我牵肠挂肚,一有机会就教育我要清白做人,爱惜身体,踏实工作。她常说出黄汗换来的粮食吃得香。有一件事对我印象很深。一次,我同母亲一起坐车到县城武穴,买票时,我要售票员多给我一张票,见母亲迷惑不解望着我,便说:"上次没有要票,这次补上,可以报销的。"母亲当场就埋怨:"公家就是公家的,私人就是私人的,怎么私人的事要公家出钱呢?让领导知道了,印象多不好。"她硬是从我手中要回那张票撕了。4 元钱的车票说实话不算什么,可母亲就是从每一件小事中叮嘱我要清白做人,公私分明。

母亲一生中最大的缺憾就是有点迷信,无论生活多么艰难苦涩,但祭礼用的香烛纸钱不可少。为了我能够考上大学,母亲几乎拜遍了远近的菩萨。1984 年上横岗山,我将一块菩萨模样的石块随手丢到山下,母亲连叫"罪过,罪过""年轻人不懂事,神仙莫怪",并慷慨地向庙里捐赠了 10元钱,以便"公德簿"上能写上我的名字。而这一路上母亲省吃俭用,总开销还不足 10 元钱。每次休完月假返校,母亲叫我莫走回头路,万一忘了要带的物品,由哥哥送去,自己不必转头来拿。我至今还清晰地记得,母亲站在村头目送我远去的那副无限牵挂、无限期盼的形象,它每每成为我刻苦学习、追求进步的动力。

母亲的禁忌也很多。走路时，不要从晾晒的女人衣物下经过，那样会很晦气；剃过年头，要找男理发师，不要让女理发师摸你头，那样不吉利；大年三十，祭祀先祖得由男的进行，不能由女的沾染；大年初一拜年，第一户要到有儿有女的"十全"人家……大概特殊的身世缘故吧，母亲的"陋习"中有很大的"排女"性。

对母亲种种迷信或近乎迷信的做法，学生时代的我曾进行了强烈的否定和反对。随着时光的流逝，儿女的出生、成长，做父母的那种拳拳之心、殷殷之情，使我渐渐原谅和理解了母亲，除偶尔规劝一下外，再也不蛮加干涉了。而把它看成是艰难和无奈中的一种美好愿望和寄托罢了。母亲虽然迷信，然而对毛主席、对共产党、对社会主义充满深情。她从自己亲身经历和切身体会中感受到是党的好政策，使自己全家逐渐过上了好日子。每当邻里乡亲羡慕她好福气时，她总是发自肺腑地说："啥福气哟，还不是托共产党的福，托政策的福！"

母亲老了，真的老了。原先那种脚底生风的劲头没有了，背仿佛一夜间变驼了。不能为儿女们作多大贡献的母亲竭力自食其力，不多给儿女们增加一份负担。早先，她自己侍弄一块责任田，除顾个人口粮外，还打发一些人情世故。后来，实在做不动了，就专心做菜园，养些家禽，从不伸手向儿女们要一分钱。儿女们每每给点钱她，她再三推让，总是体恤儿女们的难处。

母亲年岁越大，越牵挂儿女、儿孙们，尤其是叨念我这个在外工作的"细儿"和我的孩子们。但她总不同意我们经常回家，怕路上不安全，怕我们用钱。她总是在别人面前提及"我细儿读书时可苦啦！"丝毫不说自己当时如何吃苦，供养孩子读书是如何艰难；她总是在认真地积攒土鸡蛋，按时送到我的家，说乡下鸡蛋有营养。来了，总要到幼儿园去看看我的儿子，搂着孙子，心痛得不得了。

母亲和妹妹要回去了。望着那扎着头巾、穿着对襟褂、老态龙钟的背影，我鼻子一酸，禁不住要涌出热泪来。

啊，可怜慈母心！

愿母亲健康长寿！

（2002 年 11 月）

86. 明月千里寄相思

　　2003 年 9 月 11 日（农历八月十五），中秋节，对于我这一生来说，又是一个不同寻常的节日。我在湖北教育报刊社工作，同时被借调到省教育厅从事行风评议工作。因是星期四，没有放假，不能回武穴同家人一起共度传统佳节。几分惆怅，几多孤寂之余，也有几分平和，几许收获。

　　说句内心话，起初我对节日并没有什么概念，甚至根本没有察觉到它的到来与存在，因为工作实在是繁忙，压力挺大，任务挺重。一方面教育厅行评工作到了关键冲刺阶段，我负责办简报和编书，既要参加各种会议和活动，又要及时、准确、快捷地传达各种信息；另一方面报刊社的稿子照样要编。况且，我这人向来喜欢恬静，对节日并不在意。

　　触发我情思的是一位朋友。她打电话问候我，并向我发了一则短信。我始觉得"独在异乡为异客，每逢佳节倍思亲"，不由想起老婆孩子来。连忙给妻子发一则短信，让她和孩子们把节日过好。同时，也很想同朋友在一块赏月，尽享这良辰美景。但这只是美好愿望，命中注定，我只能独享这世纪特有的"十五的月亮十五的圆"。

　　为了冲淡这莫名的孤单，我拼命地工作，自我加压。六点下班后，还到报刊社改了两篇稿子，工作了 3 个小时，至 9 点钟才到一家小吃店吃了一碗 3.5 元的面条。然后，骑着自行车晃到东湖。

　　真是"城里不知季节已变换"，走在城区，高楼林立，根本看不清天空到底是什么颜色，看不到明朗的月光。一到东湖边，眼前豁然开朗。浩荡的东湖上空，一轮玉盘似的明月高挂，她的光华和清辉把东湖映得波光粼粼；明月右上端，一颗闪亮的行星特别耀眼，或许是哪一个多情的小伙子仰慕嫦娥的美貌，在默默地窥视、发呆吧。星月辉映，水天一色，虽没有"月涌大江流"那种宏大气魄，但给人特别恬静、美妙的感觉，这也是人间难得、难遇的胜景啊！再从磨山，换个角度来看风光村，但见亭台水榭，琼楼玉宇，水光潋滟，华灯闪烁，流光溢彩，美不胜收。

"天上一轮方捧出,人间万姓仰头看。"欣赏这美妙的月光,东湖广场特别热闹。男男女女,老老少少,熙熙攘攘,沐浴着明月清风,或漫步,或歌舞,谈笑风生,笑逐颜开。泵船上的卡拉OK厅,广场上的VCD比赛似的唱着柔情蜜意的歌。平时,白天都很少人光顾的游船,一下子俏了起来,宁静地湖面响起了很有节奏的"哒哒"声。这时,携一知己,泛船东湖,赏明月之清辉,诉不平之心事,抒鸿鹄之志,不啻是人生一大快事。"青青子衿,悠悠我心。但为君故,沉吟至今。"

其实,无需你留意,就见湖亭畔、垂柳下、草坪上,一对对恋人在做着各种亲昵的动作,大胆、开放、狂热,肆无忌惮,丝毫不顾忌和考虑路人,特别是我这个异乡客的感受和情绪。我真担心,一不小心,他们会"跌进爱河"。不过,大家对此都表示宽容和理解,都是熟视无睹,不去打扰他们,相反,好像是分享了他们的幸福和甜蜜。

夜愈深,月愈明,几块大草坪上的特殊景象吸引了我。一群武汉大学的青年学生围坐在一起,点着烛光,唱着歌儿,谈论家国大事,畅谈人生理想,叙述朋友情谊,其乐融融。明月朗照,烛光摇曳,充满生机、活力的面孔,这是一幅多么生动的图画!大自然是伟大的,然而充满崇高精神生活的人类仍是伟大之中尤其伟大者。

但愿人长久,千里共婵娟。只要情义在,只要相牵挂,又岂在朝朝暮暮?

(2003年9月)

87. 给孩子一点创造的空间

每年"十一"，我都要把电扇拆开、清洗、包装，储藏起来；到"五一"时，重新安装。今年"五一"放假，亦不例外。没想到4岁的儿子利用立式电扇的零部件在地板砖上摆起了各种造型。这种电扇有一个半圆型的底座，其余都是直杠杆，正好给儿子的创意创造了条件。儿子一会儿摆成一个娃娃，一会儿摆成一轮太阳。就是娃娃，有走路的姿势，有睡觉的姿势，有跳舞的姿势。几个简单的零部件，儿子要捣弄一个多小时，演绎出几个自娱自乐的节目。惊喜之余，我不免有几分隐忧，我们现行的教育体制和模式，能让儿子永远保持这份灵性和创造吗？

儿子的创造体现在多方面。在东湖边，见婆娑的杨柳枝，我们会想起"万条垂下绿丝绦"的诗句，儿子说是"柳树姑娘的辫子"。在洪山广场，有一只鸽子飞到儿子肩上，被我捉住，欲给儿子玩。鸽子扑腾着翅膀，极力挣扎。儿子忙说"别怕，我是好人！"一次，我在外采访，儿子很想我，央求他妈妈："妈妈，做个游戏把爸爸变回来吧！"今年春节，妻子见儿子整天看电视，担心影响视力，就强行把电视关了。儿子在电视机前磨磨蹭蹭，不一会儿，把电源插座拉出来，问："妈妈，这是干什么的呀？"妻子不经意地说："用来放电视的。""那我看看电视好不好？"当时，几位客人在场，禁不住大笑起来，骂儿子是"小滑头"。

儿子的创造得益于妻子的"培养"。我在外工作，妻子一人在家带两个孩子，还要上班，非常辛苦，精力常常支配不过来，就实行松散型管理。给些玩具，让儿子自己操练；买些儿童歌曲、舞蹈的碟子，让儿子看；备些彩笔和白纸，让儿子涂鸦，家里崭新的仿瓷墙壁，只要够得着的地方，都被儿子画得乱七八糟，妻子还自己画些简笔画，贴在墙上，让儿子照着画。正是少了许多束缚和适时指点，儿子相对同龄人，要"拐得多"。现在儿子画画，一坐在茶几边，一画就是一个多小时，非常专心，非常有创意；在电视机前，儿子边看边模仿，自编的舞蹈动作，千姿百态，有板有眼。

像儿子这样聪慧,大部分智力正常的小孩都会有,有许多还可算得上是神童。可随着年龄的增长,慢慢地变得平常,乃至迟钝。以致国际上说中国的孩子"赢在起跑线上,输在终点线上",以致很多有识之士在分析为什么中国到现在还没有一人获诺贝尔奖时,认为其根源是我们的教育体制和模式从小扼杀了孩子的纯真和创造。就教育质量而言,我国中小学教育质量在某些方面要比国外水平高。比如,举行的各种世界性的中小学生竞赛活动,拿金牌的肯定是我们的学生。我们国家学生的知识水平同国外学生相比,要比他们高一两个年级。但我们也有不足,主要是思维活跃不够,学生的创造性不强。没有一个学生,没有一个孩子,在没有上学之前是不想上学的,几乎没有。但相当多的孩子,在离开学校的时候,松了口气,高兴地说这下可以不念书了。有相当一部分学习成绩差一点的学生害怕读书。

这是什么原因造成的呢?我们现在的教育中,有着太多的规矩、太多的标准束缚了学生思维的翅膀,学生常常是被动地接受老师的指令。在老师的精心调教下,一个个都如从模具中浇铸出来的模型一样,标标准准,规规矩矩。大多数孩子应有的童趣、想象力已消磨殆尽。他们考试有统一的答案,回答问题有统一的标准,在这样的教育环境中,许多孩子根本不会甚至不愿意开动脑筋去积极思考,更谈不上要他们去怀疑,去创新了。

正如前国际数学教育委员会主席古斯曼所言:"传统教育的诸因素在小学的最初几年里,就抑制了儿童的创造能力,在差不多四年的、将他们的思想纳入成人教育轨道的努力之后,到了十岁,在许多儿童身上,那种思考的自发性,那些闪光的想法以及对未知事物的兴趣,都已消失了。"仔细咀嚼古斯曼先生的这番话,我感觉非常对。在我们的标准和规矩的约束下,有时候孩子们身上迸发出的微弱的一点怀疑、创新的火花也会被大人所谓的"权威"所扑灭。

雪融化了是春天,多么美妙的想象啊!倾听蚕宝宝的呼噜声,多么有创意的构想啊!要使孩子永葆童心,富于创造,就要砍掉哪些条条框框,与时俱进地改革教育内容和教育方法,给孩子一片创造的空间,他们将会用特有的"千里眼"、"顺风耳"去创造奇迹。

(2004 年 10 月)

88. 伤心总在离别时

　　公元 2006 年 8 月 28 日晚,是我一生中又一个刻骨铭心的夜晚。与我在北京相聚了 25 天的妻子、女儿、儿子要离开北京回武昌。我心里十分凄凉失落,好几次都失声痛哭。

　　妻子、女儿、儿子是 8 月 4 日来北京的,我们一家人自我外出闯荡四年来首次相聚时间超过了 20 天,是时间最长、最欢乐、最开心的一次。

　　由于领导关照,妻子、女儿、儿子同我一起吃住在北京外交学院国际交流中心。望岳楼的服务员们对我们一家特别照顾,特别喜欢我的儿子,经常逗他玩。双休日时间,我们就到北京的名胜古迹游览观光。长城、故宫、天安门、颐和园、世界公园、科技博览馆等十多处景点都留下了我们一家人的欢歌笑语。妻子说,这是她嫁给我十多年来最享福的一段日子。

　　儿子只有 6 岁,是我们一家的开心果,也给整栋楼带来了欢乐。我偶尔与妻子闹点小矛盾,儿子不是拿出在长城买的心状玻璃彩球,劝我们"心心相印",就是要我们唱"老婆,老婆,我爱你,阿弥陀佛保佑你!""老公,老公,我爱你,阿弥陀佛保佑你!"。有时,他还会拿出纸笔,刷刷几下,就画了一幅画,要么是一个"心"字图案,中间画成断裂锯齿状,表示爸爸、妈妈感情破裂;要么是一座房子,里面有四个人,爸爸带一个女孩,妈妈带一个男孩,中间也画成断裂锯齿状,表示家庭破裂。画完后连忙递给爸爸、妈妈看,实际是劝诫爸爸、妈妈不要吵了。每当此时,妻子都是满脸愁云化为灿烂阳光,释然窃笑。大楼里住的外国人比中国多,几位年长的美国人和一群日本留学生特别喜欢儿子虎头虎脑的模样和大胆活泼的性格,一碰到就亲切地同他打招呼,摸摸他的头。好几天,一个日本大男孩整天同儿子一起。"都玩疯了!"妻子一见我下班就告状,但并没有埋怨的意思。

　　快乐的日子总是很短暂。随着妻子、女儿、儿子归期的临近,我的心情一天比一天地沉重起来。好几次,妻子提起回家的事,儿子都反驳妈妈:"是你们回去,我不回去,我要在北京读书! 我要在爸爸这儿上学!"我说:"爸爸要上班,有时还要出差,不能照顾你读书。"儿子很坚定地说:"我不要你照顾,我自己照顾自己,我要做一个勇敢的小男孩!"每每此时,我都黯然伤神,妻子在一旁也悄然落泪。

我是哄着儿子,说是送妈妈、姐姐回家,才到火车站的。一进入车厢,刚上床铺,女儿就禁不住伏在床上,把头捂在被子里小声哭泣。我不好劝女儿,泪水在眼眶里打转。妻子已是眼泪婆娑。当儿子听说要他随妈妈回去,不让他留在北京时,立即就大哭起来,越哭越厉害。他双手搂着我的脖子,一会儿脸贴着我的脸,一会儿脸贴着我的胸口,边哭边央求我:"爸爸,我不回去,我要和你一起在北京读书。""我会很乖,会很听话!""我会自己照顾自己。"我强忍着泪水,说不出一句抚慰儿子的话。旁边的旅客见此情此景,都停止了谈话,几位女旅客眼圈红红的。

见时间不多了,我强行把儿子塞给妻子,妻子很被动地把儿子搂在怀里,儿子哭得更伤心了。我出了车厢,强忍了多时的泪水一下子倾泻出来,大声痛哭,泪水滂沱,几张餐巾纸都是湿漉漉的。隔着玻璃窗,我偷偷地看着儿子,儿子大概是哭累了,倒在妈妈的怀里啜泣。火车鸣笛的一刹那,儿子终于发现了我,拼命地冲我挥着小手。我跟着启动的火车跑,希望多看儿子几眼,直到火车消失在茫茫的夜色中。孤寂的站台,落寞的我,拖着沉重的步履,在轨道的旁边徘徊了好久。

后来,我乘公汽回到教育部办公室,又乘公汽回到外交学院我的住处,中间不停地给妻子发短信。妻子一直很伤心,女儿和儿子的情绪基本稳定。有几次短信是女儿发给我的,劝我快回去,不要在办公室呆久了,要注意路上安全,我的心都快碎了。

我不知道,这到底是为了什么。都快40岁的人了,本可以在家享受天伦之乐,却偏要遭受这相思之苦、离别之痛。有时真想一狠心,回家算了,什么功名利禄,都是过眼烟云。可人在江湖,身不由己。为国尽忠,为事业鞠躬,为生活奔波,为前途设想,哪有退路呢,哪容打退当鼓呢?

多情自古伤离别,更何况至亲骨肉血脉相连。每次回家,女儿、儿子都特别的开心,围着我有说不尽的欢歌笑语,大多时候他们争着给我讲校园的事,讲同学的笑话,告妈妈的状。我最怕离家,每次回单位,我都是选定女儿、儿子熟睡的早晨,或他们上学的时候。一次星期六,因情况特殊,我得提前返回武汉。儿子得知,硬是抱着我大腿,要跟我一起到武汉,我怎么哄他，买什么东西给他，他都不肯。后来，妻子用摩托车把他强行带回，他竟然从摩托车上跳了下来。我当时非常心痛，恨不得从此就不出门了。

多想跟孩子们长相厮守，过着平静恬淡的日子，哪怕是穷点、苦点，我都心甘情愿。

（2006 年 8 月）

89. 母亲节的感动

对于节日,随着年龄的增大和生活水平的提高,还有经历的坎坷,我是越来越淡漠了。除了传统的端午、清明、中秋、春节要为孩子和老人作点表示外,其他的节日概念和意识,我都很淡薄,更不用说从国外引进或渗透的如圣诞节、愚人节、情人节之类洋节了。然而,2007 年的母亲节,由于亲情的催化,我是牢牢地记住了。

2007 年的母亲节是 5 月 14 日。上初三的女儿大概是从同学中知晓的,就告诉了上小学二年级的弟弟。母亲节的前一天,儿子就对妈妈说:"妈妈,祝您节日快乐! 把橡皮泥给我,我捏一个小礼物送给您,好吗?"儿子是一个鬼精灵,此话有双重用意,一方面祝福妈妈,另一方面是想玩橡皮泥。自上周我给他一瓶橡皮泥后,他是爱不释手,妻子怕他玩入迷,影响学习,就收了起来。他借这次机会,让妈妈很情愿、很感动地把橡皮泥给了他。

这一天,一大早,妻子走进单位办公室,掏钥匙时发现包里女儿写的一封信。信中写道:"妈妈,母亲节快乐! 好像真是年龄越大越老套,一声'母亲节快乐'都说不出来,也只是告诉弟弟而已。我确实是个笨孩子,没有一方面出色,连弟弟都不如,真的很惭愧。但是还是很想去努力,想成功。本想买个礼物,可惜口袋空空。不过在你眼里,好成绩或许更有用。我一直在努力!"

谈恋爱时就没有写过一封信的妻子很受触动,马上打电话,告诉了我这个令人感动的消息,并利用午休时间,很认真,很负责,很投入地给女儿回了一封信。这封信,字迹非常工整,非常娟秀,很有才情,很深情。这是我和妻子相处十多年中没有发现或者说没有体味到的。妻子在信中写道:

"好女儿,谢谢你对妈妈节日的祝福,也是最好的礼物。你能给妈妈祝福,说明你已经长大了,懂事了。平时,妈妈对你严格要求,态度有些简单粗暴,是因为妈妈望女成凤心切;是因为妈妈一个人在家带你和弟弟很辛苦,上班有压力,辅导弟弟作业也有压力,里里外外,大大小小什么事靠我一个人完成,我也很不容易,难道你没有发现我比你同学的妈妈老一些吗?妈妈没有读很多书,在工作中遇到了很多困难,尝到了人生中的酸甜苦辣,所以对你寄予的希望很大。

其实,妈妈是很爱你的。妈妈说你、骂你是想你多读些书,好好做人,学好真实本领,将来在社会上立足,给自己创造一条好的路,一步一个脚印,每步都成功,都有收获。其实你不比别人笨。只是你没有掌握好的学习方法,没有全身心地投入。现在离中考时间已经不多了,只要你一直努力,一定会有好的回报。妈妈相信你,相信你努力了,一定会取得理想的成绩。"

母亲节的晚上,吃饭时,女儿主动地给妈妈盛饭。吃完饭,7岁的儿子主动地对妈妈说:"今天我洗碗,让妈妈看电视。"结果,儿子洗碗,女儿扫地,妻子坦然地坐在一旁,看着孩子们忙碌着,不时指点一下,享受被服务的感觉。

自从我外出工作后,妻子一个人在家带两个孩子,还要上班,十分的辛苦。几乎每天5点钟,她就起床,洗衣、拖地,6点钟叫醒上初中的女儿,6点30分送上小学的儿子,7点到学校上班。晚上边做饭,边辅导儿子做作业;待儿子入睡了,又督促下自习的女儿做作业。妻子相夫教子、操持家务是一把好手,特别讲究卫生,无论什么时候家里都是干干净净,清清爽爽,饭菜做得特别香,孩子们长得很苗壮。学校抓得很紧,工作任务很重,妻子十分地负责,特别地努力,无论是教育教学,她做得都很出色,在领导和老师中有很好的口碑。

整天满负荷的运转,身心疲惫,心力憔悴,加上对我前途的隐忧,妻子难免滋生不良情绪,爱发脾气,有时还拿孩子们撒气。女儿自上初中后,大概是进入青春期的缘故,与妈妈老是闹别扭。妈妈要她这样,她偏要那样,总是"不听话"。妻子恨铁不成钢,难免会叨唠,爱骂人,有时气头上还会动武。女儿因为得不到妈妈的理解,有时就赌气,说"我怎么会有你这样的妈妈!"

自从有了母亲节这一沟通,母女关系融洽多了,女儿听话多了。妻子也很少当着众人面说女儿的不是,更懂得教育方法了。看来,人与人之间需要多交流,多沟通,就是亲人也不例外。

(2007年5月)

90. 儿子的心愿

儿子有很多心愿,而且是与时俱进的,有时还让你莫名其妙。这不,自那晚看了电视剧《家有儿女》中夏雨有一只毛绒绒的小鸭,那活泼可爱、惹人怜爱的样子,让夏雨爱不释手,让儿子也心动不已,硬是缠着我要买一只,由他来饲养。

可这大夏天的,到那儿去买小鸭呢? 就是有,讲卫生的妻子也肯定不让,上次我经不住儿子再三的请求,给他买了一只小白兔,结果弄得家里味道很重,妻子强行送了人。可那家人也不情愿养,送来送去的,没几天,一只温顺可爱的小兔被活活折腾死了。为此,儿子很是伤心了一阵子。

大概是小孩子喜欢小动物的天性吧,或许是电视里小鸭子太诱人了,儿子要一只小鸭子的愿望特别强烈持久,几乎整天缠着我,我不得不耐心地向他解释,这是夏天,小鸭子的孵化期在春天,等到春天我再买。可儿子就是不依不饶的,说:"那买一只大鸭子也行啊,有了大鸭子不就可以下蛋,孵小鸭子嘛。"

买一只大母鸭放在家里养着,岂不把家里弄得脏兮兮的? 这显然不行,也养不活呀! 于是我不得不敷衍他,"你能说出养鸭子的三条理由,我就给你买。""当然啦,有了鸭子跟我玩,我就不会想爸爸了。我还可以观察小鸭子,写出好作文,免得老师骂我笨。再有,如果我不买,别人把它买去,杀了怎么办?"

儿子的理由天真搞笑,但不无道理,而且很善良,我不能扼杀孩子的纯真。可小鸭子又买不到,我建议给儿子买一只玩具小鸭,或买一只烤鸭给他吃。"那多没劲呀,死的一点不好玩。"他坚持要买一只大母鸭养在家里,直到下蛋,孵出小鸭。"可这是在城里,那里去买大鸭呢?"我告诉他,鸭子生活在农村,在有水的地方,等有机会我带他去乡下外婆家买。

总算把儿子应付了几天。没想到那次我从武汉一回到家,儿子就拉着我要到乡下的外婆家,说是好长时间没去外婆家了,挺想的。可一到外婆家,儿子就四处寻找,特别跑到水塘边玩,原来还是要鸭子。可岳母家地处城乡结合部,根本就没有人家养鸭子,儿子当然很失望。我于是应付他,在城市的菜场有活鸡活鸭,等你到了武汉,爸爸带你去买。

暑假里,儿子舞蹈培训一结束,就吵着要到武汉。一到武汉就要我带他到菜场买菜。可到了菜场,他到处找母鸭。说是已答应家里的小朋友了,回去时,要给他们每人带一只小鸭子,作为礼物。没想到儿子一直记住这件事,或许还在小朋友面前吹过牛,生出许多美好的遐想。可在武汉养一只大母鸭更不现实。我只好哄骗他,母鸭孵小鸭要有专门的小房子,不然会把家里弄得很脏。

这下,儿子有事干了。他把我们家的洗脸盆抹干净,贴上五颜六色的纸条,为母鸭作产房,好让母鸭生出一大堆小鸭,回去给小朋友们一人分一只。他做得特别认真,特别细致,贴在脸盆外围的纸条还画上了许多小草、小鸡、小虫子图案,说是小鸭子出生后有朋友玩,有虫子吃。他考虑得太周到了。要不是妻子强行干涉,我会真的给儿子买一只大母鸭。

显然,儿子的心愿在这个暑期里是无法实现的。但即将读小学三年级的儿子实际上还只有七岁,却会围绕一个主题,生出那么多的想象和期盼,提出那么多的设想和方案,采取那么多欲擒故纵的办法和措施,而且是那么的长久和执著,我实在为儿子的爱心、纯真、灵气和创造所感动。

其实很多孩子都是这样,小时候很有灵气和创造。只是随着学龄的增大,学习任务越来越重,心理的压力越来越大,很多天性被扼杀,灵气逐渐消失,变得唯大人、唯教师、唯书本是听,变得麻木、迟钝。我经常对中国这种应试教育的模式提出质疑和批判,但又不得不盲从,甚至推波助澜。因为国情如此,世俗观念如此,社会评判标准如此。

儿子还小,肯定还有许多要做的梦。在一定时期,或许是明年春天吧,他还会想起他的小鸭子来。我也许会像上次买兔子一样,再次瞒着妻子,满足儿子的这个心愿。

(2007 年 8 月)

91. 我爱我家

家是社会的细胞,是每个人赖以生存的港湾。

有两首歌,唱遍世界各地,唱响了几代人,历久弥新,经久不衰。一首是《我想有一个家》,一首是《常回家看看》。因为它们唱出了人们对家的怀念和眷恋,对家的渴望和期盼,回肠荡气,符合和提升公众的认同感。

我庆幸自己拥有一个幸福美满而又温馨和谐的家。

一

妻子理所当然的是我们这个家的总书记。这是她勤劳、能干和在孩子心目中的威望自然形成的。

只有中师文化程度的她,在单位勤于钻研,乐于吃苦,对学生严中有爱,是教育教学的一把好手,每学期都被评为模范。在家里,更是勤俭持家、相夫教子的行家里手。

我多年在外,她一个人既要上班还要带两个孩子,非常的辛苦。几乎是每天5点多钟就要起床,先叫醒女儿上学,然后洗衣服、做卫生,再送儿子上学;中午抽时间为女儿做饭,晚上辅导儿子做作业,待儿子睡下了,还要等女儿下自习,直到11点。几年如一日,周而复始,无怨无悔。

妻子做得一手好菜,原本非常瘦弱的我,一结婚就发福,孩子们更是长得健壮,很少生病,全是妻子善于调养。每次回家,一家人围坐餐桌,吃着妻子做的可口饭菜,听孩子们谈笑校园轶事,感觉特别温馨。

妻子爱清洁、讲卫生是远近闻名的,这既是一件幸福的事,也是一件烦心的事。幸福的是,每天我们的家都是清清爽爽的,孩子们穿的衣服总是整洁干净。烦心的是,加重妻子劳动量,整天为洗衣所累。现在城镇妇女一般是把脏衣服往洗衣机一丢,就去干别的事;而妻子几乎不用洗衣机洗衣服。就是用,也是先手搓一次,再洗衣机洗一次,再用水清一次,程序相当地复杂。就是手工洗衣服,也很有讲究。先是刷子一块块地刷一遍,再是棒槌捶一遍,再是手搓一遍。内衣、外衣,长裤、短衫分层次叠放,分类别晾晒,都有规范的。

她累,我和孩子们也跟着受累。譬如,拖地,妻子拖把所到之处,那就是划定了势力范围,我和孩子们原本在哪个地方就不能动,即使在外面要进门都不行,得等所拖地面干了才行。

二

女儿现在是我们家的主要劳动力。十四岁的她,读高一年级,已是一个楚楚动人、亭亭玉立的大姑娘了,不管到那个地方出游,大包小包的都是她背。

女儿比较听话和体恤爸妈,从不在经济上提过分的要求,每次给钱她买东西,哪怕是多一分钱,她都要向妈妈报告一声;每次给弟弟买零食,她总是很大度,从不攀比。

女儿口才和文笔很好,很喜欢看一些古典文学书籍,很多经典片断、篇章她能背来。平时,她喜欢写一些亲身体验的小笔记,文笔很清新,语言很流畅、个性很鲜明。有时,我想把她的文章修饰、美化一下,她就是不干,说我破坏了她的风格,除非挑出了错别字和病句。今年暑期,她建了一个博客,整天就关心访问量。一天的访问量增加了十几个,就高兴得手舞足蹈,甚至得意忘形;访问量没有增加,就特别沮丧,骂网友有眼不识金镶玉。

女儿学习还算刻苦,也肯吃苦。现在她每天早上 5 点钟就得起床上学,晚上下自习 10 点以后才能睡觉,一天要上 10 几节课,吃饭不超过 10 分钟,走路要跑跑势,是我们家中最辛苦的人。

三

近期,儿子可谓喜事连绵,捷报频传。就在前天,儿子参加湖北省少儿英语比赛预赛获得了一等奖,将参加全省决赛;昨天,儿子参加全省"小天杯·中华赞"征文获得了一等奖,喜报就张贴在学校大门口;今天,儿子奥运征文在《湖北日报·体育周刊》刊登,已寄来 30 元稿费,儿子高兴地说,愿意分 10 元钱给姐姐。

说起来,儿子真是多才多艺,全面发展,是实施素质教育的典范。从上幼儿园到小学三年级,他几乎获得了学校所设置和组织的各种奖项,什么聪明星、卫生星、诵诗星、劳动星、故事星、绘画星、歌唱星、舞蹈星等都获得了，奖状贴了满满一面墙壁。

儿子生在湖北武穴，长在小县城，周围的语言环境都是方言，可他一直说一口标准流利的普通话。即使是到乡村，大家讲的都是武穴话，他还是说普通话，丝毫不受影响。7岁时，他曾天真地说："爸爸，要是我以后说不到中国话，怎么办？"其实，他所指的中国话是武穴话，意思是说不到方言。这说起来是妻子的功劳，儿子自在幼儿园起，学校老师教他说普通话，回家妻子坚持同他说普通话，普通话逐渐成为他的母语，想改变还比较难。以致，我每次给家里打电话，同妻子、女儿讲武穴话，跟儿子只得讲普通话，尽管讲得不好，我想尽可能地给他营造一个家庭小环境。

儿子在舞蹈方面，应该说是有天赋的。上幼儿园大班时，参加武穴市（县级市）"六一"儿童节文艺汇演，在一个歌舞剧里扮演一位教书的老先生，因为"小屁股扭得好"（一位评委的话），获得了全市"优秀小演员"称号。2007年9月，儿子年仅7岁，就参加了黄冈市（地级市）第二届运动会"亮亮杯"体育舞蹈比赛，获得了八岁以下少儿双人拉丁舞第一名。2008年8月获湖北省第八届青少年体育舞蹈锦标赛八岁以下拉丁舞银奖。因为在拉丁舞方面的小有名气，儿子自6岁时就开始为他妈妈挣钱了，年轻人结婚、单位举行庆典，请儿子和他的舞伴去表演。两人娴熟的动作、优雅的舞姿、天真的笑脸，赢得满堂喝彩。主人高兴总要给点奖励。

儿子演讲的水平也是非常棒的。清脆、纯正的童音，如山涧的小溪在潺潺流淌，如布谷鸟在动人地歌唱。他的记忆力非常好，在幼儿园时，4 000字的"中华字经"能顺畅地背诵；上小学一二年级，能流利地诵咏《三字经》和《增广贤文》。一次教师布置第二天要参加有关感恩教育的演讲，他让妈妈从网上下载了一篇1 500多字的文章，稍加改编后，仅用2个小时就背来了，第二天还获得了一等奖。由于记忆力好，普通话标准，具有一定的演讲技巧，儿子经常参加讲故事、讲童话、诗歌朗诵之类比赛活动，每次都获得了一等奖。2007年还成功地当选为湖北省诗词教学颁奖晚会——"倾听花开的声音"节目主持人，以很好的台风获得了观众一致好评。后来，学校制作2008年新年挂历，他与另外2位主持人的一幅彩照还上了12月份的封面。

为了学习这些特长，儿子牺牲了许多快乐的童年时光，付出了比一般孩子更多的辛勤汗水。儿子每天早上至少要提前半小时到学校参加绘画培训班；每周双休日上午要到工人文化宫进行文化课培优，中午到音乐老师家练吹萨克斯,晚上到金叶子舞坊学习拉丁舞。中间抽空做家庭作业,双休日一般都没有休息过。只是每次吃完晚饭后,他妈妈怕他长胖了,让他到外面活动一下。妻子常说,在我们家儿子是最辛苦的。其实,毕竟还是孩子,儿子非常渴望同小朋友们一起,快快乐乐地玩一下。双休日晚上,一离开舞蹈培训班,儿子就往家跑,好争取点时间,与小朋友"疯"一回。如果小朋友们都回家了,没人玩了,他就会说:"他们怎么不等我一会呢? 唉,真倒霉。"

儿子是我们家的开心果。今年7岁的他,已是小学三年级学生了。小家伙很有灵性和创造性,往往不经意间,冒出一两句话来,让我们开怀不已。还是三岁时,他在武汉东湖边玩耍,要我折柳枝,说是"柳树姑娘的辫子";四岁时,在洪山广场看鸽子,一只鸽子飞到手上抢食吃,他连忙用小手去抓,鸽子扑腾着要飞走,他大声说:"别怕,我是好人!"稍大点后 ,"经典语录"那就更多了,什么"爸爸,今天我班老师又大发雷霆,同学们吓得稀巴烂。"什么"爸爸,千万别告诉妈妈我又买气球了,否则她会把我打得汗流浃背",等等,让你忍俊不禁。

儿子是个"鬼精灵"。想要什么东西从来不直接说,总是拐着弯,诱导爸爸妈妈很自觉、很情愿地买给他,还夸他聪明。有一段时间,小朋友们风行玩陀螺,他很想有一个,可妻子怕危险不给他。趁我回家探亲时,一个中午,刚吃完饭,他对我说:"爸爸,吃得太饱了,要走动一下。"我很高兴地随他散步。他故意把我带到玩具店,说起玩陀螺的好处来。说句实话,我因为长期在外,对孩子照顾得少,每次回家时间又短,对孩子们特别的怜爱和迁就,对年龄尚小的儿子一向是宠爱有加。所以就毫不犹豫地给他买了一个,并陪着他玩。

前不久的国庆节,我带儿子到武汉森林公园游玩。出行前妻子规定儿子零花钱不得超过20元,否则以后不准他出去玩,他为取得游玩权,爽快地答应了。进入公园后,儿子为信守承诺,坚决不坐旅游车,尽管那象形车头、蛇形车身挺诱惑人的,硬是陪我走了七八里山路。每走一段,我都说:"儿子,爸爸背你一会。""儿子,爸爸给你买点水?"他都坚决地摇了摇头,因为怕超出妈妈定的开支标准。可毕竟是小孩,体力不支,天气又热,他瞅了瞅一家商店,又望了望我,说:"爸爸,我实在是坚持不住了,怎么办?"我最见不得孩子受半点委屈,连忙说:"爸爸给你买一支冰棍吧,再坐车回去。""可要是超标了怎么办? 妈妈肯定会生气。""不要紧,爸爸为你说情。""要不这样,这根冰棍算是你请客,不算我花钱,行不?""好,好!"买冰棍时,儿子反复强调"这是你心甘情愿的哟",才肯吃。

四

作为一家之主的我,从某种意义上讲,只是一个财政部长,负责经济保障。

因为常年在外,难以顾及家庭。每次回家,总有一种补偿心理,对孩子们万分怜爱和迁就。尽管自己在外,十分节省,回家对孩子们特别大方。

为此,妻子常与我怄气,说她好不容易建立起来的"统治秩序",我一回来就乱了,儿子撒娇,女儿仗势,都不听话了。还说,有时见我那么宠爱孩子,恨不得把我打一顿。而我呢,有时,见她对孩子一呼二吼,还动粗,那么凶,像个后妈似的,恨不得把她打一顿。

这就是我这个和谐家庭中一点不愉快的音符,在子女的教育方式方法上不协调。妻子严厉,我柔和。比如,儿子在盛饭时,不小心掉了几粒,我连忙弯腰去捡,妻子却喝令儿子自己捡起来,而且不依不饶;儿子要洗澡时,我连忙去放水,并执意帮他洗,可妻子就是不允许;儿子做完作业,我连忙去帮他收拾,妻子坚决不同意,命令儿子自己去完成。

我也知道妻子的做法是对的,可一见孩子们就无限的慈爱,总像一个老母鸡似的想庇护他们。我这人,在外再苦再累,再受委屈,一回家,看到孩子们天真灿烂的笑脸,就什么都烟消云散了。每次回家,带点吃的东西,妻子都是二一添作五,女儿、儿子一人一半。看着他们在一起分享喜悦,我心里就涌起一股幸福感;每次带女儿、儿子一起逛街,遇到熟人夸他们长得好,我心里就涌起一股自豪感;每次看孩子们熟睡的模样,我就会涌起一股父爱的慈祥。"一儿一女,一枝花",这是我最得意之作。

五

我们家的日常管理,总体说来是家长制。因为孩子们还小,缺乏是非判断和"参政议政"的能力。什么时候吃饭,什么时候睡觉,什么时候起床,都是妻子一声令下,大家赶快行动。有时候,女儿和儿子看电视看到兴头上,拖延了吃饭时间,妻子就会大声数"一"、"二"、"二点五"。到了"二点五"了,孩子们赶快行动,移桌子、拿碗、盛饭,各就各位,秩序井然。

随着孩子们的成长和长大,我们家的民主进程也加快了步伐。最明显的特征是实行家规管理。这是儿子受电视连续剧《家有儿女》启发倡导的。家规一共有 20 几条,主要针对每个人的不足集体制定的。如针对我爱睡懒觉的习惯,制定了"按时起床,不准睡懒觉,及时整理被褥";针对妻子脾气暴躁,制定了"说话要和气,以理服人,不能打人骂人";针对女儿书写潦草、作业粗心的毛病,制定了"认真做作业,书写工整规范,做完作业要认真检查";针对儿子做作业不专心、贪玩的毛病,制定了"放学后要及时完成家庭作业,作业没有完成不准到外面玩"。

　　家规制定了,关键是执行。儿子想出了一个好主意,开展家庭评星活动。他用一张大纸画一份表格,写上爸爸、妈妈、姐姐、弟弟四人,每天评比一次。做了好事,对家庭有贡献的就画一颗红星;犯了错误,没有完成任务的就画一颗黑星。上周我回家,妻子说爸爸主动洗了一次碗,应该奖励一颗红星;又说儿子这一周作业完成得比较好,女儿倒了垃圾,也都奖励一颗红星。儿子连忙说:"妈妈这两天没有骂人,也应该画一颗红星"。这一总结,找出了每人的优点和不足,家庭里亲情味更浓了,还增添了不少天伦之乐。

　　建设和谐社会,首先要家庭和谐、社区和谐、单位和谐。我庆幸自己有一个和谐美满的家庭,更期盼和祝愿我们的社会更和谐,国家更富强。

(2008 年 9 月)

92 让孩子多睡 10 分钟

又是一个星期六,上高二的女儿照常上学。

"爸爸!你是不是把闹铃调了,我要迟到了。"睡意朦胧中,明显带着哭腔的女儿把我一下子惊醒了。

"不会吧。看外面,还只是蒙蒙亮。"我嘀咕了一声,连忙起床穿衣。

"整整慢了十分钟,是不是你把闹铃调了。"妻子条件反射地跳下床,看看手机,又看看墙上的挂钟,大声质问我。

"是的,看女儿这么辛苦,我昨晚把闹铃调慢了十分钟。"我只好如实坦白。

"你这不是害女儿吗。要是迟到了,老师责怪她,又会影响她一天的学习情绪。快骑车送女儿到学校!"

我嘴也顾不上洗,就开动电动车送女儿到学校。其实学校离家里很近,步行也就是七八分钟时间。平时为了让女儿有点活动的时间,我和她妈妈坚持让她步行往返。

路上,女儿告诉我,为了多背点知识,她每天坚持早十分钟到学校。可妈妈有时见她太辛苦了,总偷偷地调手机闹铃,有时把家里所有挂钟时间都调了。后来,她发了几次脾气,妈妈才不敢再调了,没想到爸爸又犯同样错误。

女儿,其实爸爸早就想犯这样错误了,你实在太辛苦了!我在心里这样说。但是我没时间说出了,虽然还不到 6 点钟,但路上学生已经很少了,零零星星,都是小跑状,我得赶快把女儿送到学校。

到了学校,已是朗朗一片读书声。女儿教室的门口已有一名女生在站着读书。女儿告诉我,学校要求 6 点到校,她班主任规定 5:50 到班,凡是没有按时到的,就罚在教室外读书。

"我去跟你老师解释一下,就说是爸爸耽误了你。"

"不行,迟到了,就要受惩罚,站一下不算什么。"

我很不放心,站在花坛的树荫下瞭望。幸亏班主任只是简单地问了几句,就让女儿进了教室,可能这是女儿第一次迟到吧。

可怜天下父母心,我是有点宠爱女儿。但在学习的问题上,我向来不偏袒。之所以这样做,是因为女儿实在是太辛苦了,苦得没有道理,苦得没有价值!

请看看我女儿一天的作息时间表吧。

早上5:25,手机闹铃声响。女儿一下子惊醒,但没有立即起床。"太困了,要眯一会,过渡一下。"这是女儿自己定的法则。

5:30,女儿起床,妻子已把她衣服放在床头,洗脸水、牙膏、牛奶都已办好。

5:40,女儿开始步行到学校,我陪她走在一起,平时很少有机会同女儿说话,只有这时才能跟女儿说上几句。这时天边已露出一丝晨曦,路上三三两两的都是上学的孩子,步履匆匆,很少说话。他们是真正的早行者。

5:50之前,女儿到学校,班上已到了近一半同学,有的班差不多到齐。

6:10,上早操。因为学校学生多、场地小,只能是分单双号轮流做操,

6:30—7:20,早读。

7:50,预备铃响,准备上午第一节课。早餐时间只有30分钟,女儿在学校食堂吃。有时怕排长队,不吃早餐。

8:00—11:40,上午4节课后放学。

12:20,女儿到她妈妈单位吃饭后到学校,中间有40分钟时间。

13:50,开始准备下午第一节课,中间有90分钟为午休时间。但女儿大部分时间用于做作业,只睡20—30分钟,因为作业太多,压力太大。

14:00—17:30,下午4节课。

18:00,到学校上晚自习。晚餐只有30分钟,为了节省时间,妻子送饭。很多家长都是这样,有的给工钱请人代送。

女儿喜欢吃鱼,但除了星期天(下午少上一节课)和放月假(每个月3天,实际上只有2天半,因为下午得早到校)外,其他时间,妻子不敢做鱼,因为鱼有刺,怕费时间。而且晚餐只有30分钟时间,路上就花费15分钟,稍耽误一点,根本来不及。

18:30—21:50,晚读后,上4节晚自习,到家22点左右。吃点东西,又开始做作业。老师布置的作业应该在教室里做完了,在家里,女儿给自己加任务,"竞争压力太大了,不努力,下一次月考就会退后。"学校每月综合考试一次,考试分数要排队和在教室公示,一股无形的压力推动孩子们拼命。

22:00,我催促女儿睡觉。女儿洗漱后一般22:30才上床。有时太疲劳了,女儿一边洗脚,一边就睡着了。

算起来,女儿一天学习的时间在17个小时以上,连早晚自习一起要上13

节课,有效睡眠时间不足 6 小时,实在是人群中最辛苦的了。每逢放月假,女儿哪里都不想去,除了做作业外,就是补觉,而且是恶补,一睡就是一下午。女儿常说:"爸爸,我现在最想的就是睡觉。"

孩子辛苦,做家长的也累。既要承担沉重的教育成本,除学费外,平时还要应付学校各种名目的收费;又要忙于孩子的饮食起居,做饭、送饭得掐准时间,像打仗似的;而且还要承受精神压力,孩子成绩不好或考试退步了,只能是暗暗担忧,怕影响孩子情绪。只要是女儿放学回家了,家里其他事都不能做,一切围着女儿转。有时想跟她说几句话,问问学校的情况,还得挑紧要的,挑不至于影响女儿学习情绪的;有时太晚了,困得没办法,就在房间里来回轻轻走动,又不能看电视,怕影响女儿学习……看女儿这么辛苦,哪忍心多问?哪忍心自己先睡?

孩子辛苦,苦得连鱼都没时间吃,苦得想睡觉成为奢求;家长累,累得连跟孩子说话的机会都没有,累得不敢大声说话。中国的教育到底怎么了,中国的孩子到底怎么了?素质教育从民间探讨,到政府倡导,到法律确定,成为国家意志,已十多年时间了,为什么应试教育还是那么扎扎实实,甚至有愈演愈烈之势?

学生一进校门,就像上了紧张有序的流水线,今天的中小学校,俨然成了制造大学生的"工厂"。一些学校旗帜鲜明地提出:"为了提高升学率,非考试科目全让路""提高高考成绩,校长要靠上,教师要豁上,学生要拼上"。在这种思想指导下,学生的书包越来越重,眼镜越来越厚,身体素质越来越差。我们投入了大量的时间、精力和金钱,却培养出了不少"胖无力""豆芽菜",还有"以个人为中心,不知感恩;缺乏独立自主的能力,一旦脱离父母、老师的庇护就不知所措"等心理疾病,怎么参与未来社会的竞争?怎么成为社会上有用之才?

其实,只要步入社会、走上工作岗位的人都知道,在学校里苦学的那些知识根本用不上多少,很多要靠在社会上历练、造就。基础教育就是让学生学习基础知识,就是打基础,重点是培养学生的综合素质,特别是创新精神和动手能力。可是目前学校和家长过分重视学生的文化课学习,把智育简单等同于分数,把学生培养成做题考试的机器,办学者考什么教什么,怎么有利于提高分数怎么教。在这种情况下,学生的负担和压力焉能不重?

在升学率这个数字的背后,丢掉了孩子多少求知的乐趣,牺牲了孩子多少宝贵的童年。"当中国学生正襟危坐在高考考场里,为这'一考定终生'的考试焦急、紧张的时候,芬兰的高中毕业生正喝着饮料、吃着点心,自如地进行升学考试；在中国学生'哈日'、'哈韩'的时候，日本却在教科书里印唐诗，配以古香古色的中国白描画插图；中国孩子没有听说过生活技能和旅游修学课，更不知道国外的学校会规定某一天'不要来学校上课'。"一直推崇"快乐学习法"的中国人民大学附中特级教师靳忠良说。

中小学生课业负担过重，是一个历史痼疾和顽症，成因非常复杂，涉及到我们的就业形势、招生制度、教育体制，涉及到家长望子成龙的心理以及以学历为基准的人才评价标准和人事制度等各种因素。减负，绝不是一蹴而就的事。但我们可以先从能够做到的最简单的事做起，比如首先把作息时间表管住，参照成年人每日8小时工作制，规定中小学生每日8小时在校学习制，谁违反就查处谁。先拧紧这个总阀门，其他的如考试制度、评价制度改革逐步推进。

让我们的孩子每天多睡十分钟吧！这个，教育行政部门是应该能够做到的，家长和社会应该是赞同的。

（2009年5月）

93. 母亲的饮食观

母亲已是古稀高龄,除了颈椎外,其他身体机能还算可以,尤其是保存完好一口整齐洁白的牙齿。平常,她跟哥哥、嫂子住在一起,除了适量地干点农活外,主要任务就是帮哥哥嫂子看家做饭,过着日出而作、日落而息的恬静日子。对饮食,她倒没有什么苛求,有什么吃什么,遇到什么吃什么,只是风寒雨雪天气偶尔喝点家酿的谷酒。但她的饮食观念随着时代的变迁倒是发生了不小的变化。

在我儿时的记忆里,母亲是一个"打大锤"的。不识字,嗓门大,走路快,脾气躁。她站在村头喊我和哥哥的乳名,在两里外的庄稼地里都能听见,全村人都知道。至于农田的活,她是样样拿得起,放得下,顶得上一个男劳力。但对做饭炒菜很不讲究,是典型的"一锅煮"。什么萝卜白菜、茄子缸豆都是一锅煮,从来不要酱醋之类佐料,一煮就是一大钵、一大盘,而且一餐就是一个菜,没有选择的余地。好不容易盼到过节了,能吃上一顿肉了,母亲从不切成肉丝搞什么小炒之类,总是操起刀,三下五去二地切成一大块一大块的,顶多也就是一大坨一大坨的,配点萝卜、冬瓜之类一锅煮,然后也不铲进碗盘里,就锅往桌子上一端,"伢啊,饿了吧,多吃点。"然后,母亲就坐在一旁看着我和哥哥、妹妹狼吞虎咽的样子,脸上露出了欣慰的笑容。

对母亲这种"一锅煮"的做法,我们从来没有什么异议,也没想到提什么意见。在那个物质高度匮乏、买东西靠供应的大集体时期,能够有吃的、能够填饱肚子也就相当不错了,那还敢奢望有三个碗、四个碟的,何况大家都是这个样,没有什么可比性。

上个世纪 70 年代初期,粮食供应非常紧张,一天要吃两餐红薯饭,我和哥哥在锅里像淘金似的找点米饭吃,父母基本上吃的是红薯。有时吃了第一碗不好意识吃第二碗,抬起头看看父母的脸色,母亲总是和蔼地说:"去盛(饭)吧,吃饱!"上小学时,有一段时间,我和哥哥每天中午放学回家,先往水缸里抬两桶水,再拿几个红薯或几个饭团就上学。

只有工作组的驻村干部派饭或过春节才有肉吃。驻村干部要来家里吃饭，那可是一件大事，再穷也要弄一两个菜，最好是有点肉，否则一不小心就有可能犯政治错误，何况人家还给粮票和钱。贵客要临门了，母亲提前一两天就要作好盘算，吩咐我去钓鱼，吩咐哥哥去剁肉，到邻居家借点鸡蛋，总要凑出三四个菜。而我们是不能上桌的，从房门缝里看着干部一人在慢条斯理地吃着，口水不断往外涌。干部一离桌，我们就一拥而上，感觉那就是世上最好的美味。

好不容易吃上一顿肉，往往是我和哥哥、妹妹风卷残云地一下子抢个精光，父亲、母亲很少伸筷子，顶多也就喝几口汤。这也大概是母亲从来都是只"煮肉"，不"炒肉"的根本原因吧，毕竟大家都能喝一口汤。再还有一个重要原因，就是大集体时，社员根据队长的哨子和分工从事生产，天蒙蒙亮就一起出工，天黑才收工，迟到旷工都要扣工分，根本就没有多少时间去好好研究菜，精耕细作地去做菜。"煮熟了，吃饱了就行"这是母亲的朴素想法。往往是我边做作业，母亲边做饭，等她饭熟了，做完作业的我，已伏在桌子上睡着了。

实行家庭联产承包责任制后，家里基本上解决了温饱问题，但由于"三提五统"的税费比较重，母亲为了供三个孩子读书，勤扒苦做，一年忙到头，一天忙到晚，农闲了还要到附近的农场去卖工，还是没有多少结余，也很少有时间坐下来好好做一顿饭。虽然"一锅煮"次数少了，"二合一"多了，但饭菜的质量总的感觉还只是能填饱肚子。"喜欢吃就多吃点，不喜欢吃就少吃点。"这是母亲面对我们撅起的嘴巴常爱说的一句话。

但那时一个明显的变化就是菜里的油水多了。大集体时，油是定量供应，我们五口之家，一年顶多也就是十几斤油，而且是棉油，老远就能闻出一种浓烈的味道。母亲每次做菜，握油勺的手掂量了又掂量，通常是"打湿锅"。实行承包责任制后，母亲可根据需要备足食用的油，主要是双低油菜油、花生油，逢年过节还可砍点肉，熬点猪油。有时是嫂子做菜，母亲就叮嘱"多放点油。"

在我看来，那时母亲做的最好的一道菜，应是菜叶汤。翡翠色的大白菜，母亲洗净后，掐掉杆子，整个的一大片叶子，一刀不切，往开水锅里打几个滚，就捞起来，再放几勺熟油，特别的肥硕、柔和、爽口，我一顿要吃一大盘。到现在妹妹都说是母亲用大白菜叶把我养胖的。

那时，我正在县城读高中，每次放月假回家，母亲看见我日渐消瘦的脸庞和凸起的喉结，心痛得不得了。但又没有多余的钱改善伙食，只是在做菜时多熬点菜油,放在我的碗底,上面再盖上饭,怕哥哥、妹妹看见。这在当时已是很高的待遇了,往往吃到后面,不是吃饭,而是喝油了,喝得我眼泪哗哗地,不敢正视哥哥、妹妹的眼睛。要返校了,母亲把我送出村头,总忘不了叮咛:"在学校,别心疼钱,每餐要吃饱,多吃油条、油饼等油类食物……"

大学毕业后,我先是当教师,后在教育行政管理部门工作,生活水平逐步提高了,身体也逐渐发福。每次回家省亲,母亲望着我日渐崛起的腹部,不无担心地说:"细伢啊,以后在外面吃饭,尽量少吃点油类食物,多吃点蔬菜。这人一发胖呀,毛病就会多。"于是,我总央求母亲弄点青菜我吃。可奇怪的是,同样的大白菜,同样是母亲做的,而且还加了一些鸡汁之类调料,用的是猪油,可我怎么也吃不出当年那种味道,也没有当年那种强烈的食欲。母亲见我这样,就说:"我还是给你煮几个荷包蛋吧。"我连忙说:"鸡蛋蛋白质高,更吃不得。"母亲见不能为儿子做点好吃的,很是失望,"这官没当多大,口味倒是越来越高了。"

母亲偶尔也来城里,在我这儿小住一两天。每次来,都带些四时鲜蔬,特别是土鸡蛋,说这是真正的绿色食品,我们城里人随便是吃不到的。在我这里,母亲从不亲自炒菜,总是干些择菜、洗菜的杂活,配合妻子炒菜,说自己的手艺差,怕做的菜不合城里人的口味。每次吃饭,从不上桌,总是拿双公筷夹点菜在一边吃,说是怕自己年纪大了,有什么毛病会影响孩子们。我说跟自己儿子一起吃饭,还有什么讲究的,让外人知道了说我不孝顺。可她就是固执己见,说多了,就要回家。久而久之也就成习惯了,每次母亲来,妻子就单独准备一副碗筷。

这些年农村实行税费改革和一系列惠农政策,哥哥一家种了近二十亩田地,不仅不交一分钱,还有各种补贴,家里收入有了保障,生活水平也逐步提高,母亲做菜也就有点讲究了,什么油淋茄子、清炒苦瓜、瘦肉缸豆(即豆角)、丝瓜蛋汤、酸辣泡菜,总有三四个菜,精致琳琅,用的都是植物油。每逢来客或过节,母亲总叮嘱哥哥上镇上剁点肉、买点鱼,改善改善伙食。母亲常说:"历朝历代没有这么好的政策,咱老百姓过日子也得讲点花样了,要尽量吃好。"

今年暑期,哥哥的儿子、女儿同时考上大学,要举办喜宴。母亲就建议:"我上次上街听说,现在很多地方时兴请城里厨师来做席,既省事,又体面,我们不妨试试?"结果镇上两位厨师开来两辆三轮车,不仅带来了宴席的菜和炊具,还雇了两位中年妇女做服务员。300 元一桌,从洗菜、切菜、做菜、上菜,到最后收拾餐桌,全是他们承包了。12 桌宴席,他们四人从容镇定、有条不紊地一上午就搞定,12 点钟准时开席,客人们看电视、打牌、聊天,只等吃饭。大家都说:这城里专业厨师就是不一样,又丰盛,又实惠,味道好极了!

从"一锅煮"到"有点花样",从"吃饱了就行"到"尽量吃好",从自己做到请人做,母亲饮食观念的变化,实际上是实行改革开放所带来的物质和文化生活的变化,是党的反哺政策给农民带来的实惠,是与时俱进。

(2009 年 9 月)

94. 骑着单车上名校

女儿自进入武汉水果湖高中学习后，自行车就成了我们的主要交通工具，有许多美妙的享受，也有安全隐患的苦恼，更有对美好前景的向往。

说实话，骑自行车上下学（班），实在是一种无奈的选择。我的住处在南湖，洪山区；女儿学校和我上班的地方在水果湖，武昌区。跨越两湖两区，彼此间隔十多里。买小车，条件不成熟；打的士，成本太高；坐公汽，太费时间。在武汉这个城市交通环境还不十分理想、经常堵车的情况下，有时骑自行车比坐公汽和打的还要方便、快捷些，抬脚就可以走。

从水果湖经中南路，过付家坡，到南湖花园，每次骑车，一般得 30 分钟，就是快点至少也得 25 分钟。所经路段大都是武昌区繁华中心城区，交通特别繁忙，车流量、人流量特别大。特别是中南路正在修地铁，交通十分拥挤，有时几乎贴着公汽行驶，没有一定的骑车技艺和应变能力是不行的。

在这里骑车得保持高度警惕，注意力高度集中，时刻左顾右盼，随时避让车辆和行人，稍不留神，会从侧面冒出一辆车，或自行车蹭到行人的脚跟。好在女儿自上小学二年级就开始练骑自行车，三年级后就很熟练地出行，读初一时曾一人单骑跑了 30 多里到外婆家。在武汉骑车适应了两三天就从容自如了。

我和女儿的口号是"每天骑车一小时，健康轻松上名校"。说真的，每天骑两趟自行车，每趟半个小时，活动筋骨，呼吸新鲜空气，感觉就是舒畅。女儿的学校高三年级学生没有早操、课间操，也不上体育课，搞个升旗仪式还是在教室里站一会儿，活动时间严重不足。这一骑车，正好是一种锻炼。女儿说，每天骑车后，感觉特别爽，精神特别好。有两次，因为下雨，打的士到学校，浓烈的汽油味、浑浊的空气，让女儿感觉很不舒服，一下车偏偏又踩进一水洼，把鞋袜都浸湿了，很是晦气，女儿一到教室就伏在课桌上，说是头晕得很。此后就是下雨，她也坚决要求骑车。我呢，正好减肥,朋友见到我,都说我瘦了许多。

古语云:富人有富人的潇洒,穷人有穷人的乐子,各有各的活法。伴随着自行车流畅的旋转曲线,感受着霓虹灯扑朔迷离的光芒,放眼打量眼前掠过的一路风物,也是一种美的享受。但毕竟风险无时不在,好几次我和女儿差点撞上车,幸亏有惊无险。每次骑车我的心是悬着的,生怕这关键时刻有任何闪失。每次只要一到家,我就长长舒了口气,庆幸又平安回家了。

天道酬勤,只要女儿保持现在这种态势,我坚信靠两个轮子照样可以挤进名校的大门!

(2009 年 12 月)

95. 天道酬勤

自 2010 年 8 月 29 日把女儿送进中国传媒大学后,女儿的高中时代算是划上了一个圆满的句号,我们一家"备战高考的战略任务"算是圆满地完成了。

女儿能如愿以偿地走进中国传媒大学,在我们家族发展史上具有划时代的重要意义,是一座里程碑。

女儿的成功再次证明:天道必酬勤,付出终有报;任何时候都不要轻言放弃,谁笑到最后谁笑得最好。

女儿的成功更证明:把女儿由武穴转到武汉是英明正确的,这是我一生中所做出的最英明最正确的决策。

最英明的决策

把女儿从武穴转到武汉,这是女儿自进入高中时我就有的想法。但那只是一个设想,我并没有多大的决心和勇气去付诸实践。

转到武汉的理由只有一个,可享受共建生的待遇,高考多一次录取一本的机会。教育部在武汉办了八所高校,凡户口和学籍都在武汉的考生,高考成绩只要达到一本线的,可填报这八所高校,从高分到低分录取。由于很多武汉市考生想"远走高飞",近年来每年确定的共建生指标,大都没有录满。

武昌区实验小学一领导可以说是共建生的受益者。他儿子从武穴转到武汉,2009 年高考考了 558 分(理科),一本第一志愿填的是西南交通大学,掉档了,第二志愿被华中科技大学录取,走的就是共建生的道路。

受他的启发,我萌发了把女儿转到武汉的念头。为了让女儿拥有共建生的资格,我创造条件把女儿的户口转到武汉,并反复研究共建生政策,作好充分准备。

我几次与妻子谈及此事,妻子都顾虑重重,不肯松口。她说,武汉市的教学质量不一定抵得上武穴,很多武汉的家长把孩子送到武穴来读;更主要的是,女儿已上高三了,万一到武汉不适应,那不是害了她一生吗?

一次偶然的机会,我与湖北省教育厅一领导谈及此事。他是个热心快肠的人,连忙从省招办到水果湖高中,一个电话接一个电话的追打,硬是全面摸清了政策,获得了水果湖高中的接纳。

我很快回到武穴,找到一中的校长,被婉然拒绝。拒绝的理由很简单,"把你女儿放走了,学校就浪费了一名上大学的指标,班主任找我要人,怎么交代?"并且说是看在我曾经帮了学校的份上,不然他根本不与我谈这事。

我当时觉得校长不太通情达理,为了子女的前途怎么不能网开一面呢?"从大的方面讲,不都是为国家培养人才吗?"我脱口而出。"那是你站的层次高,境界高。"结果双方闹得不愉快。

后来我跟水果湖高中的校领导谈及此事,他说:"这就是潜规则。在我们学校成绩差的学生转学勉强还可以;成绩好的学生,根本转不了。"现在想起来,在升学竞争日益激烈的今天,一个校长想办法留住优生,是值得理解的。

但箭在弦上,不得不发。我与武穴教育局的诸多领导谈及此事,他们都很支持,并且出了不少注意。经教育局领导做工作,一中校领导班子专题研究,最后才形成决议,同意将我女儿转出。

学校是同意了,可妻子还是想不通。她提议将女儿学籍转到武汉,人仍然在武穴读,高考时到武汉参加考试。这当然是两全其美了,可一中的校领导坚决不同意,"已不是学校的学生了,让老师怎么教?"

一些同事和朋友也为我捏了一把汗,大都认为这是关键时刻,把女儿转到武汉很不合适,很不明智。

关键时女儿起了作用。她说,现在各学校新课都已上完,正进入第一轮总复习阶段,不会受到很大影响,她会好好学习,不让我们失望的。

狠狠心,咬咬牙,我将女儿学籍转到了水果湖高中。2009年11月15日(星期天),女儿刚上完武穴中学上午最后一节课,就乘车直奔武汉,不敢有片刻的停留。到武汉时,天空已飘起了雪花,与《诗经》中那句经典名句"昔我往矣,杨柳依依;今我来思,雨雪霏霏"的意境正好相反。

夜里下了一场大雪。早上起来,除了水泥路外,草坪上、路边还堆着余雪。女儿说,瑞雪兆丰年,这是一个好兆头,好的开端。我说但愿苍天垂顾。我们 6 点出发,7 点前就到了水果湖高中。因为事先没有同班主任见面,我又打的到单位找电话号码,联系上水果湖高中后勤处邵主任,他说直接找高三年级的徐主任。女儿对新环境有点陌生和胆怯,一直跟着我,寸步不愿离开。

在高三年级办公室好不容易找到徐主任,他又说要同班主任邱老师见面,没有她的允许,不能进教室。可是电话联系了几次,都没有联系上。看着别的孩子在教室里认真学习,我是心急如焚;女儿更是忐忑不安。高三总复习,那时间可比钻石还贵啊,谁耽误得起?好在徐主任,也就是女儿班上的数学教师,为人很厚道、爽直,他让女儿先进了教室。后来,我终于见到了邱老师,一个很有气质的中年妇女,很和气,普通话很标准。简单地谈了几句,就到教室跟我女儿说了一些宽慰的话,告诉一些基本常识。女儿进了教室,我悬着的心总算放了下来。

晚上,女儿带回了高考报名表,真是来得及时。也幸亏转过来了,不然,像这些工作,我根本就无法知道,得求多少人。一来就赶上报考,苍天有眼,冥冥中一定有神相助!

第三天上午,我与邱老师谈了一些我女儿的学习情况,咨询了有关信息,了解了一些教辅资料、办饭卡、校服等方面的要求。邱老师反复强调,这些生活上的小事,让孩子自己去办好了,家长不要包办代替,让孩子多锻炼。可我哪放心,一离开邱老师办公室,就去学校代销店,为女儿办了一张食堂卡,并充了值。

下午到教学楼五楼,为女儿买了冬天、夏天的校服,冬天、夏天各一套,裤子两条。没想到,在水果湖高中,学生一年四季都是穿校服,家里根本不需要买衣服。走在大街上,一看那白里带蓝的衣服,就知是水果湖高中的学生。也没有想到,在水果湖高中,专门开了校服公司和超市,一年四季营业,学生需要什么校服,由家长或学生自己上门自愿购买,根本用不着老师去宣传发动和收钱。社会化运作,市场化经营,学校也用不着承担名声和风险,很值得推广。

随后两天,为给女儿买教辅,我跑了几家大型书店,可就是没有女儿开出单子上的教辅资料。我十分焦急,女儿从武穴转过来,教学进度、教辅资料都不一样,没有与课堂同步复习的教辅资料,那对女儿的学习会产生多大的负面影响啊!现在是关键时候,来不得半点闪失。女儿向我透露了一条信息,说是数学老师告诉她学校附近的一家小书店有售。我连忙跑过去,一问,说是没有现成的,要预订。我毫不犹豫地预付了100元钱,此时就是要几千、几万都得出呀。女店主说不需要这么多,50元就够了。

至于住房,刚开始我们住在南湖,每天来回打的、骑车,很是辛苦。后来,省教育厅帮我们租了一套房,比较宽敞,有暖气,打开窗户就可看到水果湖高中运动场。就是打着灯笼也找不到这样的好环境,真是贵人相助!

一切总算步入正轨。看着女儿穿着崭新的校服,背着新买的教辅资料去上学,我心情万分舒畅,憧憬着美好的未来。女儿已是名正言顺的武汉市学生了,一幅壮丽的人生画卷正在女儿面前徐徐铺开!

朱妈妈

女儿自进入高三,我们家就进入了一级战备状态,全力陪女儿走过这段激情燃烧的岁月成为我们全家的战略重点。女儿进入水果湖高中后,我就开始了为期半年的陪读生涯,成了女儿的高级保姆,成了同事们眼中的"朱妈妈",不仅要当爹,还要当妈。

我的生活节奏陡然紧张起来,整天像打仗似的。早上5点多钟起床,洗漱完毕,叫醒女儿。再抓紧烧开水,帮女儿洗杯子,冲咖啡,再赶紧做早点。刚吃完早餐,我赶紧准备要带的东西,把女儿的鞋子准备好,然后与女儿一道骑自行车到学校。路上我在前头导航,为女儿扫清障碍,选择最佳路线,并时刻提醒女儿注意安全。上午上班到11点,就开始为女儿忙中餐,一般是在机关食堂打饭,再用火锅在办公室偷偷煮个鸡蛋或热点肉菜,自己先草草吃完,12:10前准时送到女儿学校。下午5点左右准备晚餐,一般是在家里做,有时工作忙,就在机关食堂炒个肉菜送过去。每顿肉类我很少动筷子,基本上给女儿吃,第一餐没吃完留第二餐吃。

有一段时间,想女儿吃点汤菜,就等她晚上8:40放学后,接她回家,她读书,我赶紧煮饭做菜。吃完后,我先把女儿洗澡水放好,去洗碗。洗完碗并把厨房卫生做好了,就开始洗衣服。所有完成了,已是11点多,就看看书,有时帮女儿抄抄资料。实在是困得不行了,就在房里走动走动。因为女儿还在做作业,她没有睡我是不能睡的。女儿很懂事,总是说:爸爸,您先睡吧,我做完这道题就睡觉。

那段时间,简直是吃了上顿愁下顿,不是没有钱买,是不知买什么,如何做。好在工作应酬多,每当别人请客,我就毫不客气地带个保温筒去,带点好菜给女儿吃。为了女儿的前途,我也顾不上什么尊严和脸面,首先跟主人声明要给我女儿单独做两个菜。同事们也都非常理解和体贴,一有进餐机会都条件反射地为我女儿点一两个菜;餐桌上剩下好吃的、可吃的,都为我打包。

一次在武昌房陵人家吃完饭,向诗红、吕小红两位同事看剁椒鱼头没有动什么就专门让我打包。两人耐心地将鱼刺挑掉,把鱼肉和汤包好,还特地叫了一份粉条肉包,像是妈妈那样细致、慈祥,我非常受感动。

拿回来后,女儿感觉非常好吃,就给自己定了一个激励机制:考试总分 530 分以上的,奖励一份剁椒鱼头;总分 540 分以上的,奖励两份剁椒鱼头;总分 550 分以上的,奖励三份剁椒鱼头;以此类推……并做成图案形式贴在房门上,以此激励自己。我说只要你高考考得好,别说是几份,就是十份、百份都没有问题。高考分数揭晓,女儿考了 559 分,按照"契约",得给女儿买三份剁椒鱼头,可女儿比较懂事,并没有刻意追究,我因没有再到房陵人家"蹭饭",专门去买一份又不合适,也就没有兑现承诺。

由于在家里妻子包办代替的家务太多,我的厨艺一直没有多大长进,偶尔做一两次饭,妻子也是"打击"得多。不在家时基本上是吃食堂和蹭饭,顶多也就是煮煮面条。现在突然要承担女儿的饮食起居这么"伟大"的任务,实在难为了我。我也不注意什么营养搭配,以吃饱为原则,什么鸡、鹅、鱼、鸭,尽可能买成熟品,稍作加工就行。女儿喜欢吃牛肉,什么回锅牛肉、笋子炒牛肉、杭椒牛柳,我是经常买,经常从餐馆、酒店里带。女儿也许是太辛苦了,食欲也好,每顿吃得多;有时一只熟鸡,没一会就吃光了。加上一天到晚坐得多,没运动,难消化,女儿高三不但没有瘦,相反胖了。每次妻子来汉探视,都说女儿又胖了。高考结束,女儿回到武穴,她的好朋友宋瑞、吴佳梅,一个拍她的肚子,一个揪她的脸蛋,连声感叹"胖了! 胖了!"气得女儿一天没有吃饭,随后整个暑期开展了艰苦卓绝的减肥运动。好在她个头高,并不显胖。

当然仅解决吃的问题是不够的,得提供全程、全方位的服务。一天早上因为女儿车坏了,我们打的去学校,可一下车女儿就说头好晕,一不小心,同我一起踩进了水洼里,鞋和袜子都浸湿了,一到教室就说不舒服,伏在课桌上休息,我要走了,她连招呼都不想打。我一着急,只好又坐公汽回家里拿鞋子和袜子,再骑车冒着风雨送到教室。不久,她发短信,说班主任要求中午必须穿校服裤子,我连忙骑车回南湖拿。从水果湖到南湖,十几里,30分钟,我一天往返6趟,光花在自行车上的时间就是3个小时。

为了给女儿营造一个好的学习环境,让她保持一个愉快的心情,很多时候我得"看女儿脸色行事"。女儿自进入高三,因为心理的负担和压力大,脾气变得越来越急性和浮躁,遇到一点不顺心的事,就容易冲动和发脾气,有时还哭。刚到水果湖高中不久,她作文没有做好,感觉写得很痛苦。我送午饭时,她说:"爸爸,我现在感觉挺沮丧,写不出东西;我看主要原因是好久没有看课外书,原来积累的一点老本基本上啃光了。"并因为"心情不好",午饭没有吃一点。没办法,我只得同她一起到学校附近的小书店买了一本《读者》和《青年文摘》。

有时,我真不知道如何侍候女儿。女儿自进入水果湖高中,几次月考成绩都不理想,脾气越来越坏,动不动就使性子,不理睬我。有几次,我见她晚上学习到一点多钟,走路歪歪斜斜,像是要倒似的,早上6点钟才叫她起床。有时5:30叫她起床,明明看见她已起来,可一倒头又睡了,就拖到6点。她非常不高兴,说"离我远点,跟你这样的爸爸在一起没有前途""你这个爸爸真不会办事,别影响我情绪"。有时我把饭菜都准备好了,她却泡了一包方便面,饭菜一口也没有吃。有时我准备好饭菜,她头也不回就走了,我跟到教室,她不理我。

一天早上,我5:20准时起床,看看女儿的房间,灯已亮了,原以为她起来了,没想到上身的被子掀开了,人却歪在床上,睡意正浓。我想,女儿昨晚12点多才睡,很辛苦,就让她多睡会儿吧。到了5:50,我决定叫醒女儿,让她起来读读书,她说实在困,还想眯一会儿。我说好吧,6点起床。到了6点,女儿起床了,洗漱完就清理东西要走。我说吃完早餐再走吧。女儿嘟噜着:这么晚叫我起来,还过什么早。说完背起书包就走。没办法,我赶紧放下锅盖跟了过去。一路上,女儿很不高兴,懒得跟我说话。我见她背着一个大书包挺累,就主动接过来背起。没想到书包挺沉,估计至少十来斤,像个炸药包似的。时间一长,背上热气腾腾的,像贴个火盘。等到了学校卸下书包,背上又冷飕飕的,像挂个凉水袋。因为女儿没有吃早餐,我只得赶紧到单位食堂买了一份热干面,又冲了一杯牛奶,把政治笔记复印了,送到女儿班上。女儿正在上课,我就在老师办公室等,直到她下课了,把东西交到她手上,这早上的服务才算完成。

不知为什么,有一段时间我老是丢三落四的,不是这个东西忘记拿,就是那件事忘记办。一天早上送女儿到学校,自行车钥匙忘记给女儿,中午送饭时,勺子忘记给。幸亏女儿自称"智商高",自己到学校食堂拿双筷子吃饭。人老是打不起精神,特别想睡觉。早上一上班,就坐在位置上睡着了,中午吃完饭往床上一倒就睡着了。晚上想看一会儿书,没两分钟,书掉到地下,灯没有关,人就睡着了。好几次,女儿在做作业,我拿起一本书看,说是陪女儿,可没有一会就发出了鼾声。以至女儿老是批评我:"爸爸,你现在还只有40岁,人生的道路还只走了一半不到,就这么颓废,怎么行呢?""你应该继续拿出你当年的刻苦精神和吃苦劲头,拼搏一把,干出一点名堂,而不是得过且过。当然,我现在不是把你当爸爸,而是当朋友才说这番话的。"为了在女儿面前树立光辉榜样,我只得强打精神,多看点书,多看点新闻,然后讲给她听。

有时我真情愿自己参加一场高考,不愿陪考。但是没办法,为了给女儿营造一个好的学习环境,让她保持一份愉快的学习心情,我只得尽量克制自己,尽量不生气,不发脾气,不说泄气的话,看女儿脸色行事,给女儿好感觉,她高兴,我就高兴,她痛苦我就难受。

当然跟女儿在一起,也有许多乐趣和温馨。早上骑自行车,天起了大雾,湿淋淋的。女儿见我敞着衣服,光着头,就说:"爸——爸,把羽绒服扣上,不要感冒了。"并坚持要把她的帽子给我戴。在路上,遇到险情,女儿总是提醒我:"爸——爸,注意有车过来。"有时,她骑在前面,不见我,就等我一会,一起走。吃饭时,有什么好吃的,我尽量让女儿吃。可女儿总是说:"爸——爸,你也吃点。把身体累坏了,没有人照顾我。"有时,她干脆说:"我不喜欢吃这个菜。"或者说:"我已吃饱了。"晚上,我上床看书,不一会就睡着了,总是她帮助关灯、盖被子。早上,有时我睡过头了,女儿先起来,把准备工作做好了,再叫我。女儿真是长大了,懂事多了。

节假日,妻子和儿子从武穴过来,这是我们一家人十分温馨的时刻。女儿晚上放学一回家,儿子就站在门口迎接,见到姐姐热情地拥抱,女儿抱起儿子转了几圈,把自己的脸贴近弟弟的脸摩挲起来。说实话,女儿离开武穴没两天,就十分地想念弟弟,每次回家,就说"不知弟弟睡了没有。"我说:"是不是想弟弟了? 要不给弟弟打个电话?""哼,我想他,才不呢。这个小没良心的,我走的那天,他哭都不哭一声,这么几天也不给我打个电话。""那天弟弟是不是不知道你要到武汉读书?""怎么不知道,妈妈早就跟她讲了。我走的那天,我跟他说,姐姐要到武汉读书了,你在家要好好听妈妈的话,他竟然轻描淡写地朝我挥挥手,说姐姐再见,一点感情都没有。""你是做姐姐的,主动给他打电话呀?"可是,一打电话,儿子一般在外面玩,没时间同她说话。女儿又埋怨:"这个小没良心的,不愿同姐姐说话。"

女儿自进入高中后,随着年龄的增长,对弟弟越来越喜爱了,一有时间就逗弟弟玩。弟弟年龄小她7岁,总是欺负她,抢她的零食吃,她实在没办法了,就喊"妈,你看朱敬知,抢我东西。"妻子看也不看,只是叫了一声"朱——敬——知",儿子才乖一点。女儿每天放学晚,放下书包第一件事,就是到弟弟房间,摸摸弟弟红扑扑的小脸蛋,帮弟弟盖上蹬掉的被子。女儿总是说:"我还没有发现,有比我弟弟长得更好看的小男孩了,我班上没一个男生有他长得帅"。一谈起弟弟的作业负担重,女儿就愤愤不平,说:"我们现行的教育方式简直是摧残儿童的身心健康,作业那么多,孩子的天性和灵性都被扼杀了。我考上大学后,弟弟就交给我,我保证把他培养好。"

在当今社会,如果说有一件事情能持续引起全民关注的热情,那就是高考了。尽管社会上对"千军万马挤独木桥"有许多质疑和非议,但目前尚未发现一种比高考更科学、更公正的选拔人才方式。那我们就必须正确面对,经受煎熬。在陪女儿高考的日子里,我就这样忙碌而辛苦,幸福而快乐,彷徨而期待。

达·芬奇睡眠法

"用黄冈的精神对待武汉的学习",这是女儿贴在书架上的座右铭;"北京大学,加油!"这是女儿置于手机屏幕上的奋斗目标。在女儿的房间,贴满了诸于"只要你愿飞,那堵墙总比你低""机会只钟爱有准备的头脑"之类激励性文章。

女儿每天的学习都很紧张、充实而又辛苦。每天早上5:20,女儿的手机铃声就响了,一般女儿会立即起床,偶尔因晚上学习太晚实在困得很,就小眯一会,适应一下,但最迟6点必起床。在武穴中学,女儿总是早上第一个到教室。在武汉,根据水果湖高中的作息时间,一般是稍洗漱一下,就开始按自己计划,进行早读。等我早餐作好了,也就是6:20左右,女儿开始吃早餐,边吃饭眼睛还盯着书。6:30左右,我和女儿骑自行车开始出发到学校。一路上,车流量稍少的路段,女儿就背诵、复习早上所读的内容。

中午我送饭的时候,女儿与我谈的还是学习方面的事。刚吃完,我怕她一天坐到晚,不利于消化,劝她走动一下,她总是说没有时间,还有好多作业要做,把我送到校门口,就进教室做作业。实在要睡了,就伏在课桌上休息20——30分钟。晚上放学,女儿都要背很多书回家做,像是一个炸药包,又像是一个热水袋,弄得背上汗津津的。骑自行车回家的路上女儿跟我谈今天的学习内容和教师讲课的特点。一回到家,放下书包,女儿就开始读书。就是书房到厕所,四五米距离也是小步快跑。她说学校安排学生读书的时间太少了,文科学生不多读怎么行呢。等我饭菜做好了,女儿一吃完晚餐就赶紧洗澡,洗完澡开始做作业,直到深夜12点钟。

后来,省教育厅为我们在水果湖高中附近租了一套房,打开窗户可以望见女儿的教室。从此,女儿每天总是第一个到教室,最后一个离开教室。大部分时间,早上到学校,学校的大门还没有开,我要帮助叫醒看门的师傅。每天晚上8:40学校就下自习了,女儿要坚持学习到10:30或11:00。回到家吃点东西,又开始学习到12:00。

这样高强度、快节奏、重负荷的学习,女儿是天天如此,循环往复。就是星期天或节假日,好不容易可以休息一下,女儿在家也是按照平时在学校的作息时间,认真学习。实在累了,就伏在桌子上休息半个小时,一般不超过1小时。我说,在家里条件好点,就在床上安安心心、舒舒服服地躺一会吧。她说,怕床上太舒适了,起不来,学习计划和任务完不成。女儿自进入高三,特别是到水果湖高中后,每天都要列一个学习计划,写在一个本子上,怕忘记了,就用一根绳子系在书包的带子上。重要的内容如英语完形填空单词就汇总在一张纸上,贴在房门背面,随时记忆。到了高考前两三个月,每逢节假日,女儿干脆到教室里学习,说这样氛围和效果更好些。

应该说女儿的学习态度是认真的,刻苦的,但在水果湖高中几次大型考试并不理想。第一次月考,考了532分,班上第6名,年级11名,我们都认为她是刚来不适应,老师们也认可她的实力,当作重点对象培养。第二次武昌区调研考试,只考了533分,在班上排11名,在年级排20多名,倒退了许多。我在电话里告诉妻子,妻子气得把电话都甩坏了。第三次武汉市统考,总分只有499分,我大吃一惊,几乎没有勇气告诉妻子。在妻子再三逼问下,就虚报了40分,说是539分。我怕家里又要换电话,或添置什么其他设备。报喜不报忧，"把所有的烦恼都自己扛"，这是我一向的"忽悠"策略。

好在女儿心态还可以，意志也比较坚强，每次考试结果揭晓，尽管很失落，但总是看自己的优势面、进步面、闪光点，比如历史或地理考了第一名啦，数学差点满分啦，英语超过了 120 分啦，语文作文被老师当成范文在班上念啦，总是把这些局部的胜利告诉我，激励自己前行，并坚持自己一定会考得好，一定会比我的侄儿、侄女强。我的侄儿、侄女于 2009 年同期考入大学，我常常把他们作为典型教训她，她很是不以为然，坚信自己一定会超过他们。

面对女儿时好时歹的考试成绩，其实最着急、最痛苦的还是我。但我在女儿面前又不敢流露出来，还要强装笑颜，多说一些鼓励性的话。我深知士气只可鼓，不可泄，关键时候一句话可能使人振作，也可能使人消沉。尽管女儿每次考试的成绩不理想，但每次都在武昌区预测的有效线内，属于一本线对象。我看了女儿做的数学试卷，非常整洁、工整，条理非常清晰，解题的思路也很对，就是爱犯一些低级性的错误，比如符号写错了，计算错了等。只要题目不难，细心点，有充足的时间去检查，就应该没有问题。女儿的一篇贴在教室后面黑板上的作文，我认真看了几遍，觉得非常不错，应该是高考应试作文的典范。不但书写流畅，字迹工整，通篇没有一个墨点；而且观点鲜明，论证充分，首尾呼应，一气呵成。从结构上看，开篇明旨，结束点题，自然分段，每段都有分论点，浑然一体。我把这些都分析给她听，告诉她，你的基本功已相当扎实，只要稳扎稳打，考上一本应该没有问题，这也是我和妈妈的基本要求。

越到后面，女儿的学习劲头越足，越刻苦。她在尝试达·芬奇睡眠法。简单地说，就是每天每间隔 4 小时睡 15 分钟。自进入高三以来，女儿每天晚上都是十一二点睡觉，早上五点钟起床。自从发现了什么达·芬奇睡眠法后，每天晚上转钟二三点还偷偷起床学习一两个小时。有时看她走路都不稳，像要倒似的，我就建议她还是再睡一会吧。可她坚决说："我是达·芬奇，我能行。"硬是强行起床，喝一杯咖啡，就上学了。有时，她实在要睡了，就说："爸爸，快用湿毛巾把我脸擦一下，让我清醒一下。"我连忙去把毛巾打湿让她擦一下，女儿拂拂头发，还是坚强地走了。这就是女儿可贵之处，身上有一股劲，有一种精神。人任何时候，只要有这种精神，有这股劲头，就不怕艰难险阻，就有希望。

好几次,我遇到女儿同学,赞扬之词蛮多,都说她是班上最勤奋的。每次晚自习十点半左右,我去接女儿,教室的窗户和前后门都关了,我喊一声女儿的名字,她连忙来开门,又连忙回到座位上学习。有几次,教室的前门没有拴,我一眼瞥见女儿在伏案疾书。在女儿的带动下,班上先后有三名同学承诺陪她学习到十点半,但都没有坚持下去。有一次我碰到一个姓王的女生,星期天和女儿一起在教室学习,我请她和我女儿一起吃饭,并开玩笑地说,只要她每天肯陪我女儿学习,我给她发工资。但她还是没有坚持下去。有一个姓汤的同学,女儿自进入这个班,她就主动要求与女儿同桌,后来有好长一段时间都是晚上跟女儿学习到十点半。功夫不负有心人,汤最后考取了一所比较好的大学,比父母和老师预料的要好多了。

女儿每天晚上都是背一大包书回家,首先就是看记事本,检查一天的任务完成了没有,还有哪些遗漏,马上又开始学习。我见女儿学习辛苦,不免给她送点水果之类,有时强迫她吃点东西。其实她很累想吃点食品,可吃完后又觉得太耽误时间,又埋怨我不该有这么多名堂。后来她干脆写了一张告示贴在房门上:"本人学习期间,谢绝朱爱国的一切水果、牛奶。"有好几次我埋怨女儿不该背这么多书回来,又没有时间学那么多,白白累一次;很多时候女儿实在累得不行,一回家放下书包倒头就睡,一觉睡到第二天,书包的东西根本没有动过。可她坚持背回家,说是不放心,怕想起功课查找起来不方便。

锲而不舍,持之以恒,任何时候绝不轻言放弃,就是女儿的学习品质,也是女儿成功的秘诀。

6月25日,高考成绩发布的日子,几多欢喜几多愁。

头天晚上我一直在办公室等到12点多,没有看到网上信息。早上一起床,打开手机,就收到教育考试院聂丽萍发来的短信,说是女儿考了559分。我一看与女儿估计的570分还差,也就不怎么高兴,当然也不悲伤,毕竟一本没有问题。为了确信,我顾不上吃饭,就赶到办公室一查,果然女儿考了559分,其中语文122分、数学138分、英语131分、文综168分,前三科应该是不错的,只是文综太低了。我把消息告诉了妻子,妻子欢喜得不得了,在电话里我听出她情绪激动,语无伦次。

再后来,通过打听得知,女儿在她班上和学校都是排名第二,这是女儿自进入水果湖高中高三(16)班以来考得最好的成绩和名次。我还得知,武穴中学文科最高 573 分、第二名 564 分,女儿排三四名应该没问题。与我女儿玩得非常要好的几位同学从小学到高中,一直是她们遥遥领先,没想到,这最后一考,女儿冲上前了。

从表面上看,这是女儿高考时的超常发挥。但"冰冻三尺,非一日之寒",超常发挥是建立在扎实的基本功基础上的,女儿的超常发挥源于她不达目的不罢休,不到最后绝不松劲的钉子精神和拼命干劲。

阿弥陀佛保佑你

6 月 7 日,是一个特殊的日子。女儿参加高考,女儿的人生转折点将从这里起步。

为了方便女儿高考,我特地在女儿所在的考点东湖中学附近找了一家宾馆。6 月 6 日一吃完晚饭,我们一家就住了进去。

也许是老天考验人,这一晚比较闷热,我心烦意乱,一直没有睡着。借着窗边的路灯,我眼睁睁地看着女儿翻来覆去的。女儿每一次、每一个动作,我都看得清清楚楚,但只能干着急,不敢询问,怕一问,她就睡不着。女儿每翻一次身,我的心就紧缩一下。

我想,这下完了,女儿肯定是紧张,睡不着。这头天晚上休息不好,肯定影响第二天的考场发挥。我自己当年高考,就是因为一位同学钻进我的蚊帐,把蚊子放进去了,弄得一夜没有睡好,第二天本是优势的历史、政治学科没有考好。

或许是天气有点闷热?我连忙把空调打开,可开了没多长时间,我又怕把女儿弄感冒了,得不偿失,于是又关上。隔了不久,见有点热了,我又打开空调。就这样很是反复了几次,不知如何是好。

有一次,我实在忍不住了,轻轻地点着脚尖来到女儿床边,轻轻地问:"妹(我们武穴那儿,父母对孩子爱称为弟、妹,实际上是把孩子当朋友看待)!睡着了吗?"女儿并没有回答我。我侧耳一听,女儿似乎有点鼾声,只好屏声静气地回到床上。妻子似乎白天累了,睡得很"香"。

我仰卧在床上,双手合十,默默祈祷:"老天爷,保佑我女儿睡个好觉!"这头一场考试,无论是从分数、心理来说,可都是关键。

第二天早上五点,窗棂上露出一缕晨光。看女儿睡得很恬静,我就叫醒妻子。两人轻声细息地走出房间,轻轻地带上房门,好让女儿安安静静地睡上一觉。因为时间尚早,街上还没有公汽,我和妻子一直步行到省博物馆,我才返转身。路上妻子告诉我,她实际上也没有睡着,朦朦胧胧的,我每次起床她都知道,女儿每次翻身也知道。但她不敢做声,怕影响我们。可怜天下父母心,原来如此!

早上女儿一起床,我就问她昨晚睡得怎么样,她轻描淡写地说:"很好呀,我睡得很香呀。""那怎么看见你老是翻身呢?"我不知道她真是睡得香,还是安慰我,就问了一句。"你当了我十多年爸爸,还不知道我睡觉爱翻身呀,我每次睡觉都是这个样。"老天爷,怎么会是这样,可能是我神经过敏吧。看女儿那精神还不是很疲倦,我也就放心了。

约莫 8 点,我让女儿喝了两杯浓咖啡,就送她到东湖中学。女儿自进入高三,咖啡和牛奶就没有断过。早上上课前喝一杯浓咖啡,提神;晚上睡觉前喝一杯热牛奶,助睡眠。牛奶还好,咖啡喝多了,对肠胃非常不好。但为了学习,女儿咬着牙喝,每天最少三杯,每杯一袋,放少量水。女儿说如果没有咖啡作支撑,她会倒的。有几次,女儿学习到凌晨一两点,实在太累了,虽然喝了咖啡,早上到教室还是"光荣地倒下了"。女儿常说,中国的高考制度把学生身体都搞残废了,为了高考,喝咖啡都把自己身体喝坏了,女儿发誓,高考一结束,永远也不沾咖啡。

看着女儿平静地消失在参考的学生中,我充满期待,忐忑不安,双手又不知不觉地合在胸前,祈祷老天保佑女儿头一场考试顺利,最好能超常发挥。

女儿自进入水果湖高中后,每次月考和统考成绩都没有达到预期的理想,老师们也几乎对她丧失了信心。我是爱莫能助,干着急,怀疑这一步棋是不是走错了。我这一生,在选择自己的人生道路和对待妻子的前途问题上,犯了几次决策性错误,走了不少弯路,可再大的困苦我都能往肚里咽。但对待儿女就不一样了,如果因为自己的抉择,影响女儿一生的前途,我不知道如何去面对她妈妈,她妈妈付出那么多心血,寄予那么高期望,到时达不到怎么办?

不知从什么时候起,每次想起女儿高考的事,我就情不自禁地双手合十,默默祈祷:"老天爷呀,各路神仙呀,各位菩萨呀,我一生勤勉工作,与人为善,您一定要保佑我女儿平平安安,保佑我女儿考上理想的名牌高校。"有时,我会向父亲请愿"爷呀,您的孙女就要参加高考了,您在天有灵,一定要保佑她考好呀。"而且越是临近高考,我的心情越是沉重和紧张,常常不自觉地祈求上苍,愿苍天保佑女儿时来运转,取得理想成绩,考上理想大学！

  我一向自诩是唯物论者，从来不相信神仙鬼怪，读书时最反感母亲搞封建迷信。可现在为了女儿高考，我简直有点迷信了。我也知道，神仙菩萨靠不住，但还是情不自禁地祈祷，希望奇迹会发生。路上遇到乞讨的老人，我都主动地给点钱，希望多积善行德，好报答在我女儿身上。高考前两天，母亲打来电话，让我把女儿的准考证号告诉她，她好放在菩萨的供台上，让菩萨保佑她孙女考高分，我还是毫不犹豫地告诉了母亲。要是在平时，我肯定又会把母亲"教训"一通。

  语文考试结束后，我在人群中找到女儿，她显得很平静。在回宾馆的路上，我一句话都不敢问，怕影响她的考试情绪。倒是她漫不经心地说了一句："高考也没有什么了不起，也就是这个样。"我马上接上一句："题难吗？""与平时训练差不多。"我一颗悬着的心总算放下了。

  午餐是妻子从水果湖做好送来的。她自己吃昨晚的剩饭、剩菜，送给我和女儿的都是新鲜的。女儿一吃完饭，我让她好好休息一下，自己在宾馆一楼会客的沙发上坐等，妻子则坐在房间的椅子上等。

  下午女儿出考场时，一脸的灿烂，很自信地告诉我："爸爸，数学太简单了，我估计可以考满分。"我说："好啊，再接再厉，争取英语也考个满分。"其实我心里还挺着急的，告诫女儿可不要吹牛，只有分数出来了才清楚。

  人心向善，天必佑之。或许是我的诚心感动了上苍？或许是我们朱家先祖在庇护他的子孙？高考一结束，女儿就一直处于放松状态，经过估分，她坚信自己考得不错，最起码一本没有问题。后来高考分数揭晓，结果虽然与她的估分有出入，但总体上还算不错，也算是如愿以偿。

  感谢女儿为我挣足了面子，使我能有机会叨唠这些陪考的细节。但能考上一所理想的大学，只是为女儿的人生奠定了良好的基础，今后的路还很长，任务还很艰巨。我将下面的这首诗送给女儿，希望她能继续发扬吃苦耐劳、拼搏进取的精神，在今后的人生道路上走得更稳、更远、更精彩。

《那一天，不再遥远》

有时候，时间很慢

十多年的奋斗，才走到决定命运的今天

有时候,时间真快
遥远的今天,转瞬间到了面前
期待梦想,期待未来
期待着自己的改变

像雄鹰展翅,终有了翱翔的那一天
再苦,再累
都要咬紧牙关
再也没有人为你遮风挡雨
唯有打拼,才有更广阔的空间
唯有奋争,才有更多的精彩呈现

终于跨越那一天的瞬间
将笑容定格在永远
纵然时光流淌了多年
回忆的笑靥,依然荡漾你的脸

（2010 年 9 月）

96. 第一次过生日

2010年12月4日,农历十月二十九日,是我农历生日。但我压根儿就没有生日的意识,还是外甥打灯笼——照舅(旧)。照旧像平时星期六一样,早上起床锻炼,然后送儿子上奥数补习班,然后同妻子一起到菜场买菜。

平时,我家的蔬菜基本上是岳父岳母托人捎来,妻子和儿子一天只在家吃晚饭,其余两餐在学校吃,也要不了多少菜。双休日我回家了,妻子才买点荤菜,一家人在一起改善一下伙食,一个星期下来一家的菜金也就是四五十元钱。

奇怪的是,一向节省的妻子今天逛了两家超市,精挑细选,买了排骨、藕、山药、鸡腿、雪里红等几样菜。回家一清点,好像少了点什么,她又一个人到菜场,买了卤牛肉。我问:这菜已够多了,还买牛肉干嘛?她说她喜欢吃牛肉。既然妻子喜欢吃,我就没有说什么,也没有往深处想。

到了中午12点钟,快吃饭时,儿子回家了。他突然神秘地把我诱导到他房间,让我帮助他检查作业,并随手把房门关上了。这本是我的应尽之责,我没有说什么,一心一意地检查儿子的数学作业。约莫过了二三分钟,儿子高喊:"老爸,吃饭了!"

我一进厨房,大吃一惊,餐桌上赫然放着一个圆圆的生日大蛋糕,旁边有一支大蜡烛,正在燃烧;桌子上摆了五六个菜,这是我们家吃年饭才有的。儿子迎着我,亲热地说了一声:"老爸,生日快乐!""今天不是12月4日吗,怎么会是我生日?""今天是农历十月二十九,正是你的生日。"妻子说。

哦,我想起来了,我的生日是农历十月二十九日,与我父亲同月,与我女儿同月同天,一家祖孙三代都是农历十月出生,这也算是一个奇迹。父母亲习惯按农历记儿女们的生辰八字,至于我是公历哪天出生的,父母亲不知道,也从没有告诉我。也许那时经济困难,生个孩子添张嘴,对于贫困家庭而言,是一种负担,父母亲也就没有心思记那么多。不像现在,生个孩子当个宝，孩子出生分公历、农历，精确到几分几秒，都存入电脑。医院还让孩子在出生证明书上按一个带血的足迹。

"祝你生日快乐，祝你生日快乐……"刚才燃烧的红蜡烛不一会就张开了，呈鲜花状，唱起了美妙的《生日歌》，妻子和儿子也跟着唱了起来。我当时非常受感动，眼泪汪汪的，没想到妻子和儿子会给我这样的惊喜。

"爸爸，快许个愿。"

"好。"我双手合十，口中念念有词："祝我儿子健康成长，祝我女儿学业有成，祝我老婆身体健康，祝我们全家一切都好。"

"爸爸，要说说你自己。"

"爸爸没有什么说的，只要你和姐姐好，我和你妈妈什么都好。"

"快跟姐姐打个电话，祝姐姐生日快乐，今天也是姐姐的生日。"

"好。"儿子飞快地跑到电话机旁，一下子就打通了姐姐的电话。

"老姐，祝你生日快乐！"

"什么生日快乐，拜托你记住，我的生日是下星期天，12月12日，好不好。"显然，女儿对农历生日没有什么意识，她正在写新闻稿件呢。

"爸爸说的，今天是你农历生日，记好了，大笨猪。"儿子放下话筒就跑了，他更关心吃生日蛋糕。

我接过话筒，跟女儿聊了几句，嘱咐她天冷了注意保暖，要始终把学习放第一位，学校学生会和电视台的活动，能参加就参加，不能参加就不要勉强，免得牵涉过多的时间和精力。然后我就回到厨房，给儿子切蛋糕。

这蛋糕有三层，每层都有花纹图案，十分的精致，估计在五十元以上，妻子也真够大气的。

"这么大的东西，你是什么时候拿回家的？放在那儿？我怎么没有看见？"

"你这人没心没肺的，怎么会注意这些？昨天听说你要回来，我就同儿子一起去王子蛋糕店订好了，今天趁你接儿子时拿回来的。"

"你真是一个伟大的老婆。"

"你一向不是称赞我是伟大的妈妈吗？终于意识到我也是伟大的老婆了。"

"对，伟大的老婆，伟大的妈妈，拥抱一下。"

"我也要参加。"儿子一下子把我和她妈妈拥在一起。

说来辛酸，四十多岁的人了，从出生到现在，这还真是我第一次过生日。此前，我帮女儿、儿子过生日，帮朋友过生日，就是从来没有给自己过生日，也从来没有这种意识。

我出生于上世纪60年代末，童年时代基本上是在半饥饿、半温饱中度过。大集体时期，父母亲靠挣工分养家糊口，一年到头辛苦劳作，往往没有什么结余还超支（欠村集体的钱）。附近一个村，按说地理位置和经济基础比较好，不知什么原因，一年到头一结算，一个工分才值8分钱，村长由此获得了"袁八分"的不雅绰号。

老百姓都在温饱线上求生存，那还顾得上给孩子过生日？似乎没有这种意识和风俗。一些家庭条件好点的人家，孩子过生日，顶多也就是煮一个硬壳鸡蛋，涂成红色，用一个自制的网袋兜着，挂在胸前。孩子们舍不得吃，有时要挂好几天。

我家由于父亲身体不好，相比而言，更困难些。好不容易养几只鸡，下了一些鸡蛋，都要拿去换油盐和作业本。在我的记忆中，从来就没有挂过红鸡蛋，对一些能有机会挂鸡蛋过生日的孩子羡慕不已。

可能现在的孩子包括我自己的子女，都无法理解，一个鸡蛋算什么。可在那种特殊的历史年代，能有一个鸡蛋挂在胸前，那是富足的标志，是炫耀的资本。

及至实际家庭联产承包责任制了，农副产品逐渐丰富起来，我有机会吃上鸡蛋了，但年龄也大了，父母亲根本没有想到给我过生日了。只记得中考前一天，母亲特地用冰糖给我煮了10个荷包蛋，我一口气吃完，一点也不感到肚胀。要是现在估计一半也吃不完。就是能吃完，也不能吃。营养学专家不是说，一个成年人，一餐鸡蛋的摄入量最好不要超过1个吗？要是全吃完，要花多长时间减肥呀。

至于过生日，对于现在的孩子来说，那是家常便饭。平时，每年都过，遇到三、五、十岁，还要大宴宾客，收受红包。我女儿读初中、高中时，许多同学过生日，还在酒店餐馆摆上一桌，请好同学撮一顿，闹一番。

改革开放以来，经济发展了，国力强盛了，老百姓富足了，孩子们遇到了好时代、好时候，真是幸福。

由第一次过生日，我感谢妻子给予的家庭亲情，也劝诫孩子们不要忘记过去，珍惜今天的幸福生活，好好学习，天天向上。

（2010年12月）

97. 组织的温暖

2011年7月1日,建党九十周年。一大早,我拿着体检单,到武汉武警总医院体检。这次体检,感觉武警总医院变了很多,不仅医院的面貌变了,房子都重新装修了,而且医护人员的态度也变多了,感觉很是细心和贴心。

正当我体检完,把检查结果表交医护人员时,遇到单位的一名年轻的校医。她把体检结果表粗略地浏览了一下,笑着说:"哼,还不错,身体挺棒的。"由于还有两项结果没有出来,我问护士什么时候来拿体检结果通知单。那校医连忙说:"不用你自己来拿,单位会统一拿的,统一交给每位职工,逐一讲解要注意的事项。如果发现问题,我们还会跟踪指导。"这种久违的关怀,让我觉得特别的亲切和感动,有一种掉队的战士历经千难险阻终于找到了组织的感觉。

多少年了,我就像是一位在茫茫沙漠中的旅行者,风沙漫漫,迷雾重重,看不到出路,辨不清方向,艰难地跋涉着,寻找着那一抹属于自己的风景;又像是风中的柳絮,随风飘散,随波逐流,常常感叹:"草木也知愁,韶华竟白头。叹今生谁舍谁收?嫁与东风春不管,凭尔去,忍淹留。"

多少年了,我站在别人华丽的屋檐下,强装笑颜,看别人脸色行事,见证别人升迁,而自己依然进步不大,只能是"红笺小字,说尽平生意,鸿雁在云鱼在水,惆怅此情难寄。"只能是"念往昔,繁华竞逐。叹门外楼头,悲恨相续。"徒有满腹才气,空有羡渔之情。

多少年了,我一直认为"世间自有公道,付出终有回报",幻想着有朝一日,能拥有称心的岗位和职位,竭尽生平所学,体现人生价值,演绎生活精彩。可"东风不与周郎便",只能是"斜阳独倚西楼,遥山恰对帘钩,人面不知何处,绿波依旧东流。"

而今终于有"娘家的人"帮我拿体检结果,有组织上的同志关心我的身体健康,我是久旱逢甘霖,欣欣然,张开了眼,感觉被关心的滋味竟是如此美好。

作为一名公职人员，单位就是他的家，组织就是他的亲人。一个人能力再强，水平再高，如果没有单位提供舞台，你就没有展示的机会；一个人无论走多远，无论取得多大成就，总离不开组织的培养。很多时候，并不是你有多大的本领，是单位和岗位本身具有价值，是单位和岗位成就了你。一些人之所以乞求你、巴结你，并不全是你的人格魅力，而是盯着单位和岗位赋予你的职权。曾有人问一位哲学家："一滴水怎样才能不干？"哲学家回答："把它放到大海里去。"这简短的对话揭示了一个深刻的道理：个人离不开集体，个人只有投入到集体中，才会有无穷的力量。

现代管理学之父德鲁克强调："个人发展得越好，组织也会取得更多的成就。反之亦然。"个人与组织之间是互惠互利、相辅相成的关系，是鱼与水的关系，相互给予，不可分割。但个人的力量毕竟是弱小的，个人要有所成就和发展，必须依靠集体的力量。美国大名鼎鼎的"篮球飞人"乔丹曾率公牛队四夺得总决赛冠军，人们都说是乔丹造就公牛队；乔丹却说："不，是公牛队造就了我。"一朵鲜花打扮不出美丽的春天，个人只有融入集体之中，才能实现价值。

这些年，我能够在外打拼，能够有所发展，是与单位和组织的支撑和关心分不开的，无论是原单位，还是新单位，甚至是临时性的单位，都给予了许多温暖。这些温暖让我终身铭记，让我有点归宿感和尊严感。我也怀着一颗感恩的心，事事、处处、时时以事业为重，以大局为重，以单位的形象为重，始终保持良好的工作状态和旺盛的工作热情，埋头苦干，扎实工作，赢得普遍认可和良好口碑。如果离开了单位和组织，我将寸步难行，插"翅"难飞。

（2011 年 7 月）

98. 回家的幸福

2011 年 8 月 11 日,我从北京乘飞机回武汉,到天河机场时已是晚上 6 点多钟。刚下飞机,打开手机,就飞来女儿的短信:"爸爸,到哪了? 等您回家吃饭。"我心头一热,连忙回短信女儿:"刚下飞机,估计 7 点左右到家。不必等我,你们先吃,免得弟弟饿了。"

说句实话,这些年,女儿在北京读书,我们一家人在一起的时间并不多,只有寒暑假才能团聚。这次暑假好不容易一家人在一起,女儿在湖北日报实习,妻子带着儿子在家做作业,一家人其乐融融。可刚相聚一周,我就到北京开会、办事,很是想念家人,想念一家人在一起的欢乐时光。

为了省钱,我还是选择乘机场大巴回家。机场大巴一路走走停停,到武昌付家坡车站时,已是 8 点多钟。我赶紧打的到南湖花园,刚出隧道口,就看见儿子和女儿站在景虹花园出口处张望。一下的士,儿子隔着马路喊:"老爸!"女儿也叫:"爸——爸!"我非常激动。可出隧道口的车特别多,一辆接着一辆,川流不息。好不容易瞅住一点空隙,我连忙跑了过去。儿子接过拖箱,女儿接过电脑包,簇拥着我兴高采烈地往家里走。

一回到家里,妻子正在厨房里弄饭,满头大汗,笑吟吟地说:"回来啦! 等一会菜就做好了,先把桌子摆好。"我刚把行李安排好,一桌香喷喷的饭菜就摆到桌子上,有新鲜黄豆米炒瘦肉丝,有糖醋鱼,有油淋小白菜,有冬瓜排骨汤。都是家常菜,非常可口下饭。妻子做菜向来是量体裁衣,少而精,一家人既吃得饱,又很少剩余。

这是我在武汉打拼十年来,最幸福的一次回家。这也本是一个普通家庭通常应有的温情,而在我却是奢望和奢侈。

原先每次出差回家,再多的行李,都是我一人扛。有时实在拎不动,就接力棒似的把物品一程一程地递送。好不容易到家了,也是冷冰冰的。地板上满是灰尘,我得先把卫生做好,然后再弄吃的。吃的也很简单,就是下点面条。等忙完了,已是深夜十一二点钟,人已精疲力竭,一倒床就呼呼大睡。

但为了生存，为了生活，再苦再累，我都得承受。因为我在外多辛苦一分，家里人就多享福一分。作为男人，作为丈夫，作为父亲，我应多些担当，多些奉献和牺牲。想起一家人在一起其乐融融的情景，想起孩子幸福的笑脸和甜蜜的笑声，再苦也是乐。

吃完饭，妻子提议出去散散步，逛逛超市。儿子高兴得跳了起来，"好啊，好。老爸你别心痛，我们可得宰您了。""宰什么宰，每人花销不准超过20块钱。"妻子忙发出"限购令"。"只要你们在家好好听妈妈的话，爸爸心甘情愿被你们宰。"在孩子们面前，我从来都是一点脾气也没有。

一出门，女儿和儿子一人一边，牵着我的手，叽叽喳喳地有说有笑。我在一旁乐呵呵地傻笑着，不评判是非，充满了父爱的慈祥和光辉。

儿子说："老爸，我最近看了不少书，我给你个故事吧。有甲乙丙丁四位同学，老师问他们的理想各是什么？甲说他的理想是当一名建筑师，把他乡民的房子建得漂漂亮亮，让他们都住进小别墅；乙说他的理想是当一名科学家，让他的乡民无须付出艰辛的劳动，就能富裕起来；丙说，他的理想是当一名大款，直接给他的乡民发钱，让他们家家户户用上彩电、冰箱、吃饭不花钱；丁犹豫了一会，说他的理想是——当一名乡民。"

"哈哈。"我情不自禁地笑了起来。

"这故事不好玩。爸——爸，我给你讲一个关于小明的冷笑话。一次课堂上，老师说：小明，请用'左右为难'造句。小明说：我考试时左右为难。老师问：是题目不会答，让你左右为难吗？小明说：不，是左右同学答案不一样，让我左右为难。"

"真是个笨蛋！老爸，我也跟你讲个小明的冷笑话。妈妈问：小明，你又开电视了？小明说：我又不是要看电视。妈妈问：那你在做什么？小明说：我在核对报纸上的电视节目表有没有印错。"

"这说的是你自己吧。"女儿对弟弟是：稍长一点时间没见面总是念弟弟，在同学面前老是吹嘘我弟弟长得如何帅，如何多才多艺；可一见面，禁不住弟弟缠，又要发火，甚至动手打弟弟。

"我又没有乱看电视，不像你半夜里偷偷上网。"儿子对姐姐是：好起来，缠在一起，亲密无间，动不动就说："姐姐，友好一下"，姐弟俩抱在一起开心大笑；好不到三分钟，就要生点事，找点岔，要不是刺姐姐一下，要不是抢姐姐的东西，于是两人比拳划脚地打起来。

每当此时,我总是呵斥女儿的多,教训她:"你是姐姐,是大学生了,要让着弟弟。""男女平等,凭什么要我让他?你不就是心疼你宝贝儿子啊。哼!子不教父之过也。"女儿马上杏眼圆睁,表示反抗。而妻子则站在女儿一边,说:"别听你爸的,你爸是老思想,重男轻女。你弟弟再动手动脚的,你就打重点。"

我和妻子的教导还没过两分钟,两家伙又缠在一起,好得没话说。血浓于水,亲情是天生的。刚才吃饭时,妻子还说,这些天,儿子一直是上午做作业,下午画画和吹葫芦丝,一到下班时间,就在楼下玩,等姐姐回家。一次,下暴雨,儿子一直蹲在楼梯间,等看到姐姐了,才一起回家。

"爸——爸,最近温州高铁段发生追尾事故,死了三十多人,其中有两个是我校(中国传媒大学)的学生。你以后尽量不要坐动车。"女儿突然想起什么,关心地说。

"不要紧,出了事,铁路方面会更加注意安全的。我现在一般坐飞机,飞机出事的几率比较小。"

"那也不能麻痹大意。爸耶,我现在湖北日报实习,天天就是看报纸,有点烦。"

"世界如此美妙,你却如此暴躁,这样,不好,不好。"儿子抓住一点,就拿腔拿调地咏叹起来。

"你个小屁孩,瞎掺和什么。"女儿伸手就要打儿子,儿子忙躲到一边,哼起小曲来。

"当一名记者,包括做任何事,都要经得住热闹,也要耐得住寂寞。"我告诉女儿。女儿"嗯"了一声,又跑到弟弟身边,勾肩搭臂地说说笑笑。

到了中百仓储,儿子和女儿既要挑选自己中意的食品,又不能突破妈妈的限价,两人忙忙碌碌,像两只快乐的蜜蜂在货架间穿梭。

我伏在货车上,看着儿子和女儿忙碌的身影,充满了无限深情,好像偌大的超市没有别人,就只我们一家。

这些年,我在外漂泊,吃再多的苦,受再多的委屈,只要看见儿子和女儿,只要同家里人在一起,只要家里人愉快地享受我辛勤劳动的果实,什么功名利禄都烟消云散了,心里非常的坦然、恬静和满足。

而今能实实在在地同孩子们在一起,实实在在地享受家庭的温馨和天伦之乐,我感到非常的踏实、幸福和得意。

(2011 年 8 月)

99. 老娘在不觉老

2011年农历八月十七日,是我母亲的70大寿。8月28日这天,一大早,母亲就从妹妹家打来电话,说是她要到姨娘家说说话,让我们一家不要回去,不要给她做生日。电话里,母亲的声音很苍老,态度很坚决,语气很温和,我能感受到一股老牛舔犊般的深情。

起这么早,冒这么大的雨,赶七八里泥路,就是为了不让我们回家为她祝寿。想必母亲一夜都没有睡好。

人生七十古来稀。母亲一生含辛茹苦,饱经风霜,能够生活到今天,委实不容易。两年前,我就有一个计划,要在母亲七十大寿这一年好好庆祝一下,让她老人家感受一下今天的幸福,享受一下天伦之乐。但母亲一直没有答应。母亲的理由很简单,按农村风俗,父亲不在,给她祝寿不吉利。其实,我很清楚,母亲是怕我们花钱,不想给我们添半点麻烦。

2011年暑期,我就把为母亲祝寿的事列入议事日程,但由于工作忙,一直没有找到合适的机会。我的设想很简单、很质朴,既然母亲不愿大张旗鼓地宴请宾客,我就在小范围地庆贺一下,找一家好点的酒店,我和哥哥、妹妹三家一起请母亲吃个饭,照个全家福。

正好,这两天妹妹读高中的大儿子放月假,哥哥的两个孩子和我的女儿也快要返回大学,一家人难得聚齐,就决定在8月28日这天,一家人一起吃个饭,庆祝一下。我想母亲这辈子可能还没有尝到生日蛋糕的味道,就让妻子到时一定要买个大生日蛋糕回去。

为了给母亲一个惊喜,我直到前一天的晚上,才通知哥哥和妹妹,让他们做好准备。不知什么原因,母亲到底还是知道了。想必是嫂子告诉她的吧。嫂子跟母亲一直相处得很好,有事经常同母亲商量。

父亲的猝然去世,一直是我心头永久的伤痛。这种伤痛历久弥深,变成一种深深的自责,一种无法挽救的叹息。那时,我还没有成家,正是人生发展最艰难的时候,父亲卧床三天就离开了人世,死时还没有查明病因。

由此，我对母亲特别的呵护，特别的小心，生怕有什么闪失。我经常打电话问候一下母亲，身体最近怎么样，要尽量少做些农活；双休节假日，只要有时间，我都要回老家看看母亲，剁肉买鱼，给些零花钱；日常生活用品，牙膏、牙刷、毛巾、洗衣粉之类，隔段时间就补充一下；夏天纳凉、冬天取暖的设备都置办齐。

妻子也比较通情达理，经常给母亲添些衣物，买些食品点心；逢年过节，叮嘱我给点钱。一次听说母亲捡棉花，中午不回家，在棉花地里吃冷饭，就在超市里挑了一个实用的保温杯和一个喝水杯，连夜和我一起送回去，告诉母亲如何使用。

母亲的身体总的来说，还算可以，就是颈椎不好，经常压迫神经抬不起头。一次看见母亲难受的样子，我难过得眼泪在眼眶里打转。医院里看过，各种药物用过，什么磁疗圈、按摩器也买过，但并没有多大好转。

但所有这些孝顺，母亲"并不领情"，她生怕给儿女们添了半点麻烦。给她的钱，她几乎一分没花，全让妹妹帮忙存着，说是百年去世后，让妹妹还给我；给她买的洗衣机、电扇舍不得用，说是费电浪费钱；给她买的点心食品舍不得吃，往往变质腐烂；好不容易在我家吃顿饭，硬是不肯上桌，不肯夹菜，说年纪大了，怕有什么毛病，影响我儿子健康。

她经常说："你们住在城里不容易，喝口水都要花钱，洗个手也要花钱。我在乡下，吃穿不愁，生活得很好。你们不要为我担心，把自己工作干好就行了。"

这就是我的母亲，一生没有离开过土地，也不愿意离开土地；一生没有停止过田间劳作，尽努力自食其力；一生为儿女操劳，但从不愿为儿女添半点麻烦。她生活在对儿女的牵挂中、祝福中、荣耀中，图的就是一点虚名声，图的就是一丝精神慰藉。她认为有这些，就很满足了，就很幸福了。

而对于我来说，只要母亲健在，平时有老娘念的，回家有老娘叫的，遇到疾苦有老娘喊的，就是幸福。能够侍奉老娘，让她生活得富足一点、快乐一点、幸福一点，就是我更大的幸福。

谁言寸草心，报得三春晖。我已四十多岁了，哪怕是七十岁、八十岁，只要母亲健在，我就一点不觉得老，我的心态很年轻。愿母亲健康长寿！

（2011 年 9 月）

100. 永不磨灭的记忆

昨夜,不知什么原因,突然梦见父亲。父亲坐在一辆自行车的后座上,我儿子喊了他几声,他神情麻木,好像没有听见。我追上去,说:"爸,弟(老家对儿子的昵称)喊您耶!"父亲一脸的茫然,神情恍惚地走了。醒来,我一阵嗟叹:父亲从来没有见过我儿子,当然也就不认识这个孙子了。

庄子云:人生天地之间,若白驹过隙,忽然而已。时间的确过得很快,转眼之间,父亲去世已经20年了。人世沧桑,这20年发生了许多变故,也产生了许多奇迹,父亲的音容笑貌在我的脑海中逐渐淡化,只是偶尔在梦中出现;但父亲的精神品格一直铭刻在我心中,并随着时间的推移,升华为一种理性认识,定格为一种浓浓的思念,让人难以释怀。父亲,你在天堂那边还好吗?

父亲是1992年4月23日晚上12时去世的。去世时,我不在他身边,没有为他老人家养老送终,这一直是我心中永远无法愈合的伤痛。那时,我正在一所师范院校学习,根本不知道家里的情况;家里人为了让我安心工作和学习,有什么困难,也不轻易告诉我。得知父亲去世的消息,已是第二天早上,是我本家的堂弟告诉我的,我当场就痛哭流泪。赶回家时,父亲已躺在老屋门前临时搭建的凉棚里,四肢僵硬,两目不瞑。我轻轻地合上父亲的双眼,抚摸着他那饱经风霜的脸,嚎啕大哭。

父亲,年仅58岁的您,走得太早,太匆忙,一切都在人的意料之外,一切都发生在毫无准备之中。在我的记忆里,父亲虽然身体不是很强壮,但没有得什么大病。只是在去世的前两年有点气涌,半夜里心口堵得慌,就起来靠在床沿坐坐。那次父亲病倒了,家里正值农忙,而我正在外学习,父亲强撑着,苦苦煎熬着,硬是没有通知我(那时没有手机,没有电话,也无法通知)。结果父亲在床上只躺了三天,就不行了,抢救到村卫生所,当夜就去世了,还没有弄清是何病因。

"生不能相养以共居,殁不能抚汝以尽哀。"身为人子,我痛彻肺腑,而又无法弥补。父亲,你能原谅孩儿的不孝吗?二十年飞逝,父亲你在凄风剪瘦的田野间,是怎样的寂寥与沉闷啊?二十个雾霭霭的春天,炎炎闷热的夏天,萧瑟零落的秋天,寒霜追逼的冬天,父亲,幽寂是怎样地缭绕您的世界,凋零如何凛冽您身旁?我不能思,无法忆,惧泪眼朦胧忆不清你容影笑貌,怕缕缕至悲的情辗转惊扰你本来缱绻的灵魂。多少次期盼梦里重逢,可岁月无痕,你的踪影杳杳飘零,无从找寻……

父亲,您一生含辛茹苦,历经磨难。据老辈人讲,您出身于大户人家,祖父是一位乡绅,戴礼帽,骑大马,挎双枪,拥有地方团练武装;您从小过惯锦衣玉食的生活,上私塾时,有两人专门服侍。可天有不测风云,祖父34岁时死于武斗,从此家道沦落,祖母被迫改嫁(三年后去世)。作为长子,15岁的您承担起养家糊口的重任,拉扯着9岁的二叔、7岁的细叔,还有一个姑姑艰难度日。及至娶妻生子,忠厚的您不会投机取巧,大集体时,经常吃不饱、穿不暖,逢年过节,也很少看见您添置一件新衣。由于营养严重不良,您经常患夜盲症,找不到回家的路。有一种土方,锅灰炒猪肝,可以缓解夜盲症,但是几两猪肝的钱,您都舍不得花。是堂祖母看不过,想办法给您弄点猪肝,才勉强挨过。

父亲,您一生宽厚仁慈,谨小慎微。在我的记忆中,您从来没有打骂过子女,到现在我常常想起大热天,劳累一天的您为我扇风驱蚊的情景;从来没有与乡邻发生过争执,亲朋和乡邻有什么危难的事,只要您做得到,从来都是热情相帮,不要任何酬谢;您性情温和,对母亲极其谦让,与母亲相濡以沫;您深明大义,在艰难困苦中,呕心沥血地供养三个孩子读书,队长几次要求把哥哥和我拉回生产队放牛,您咬紧牙关,坚决不答应。您特别喜爱晚辈,大孙儿出生后,您视为掌上明珠,田间劳作之余,总要扯把花生、摘个莲蓬带给他。可惜,您去世的那一年,我没有成亲,妹妹没有出嫁。现在我的女儿上大学、儿子上初中,妹妹的两个儿子一个上高中、一个上小学,哥哥的儿子和女儿都上大学,还算是有出息。如果您有幸活到现在,该是多么开心,多么幸福,多么自豪啊!

父亲,您一生任劳任怨,耕读传家。在我的记忆中,您总是早出晚归,风里来,雨里去,泥里滚,像一头老黄牛,忍辱负重,忍饥挨饿,劳作不辍。少爷胚子的您,为了生存、生活,为了支撑起这个家,您委曲求全,逆来顺受,以劳动来打发一切痛苦和不幸。好不容易有点农闲时间,您打草绳、搓麻绳、做菜园,总是忙忙碌碌。那匀称细腻的绳索缠成圆筒形,就像是一件艺术品;那整齐划一的菜畦,就像是漂亮的棋盘。只上过几年私塾的您,是垸里的文化人,记帐算帐,十分在行,经典戏文,知道不少。每当下雨天气、农闲时分,一家人围在一起,边剥棉花桃,边听您讲故事,实在是一大乐事。我由此受到传统文化的熏陶,进行了国学启蒙教育。

"树欲静而风不止,子欲养而亲不在。"此乃人世间最大的悲伤。父亲去世前,我们家一直比较贫穷,日子过得非常艰难,好不容易熬到哥哥成家、我参加工作了,生活稍有点好转,父亲又撒手人寰。可以说父亲是没有过一天清静的好日子,没有享受到改革开放的成果。后来,国家对农村实行休养生息政策,种田不交钱,还享受补贴,哥哥家的条件强多了,我也朝好的方向发展。我常想,要是父亲活到现在,看到他的孩子们开枝散叶,兴家立业,该是多么的开心。我一定要让他好好享几天清福,好好享受一下天伦之乐,好好看看这世界的精彩。但这只能是一种愿望,父亲永远不会给我机会了。这是我一生中最大的遗憾,刻骨铭心地伤痛。

逝者长已矣,生者当自强。我和我的子孙们当以努力学习、勤奋工作、积极有为来告慰父亲还有先辈们的在天之灵。

是以纪念父亲去世 20 周年。父亲,愿您在天堂幸福安康!

(2012 年 4 月)

后记：

因为从容　才更宽容

有个童话,说是皇帝长着一双驴耳朵,只有皇帝本人与理发师知道这个秘密。皇帝警告理发师无论如何不准对别人讲。理发师发誓,一定要保守秘密。当理发师忍耐了相当长的时间后,他觉得再忍下去实在是痛苦,可如果不遵守誓言的话,就有被杀头的危险。为了摆脱这一痛苦,他在地上挖了一个洞,然后对着洞大声喊了好几遍"皇帝长的是驴耳朵"。

人都是这样,有发泄感情、排遣郁闷、寄托思念、抒发感慨的需要,当把这些倾吐出来后,获得一种宁静的心情,保持平和的心态。人们在极端状态下表达情感的方式各异,有的是狂奔大喊,有的是狂歌劲舞,有的是狂饮滥醉,而我则是狂草醮墨。我这人,每每见到一种新生事物,经历一个激动人心的场面,遇到一件不开心的事,就想用语言的点和线把它表达出来,有不写不舒服,不写不痛快的感觉。而且只要写出来,就好像完成了一件庄严神圣的任务,就好像所有的不愉快都烟消云散,又充满了希望和期待,一切都变得亲切美好起来。

我自 2002 年离开家乡已有十年。十年蹉跎,我几乎经历了中国所有的教育层次,有幸见证和经历了中国基础教育特别是农村义务教育的一系列重大改革,参与了一些重大教育政策的研究、制定和组织实施,感受和体验了近年来教育所发生的日新月异的变化。这期间,我到过全国诸多地方,与诸多人物打过交道,领略了诸多风俗民情,有过风光和收获,有过体现人生价值的成就感,更多的是苦闷和彷徨,是压抑和酸楚。这些经历,经过思想过滤,变成一种感悟;这种感悟,经过岁月的沉淀变成处世的经验、处事的谋略、为人的智慧,通过语言呈现,就变成一篇篇札记、杂论。

这部书选取的札记、杂论共 100 篇,大部分是小故事、大道理,一事一议,没有统一的规格和体例,随心所欲,随机而成,有感而发。其中,"人生百味"篇,主要是记述人生经历和生活感悟,于纷扰中寻求宁静,于纠结中寻找做人真谛;"时事管窥"篇,有对社会现象、时事政策的看法,有对人生观、价值观的洞察,大都饱含着积极进取的人生意志,有一定的哲学思辨色彩;"书史赏鉴"篇,解析古人古事,挖掘现实教育意义,以古鉴今,激浊扬清;"山水流连"篇,描绘自然风光,记述风俗民情,抒发流连山水的愉悦;"亲情有痕"篇,有对家庭的眷恋、亲人的思念,有对孩子的怜爱,都是真情实感的流露。所有这些都是我亲身经历的体验和感悟,是人生轨迹的记载和灵感的折射,是心灵的诚挚歌唱,发乎真情,阳光健康,积极向上。

武汉作家池莉说她强烈赞同梭罗的观点:如果一个人是真诚地生活着的话,那必定是在一个遥远的地方。我早在十年前就出发寻求个人领地,希望能拼出一番天地。尽管我不可能找到和拥有瓦尔登湖那样偏僻而自由的地方,但我认为,一个人如果能够坚定、真诚地生活,就可以从容地抵达瓦尔登湖,并且宽容他所经过的曲折。为此,我以三首小诗,作为结语。"落魄江湖苦追寻,入眼繁华如烟云;十年一觉高堂梦,赚点碎银养家庭。""朝秦暮楚苦耕耘,一枝秃笔赢浮名;何当痛饮黄龙府,宁静淡泊享天伦。""浪迹都市苦打拼,不惑之年常独身;且将浮名都抛却,留点浩气慰平生。"并以此书向所有理解、关心、帮助、支持我的领导和同志表示衷心的感谢!